计算机导论

主　编　聂　军

副主编　田立伟　王　丹　李　微

参　编　樊　勇　黄欣欣　谢　备　唐日成

　　　　李蓉蓉　彭　娇　徐欢潇　陈虹云

北京理工大学出版社

BEIJING INSTITUTE OF TECHNOLOGY PRESS

内容简介

本书是计算机专业及相关专业的基础课教材，共分为8章。

第1章绪论，包括计算机的基本概念、运算基础和计算机系统的组成及工作原理等。第2章计算机硬件系统，包括中央处理器（CPU）、存储器、输入/输出设备和总线等。第3章操作系统，介绍操作系统的概念、组成、功能等。第4章办公软件介绍及应用，主要介绍Office 2016的相关应用。第5章计算机软件开发，包括程序设计、算法与数据结构及软件工程。第6章数据库基础，包括数据库的基本概念、数据库体系结构、数据模型和关系数据库等。第7章计算机网络，包括计算机网络的概念、功能、Internet基础及网络安全方面的基本知识等。第8章新一代信息技术，包括云计算、大数据、物联网、人工智能、多媒体技术等。书的每章后面给出了习题，以便读者更好地掌握知识与技能。

本书可作为普通高等院校计算机相关专业学生学习计算机导论课程的教材，也可作为非计算机专业计算机文化基础课程的教材，还可作为广大电脑爱好者的自学教材或参考用书。

图书在版编目（CIP）数据

计算机导论 / 聂军主编. --北京：北京理工大学出版社，2021.8

ISBN 978-7-5763-0135-9

Ⅰ.①计…　Ⅱ.①聂…　Ⅲ.①电子计算机-高等学校-教材　Ⅳ.①TP3

中国版本图书馆CIP数据核字（2021）第158991号

出版发行 / 北京理工大学出版社有限责任公司
社　　址 / 北京市海淀区中关村南大街5号
邮　　编 / 100081
电　　话 / (010) 68914775（总编室）
(010) 82562903（教材售后服务热线）
(010) 68944723（其他图书服务热线）
网　　址 / http://www.bitpress.com.cn
经　　销 / 全国各地新华书店
印　　刷 / 河北盛世彩捷印刷有限公司
开　　本 / 787毫米×1092毫米　1/16
印　　张 / 17
字　　数 / 396千字
版　　次 / 2021年8月第1版　2021年8月第1次印刷
定　　价 / 45.00元

责任编辑 / 陆世立
文案编辑 / 李　硕
责任校对 / 刘亚男
责任印制 / 李志强

图书出现印装质量问题，请拨打售后服务热线，本社负责调换

前　言

计算机科学与技术是信息科学的重要组成部分。目前，计算机科学与技术的发展及应用已遍及社会的各个领域，信息化社会要求人们不同程度地掌握计算机知识。为满足计算机专业和计算机文化基础教育的需求，我们编写了这本书。

本书的宗旨是为计算机本科专业的一年级新生提供计算机学科的入门介绍。本书从计算机学科的整体架构出发，根据应用型本科计算机专业人才的培养要求，全面介绍了计算机的基础知识、硬件系统、操作系统、办公软件的应用、软件开发、数据库基础、计算机网络，以及新一代信息技术等。通过本书的学习，学生会对计算机专业有一个整体的认识，并了解学习本专业应具备的基本知识和基本技能。

本书力求处理好以下 3 个方面的关系。

一是课程内容的广度与深度的关系。广度是本课程的基本要求，而深度则为广度服务，以讲清楚基本概念为目的。

二是课程内容的深度与读者对象的关系。本课程的对象是应用型本科计算机专业的“初学者”。随着计算机的普及，这些“初学者”大部分已具有计算机的初步知识。因此，本书在内容的深度上虽是入门级的，但更是系统化的，并区别于一般的计算机科普读物。

三是课程内容与授课时间的关系。本课程的授课总学时为 42 学时。按 42 学时的要求写一本全面介绍计算机专业知识的教材难度很大。解决这一难点的办法是根据教学要求及分配的学时数，精讲某些内容，部分内容由学生自学或以讲座的形式简单介绍。书中的实验部分可在教师的指导下由学生自行上机完成，并向老师提交实验报告。

“计算机导论”课程能够使学生广泛地了解计算机专业，并掌握计算机学科的基础知识，打开计算机世界的大门，为学习计算机专业的其他课程奠定良好的基础。

本书第 1 章由广东科技学院聂军老师负责编写，第 2 章由广东科技学院黄欣欣老师、南通理工学院徐欢潇老师负责编写，第 3 章由广东科技学院田立伟老师、南通理工学院陈虹云老师负责编写，第 4 章由黄河交通学院王丹老师负责编写，第 5 章由广东科技学院李蓉蓉老师、谢备老师负责编写，第 6 章由广东科技学院彭娇老师、南通理工学院唐日成老师负责编写，第 7 章由广东科技学院樊勇老师负责编写，第 8 章由河北传媒学院李微老师负责编写。

本书承蒙广东科技学院、黄河交通学院、河北传媒学院、南通理工学院的领导、老师的大力支持，在此表示诚挚的感谢！

本书在编写过程中得到了肖诗松教授、贾中宁教授、黄辉先教授的悉心指导，对本书的结构和内容选取提出了许多重要的意见，并对全书进行了仔细地审阅，为本书的编写和出版付出了艰辛的劳动，其他兄弟高校以及中软国际等企业的计算机专家也对本书提出了许多宝贵的意见和建议，在此表示衷心感谢！

为了便于读者使用，本书提供了电子课件及课后习题参考答案等相关教学资料，读者可联系北京理工大学出版社索取。

由于编者水平有限，书中难免有错误和不妥之处，真诚希望读者，特别是使用本书的师生给予批评指正。

编者

2021 年 6 月

目　录

理论篇

第 1 章　绪论 …… 3

1.1　计算机概述 …… 3
1.2　计算机运算基础 …… 11
1.3　计算机系统概述 …… 29
小结 …… 35
习题 …… 36

第 2 章　计算机硬件系统 …… 39

2.1　计算机硬件系统组成 …… 39
2.2　系统总线 …… 59
小结 …… 63
习题 …… 63

第 3 章　操作系统 …… 67

3.1　操作系统概述 …… 67
3.2　操作系统的功能 …… 73
小结 …… 87
习题 …… 87

第 4 章　办公软件介绍及应用 …… 90

4.1　文档编辑软件 Word 2016 …… 90
4.2　表格处理软件 Excel 2016 …… 106
4.3　演示文稿制作软件 PowerPoint 2016 …… 115
小结 …… 121
习题 …… 121

第 5 章　计算机软件开发 …… 126

5.1　计算机程序设计 …… 126
5.2　算法与数据结构 …… 136
5.3　软件工程 …… 148
小结 …… 156
习题 …… 156

第6章　数据库基础 …… 160

6.1　数据库概述 …… 160
6.2　数据库系统体系结构 …… 163
6.3　数据模型 …… 166
6.4　关系数据库 …… 171
6.5　结构化查询语言 …… 176
6.6　数据库的安全性 …… 178
6.7　数据库新的应用领域 …… 180
小结 …… 181
习题 …… 181

第7章　计算机网络 …… 185

7.1　计算机网络基础 …… 185
7.2　Internet 基础 …… 198
7.3　下一代 Internet 技术 …… 206
7.4　网络安全 …… 210
小结 …… 215
习题 …… 216

第8章　新一代信息技术 …… 219

8.1　计算机应用技术概述 …… 219
8.2　云计算 …… 223
8.3　大数据 …… 227
8.4　物联网 …… 236
8.5　人工智能 …… 240
小结 …… 246
习题 …… 247

实验篇

实验一　Word 文档的基本操作 …… 253

实验二　Word 文档的高级应用 …… 256

实验三　Excel 工作表的基本操作 …… 257

实验四　Excel 工作表的高级应用 …… 259

实验五　PowerPoint 2016 的基本操作 …… 262

参考文献 …… 263

理论篇

第1章 绪论

学习目标

- 了解计算机的产生、发展、分类及应用领域。
- 掌握计算机系统的组成。
- 熟练掌握计算机中的数制与转换。
- 理解计算机的基本工作原理。
- 了解当前计算机学科的特点、体系及方法论。

数字电子计算机是20世纪最重大的科技成果，它对人类的生产活动和社会活动产生了极其重要的影响，并以强大的生命力飞速发展。它从最初的军事科研应用扩展到社会的各个领域，已形成了规模巨大的计算机产业，带动了全球的技术进步，由此引发了深刻的社会变革，成为信息社会中必不可少的工具。计算机科学技术的发展水平、计算机的应用程度已经成为衡量一个国家现代化水平的重要标志。

1.1 计算机概述

计算机（Computer）俗称为电脑，是一种依靠程序自动、高速、精确地完成各种信息存储、数据处理、数值计算、过程控制、数据传输的电子设备。通常，计算机的硬件部分是由电子元件组成的电路，软件部分处理的信号是数字信号，所以计算机又称为数字电子计算机（Digital Electronic Computer）。

计算机技术是当代发展最迅速的科学技术，其应用已经深入社会生产和生活的各个领域，成为人们生活中不可缺少的现代化工具。物联网（Internet of Things，IoT）、人工智能（Artificial Intelligence，AI）、大数据（Big Data）、云计算（Cloud Computing）、区块链（Blockchain）以及第五代移动通信技术（5th-Generation，5G）等新技术的发展都与计算机技术密切相关。计算机技术的发展促进了各个学科的渗透和发展，极大地提高了社会生产力，引起了经济结构、社会结构、生活方式的深刻变化。

1.1.1 计算机的产生

在中国古代，人们就已经开始使用工具进行计算了。人们先使用算筹、算盘，后来又发明了对数计算尺。1642 年帕斯卡发明齿轮式加法器，1822 年英国剑桥大学 Charles Babbage 提出“自动计算机”的概念，1847 年英国数学家 George Boole 创立逻辑代数，1944 年 IBM 公司和哈佛大学开始合作，先后研制成电子管计算机 MARK-1 和 MARK-2，并投入生产。

对计算机的产生做出杰出贡献的一位科学家是英国剑桥大学的图灵（Alan Mathison Turing），如图 1-1 所示。早在 1936 年，图灵为解决一个纯数学的基础理论问题，发表了著名的“计算机”论文，他在该文中提出了现代通用数字计算机的数学模型，后人把它称为“图灵机”。图灵在 1945 年曾研制过 ACE 计算机，1947 年提出了自动程序设计思想，1950 年发表了著名的论文《机器能思考吗?》。图灵在计算机科学方面的主要贡献有两个：一是建立了图灵机（Turing Machine，TM）模型，奠定了计算理论的基础；二是提出图灵测试理论，阐述了机器智能的基本概念。为纪念图灵对计算机的贡献，美国计算机学会于 1966 年设立了“图灵奖”，颁发给在计算机科学领域中领先的科研人员，图灵奖被称为计算机界的诺贝尔奖。

另一个被称为计算机之父的是美籍匈牙利数学家冯·诺依曼（Von Neumann），如图 1-2 所示。他提出了著名的“冯·诺依曼原理”，即“存储程序控制”的计算机结构原理。1944 年 8 月至 1945 年 6 月，冯·诺依曼与莫尔学院的科研组合作，提出了一个全新的存储程序的通用电子数字计算机方案——离散变量自动电子计算机（Electronic Discrete Variable Automatic Computer，EDVAC），这就是人们通常所说的冯·诺依曼型计算机。在他的 EDVAC 方案中明确了计算机由 5 个部分组成，即运算器、控制器、存储器、输入设备和输出设备，并描述了这 5 部分的功能和相互关系。他还提出了两个非常重大的改进：一是采用了二进制，不但数据采用二进制，而且指令也采用二进制；二是建立了存储程序，指令和数据可一起放在存储器里，这就简化了计算机的结构，大大提高了计算机的速度。冯·诺依曼的这个概念被誉为“计算机发展史上的里程碑”，它指导着未来计算机的发展方向。

图 1-1 图灵

图 1-2 冯·诺依曼

目前，国际公认的第一台计算机是 1946 年 2 月由美国宾夕法尼亚大学研制成功的电子数字积分计算机（Electronic Numerical Integrator And Computer，ENIAC），如图 1-3 所示，最早用于弹道计算。它采用以电子管作为基本元件的电子线路来完成运算和存储，每秒可进行5 000次加法或减法运算，能够真正自动运行。ENIAC使用了18 000个电子管，15 000个继电器，占地170 m^2，重80 t，耗电量140 kW · h，价格40万美元。ENIAC在1946年2月交付使用，后改进为通用计算机。ENIAC的问世，标志着电子计算机时代来临，具有划时代的意义。

图1–3 电子数字积分计算机

1.1.2 计算机的发展

自1946年第一台电子计算机问世以来，计算机的发展经历了从电子管、晶体管、中小规模集成电路到大规模和超大规模集成电路4个发展阶段。

1. 第一代（1946—1957年）

第一代计算机采用电子管为主要元件，也称为电子管计算机。这一代计算机的体积庞大，运算速度低，每秒只有几千到几万次基本运算，功耗大、价格昂贵、可靠性差，在使用和维护方面都比较麻烦。这一代计算机使用机器语言或汇编语言来编制程序，编程困难，程序难读难懂，工作十分烦琐。这一时期的计算机仅供少数专业人员使用，主要进行科学计算，应用范围较小。

2. 第二代（1957—1964年）

第二代计算机采用晶体管为主要元件，也称为晶体管计算机。这一代计算机由于采用了晶体管，所以体积小、功耗降低、运算速度加快、价格也比较便宜。计算机内存大都使用磁芯存储器，外存使用磁带，运算速度也提高到每秒几十万次，可靠性也得到较大提高。这一时期开始出现高级语言，发展单道和多道管理程序，各种诊断程序、调试程序、批处理程序也逐步形成。晶体管计算机的应用领域已从单一的科学计算拓展到数据处理和实时自动控制等领域。

3. 第三代（1964—1972年）

第三代计算机采用中小规模集成电路为主要元件，也称为中小规模集成电路计算机。采用磁带和磁盘作为外存储器，计算机的体积更小，寿命更长，功耗、价格进一步下降，而速度和可靠性有所提高，运行速度达每秒几十万到几百万次。在软件方面，操作系统开始发展，高级语言数量增多，出现了并行处理、分时系统、虚拟存储系统，面向用户的应用软件开始出现。这一时期，开始出现多处理机系统，多种多样的计算机外部设备也被研制出来，并且计算机与通信开始密切结合。计算机的性能得到了较大地提高，计算机已经广泛地应用到科学计算、数据处理、事务管理、工业控制等领域。

4. 第四代（1972 年至今）

第四代计算机采用大规模和超大规模集成电路为主要元件，也称为大规模和超大规模集成电路计算机。这一时期的计算机，性能大大提高、价格下降、体积缩小、稳定性好、运算速度快。计算机内存广泛采用集成度高的半导体存储器，外存采用大容量的磁盘，开始出现光盘存储器。在软件方面，其操作系统得到进一步发展和完善，研制出了数据库管理系统和通信软件，面向用户的应用软件也开始大量出现。计算机的发展进入以计算机网络为特征的时代。计算机的应用深入办公室、学校、家庭等各个领域。

随着科技的进步，目前人类已经步入了第五代计算机的研发阶段，此时计算机称为“智能计算机”，它具有将信息采集、存储、处理、通信与人工智能结合在一起的智能计算机系统，主要面向知识处理，具有形式化推理、联想和理解的能力，能够帮助人们进行判断、决策，开拓未知领域和获取新的知识。

1.1.3 计算机的分类

随着计算机技术的发展和计算机应用的推动，尤其是微处理器技术的发展，计算机的类型也越来越多样化，可以按计算机处理数据的方式、使用范围和用途及计算机的综合指标进行分类，具体分类如下。

1. 按计算机处理数据的方式分类

按计算机处理数据的方式分类，可分为模拟计算机（Analog Computer）、数字计算机（Digital Computer）和电子混合计算机（Hybrid Computer）3 大类。

（1）模拟计算机

模拟计算机采用模拟电路作为其基本的组成部分，其内部信息用连续量表示，如电压、电流、温度等，其运算过程是连续的。早期的部分计算机采用这种方式工作，常被用于处理模拟数据。但是随着计算机技术的发展，这种计算机的使用次数越来越少，目前已很少生产。

（2）数字计算机

数字计算机采用数字电路作为其基本的组成部分，其内部信息用离散量和电位的高低来表示，其运算过程按数字位进行计算，具有逻辑判断功能。目前绝大多数计算机都是采用这种方式工作的，通常这种计算机也称为电子数字计算机，简称计算机。电子数字计算机的特点是存储容量大、处理能力强、运算精度高、适用范围广。数字计算机有两个主要特征：一是以冯·诺依曼原理为基础，依靠程序自动工作；二是采用数字电路作为基本组成部分。

（3）电子混合计算机

电子混合计算机的基本组成部分既有模拟电路又有数字电路，其内部信息分别采用连续量和离散量来表示。电子混合计算机兼有数字计算机和模拟计算机的特点，并且可以进行数字信号与模拟信号之间的转换。电子混合计算机常应用于炼钢、化工和模拟飞行器等领域。

2. 按使用范围和用途分类

按计算机的使用范围和用途分类，计算机可分为通用计算机和专用计算机。

（1）通用计算机

通用计算机是针对大多数用户的大多数应用而研制的。其特点是通用性强，具有较强的综合处理能力，能够解决各种类型的问题。通用计算机用途广泛，功能齐全，适用于各个领域，社会拥有量很大。

（2）专用计算机

专用计算机是为某一种类型的应用而专门研制的。专用计算机针对解决特定的问题配用了专门的硬件、软件和外部设备，能够高速、可靠地运行。由于专用计算机功能单一，使用范围狭窄，社会拥有量较小，所以成本较高。

3. 按计算机的综合指标分类

电气与电子工程师协会（Institute of Electrical and Electronics Engineers，IEEE）提出的标准是按照计算机的运算速度、字长、存储容量等综合性能来对计算机进行分类。

按照这个标准，计算机分为巨型机、大型主机、小巨型机、超级小型机、工作站和个人计算机。

（1）巨型机（Supercomputer）

巨型机也称为超级计算机，它实际上是一个巨大的计算机系统，主要用来承担重大的科学研究、国防尖端技术和国民经济领域的大型计算课题及数据处理任务，如大范围的天气预报、卫星照片的处理、原子核的探索、洲际导弹的研究等。巨型机的运算速度为平均每秒 1 000 万次以上，并且它的存储容量在 1 000 万位以上。例如，我国研制成功的“银河”计算机，就属于巨型机。在 2020 年 11 月全球超级计算机排行榜中，曾获得四连冠的我国神威“太湖之光”超级计算机排列第 4，它全部使用中国自主知识产权的芯片，共有 10 649 600 个内核，不仅应用于探月工程、载人航天等政府科研项目，还在石油勘探、基因测序等民用方面大展身手。巨型计算机的发展是电子计算机的一个重要发展方向。它的研制水平标志着一个国家的科学技术和工业发展的程度，体现了一个国家经济发展的实力。

（2）大型主机（Mainframe）

大型主机也称为大型号计算机，国内通常称之为大中型机，其特点是大型、通用性较强，内存可达 1 000 MB 以上，运算速度每秒百万次至千万次，具有较快的处理速度和较强的处理能力。大型机一般作为“客户机/服务器”系统中的中心服务器，或者“终端/主机”系统中的主机。该类机器主要用于大银行、大公司、规模较大的高等院校和科研院所，用来处理大量的日常业务数据。

（3）小巨型机（Mini Supercomputer）

小巨型机是小型的超级计算机，出现于 20 世纪 80 年代中期。它的功能没有巨型机那么齐全，而且价格也只有巨型机的十分之一。小巨型机除了用在工程计算和科学计算领域外，也常用于较大型的事务处理和大型商业自动化领域。

（4）超级小型机（Super Minicomputer）

超级小型机的规模较小，结构也不复杂，研制周期较短，成本较低，便于推广。超级小型机的应用范围很广，常用于工业自动控制、企业管理、局域网服务器、大学及科研单位的科学计算等。

(5) 工作站 (Workstation)

工作站是介于超级小型机和个人计算机之间的一种高档微型计算机。工作站的运行速度和处理能力远高于个人计算机，通常配有高分辨率的大屏幕显示器和大容量的存储器，并且具有较强的联网功能。该类机器主要用在一些特殊的专业领域，如图像动画处理、计算机辅助设计等领域。

(6) 个人计算机 (Personal Computer)

个人计算机通常称为 PC，是指设计和制造都是以个人使用为目的的微型计算机。PC 以微处理器为核心，通用性非常强，是目前社会拥有量最大的计算机。PC 以设计先进、功能相对较强、应用软件丰富、价格便宜等优势占领了很大的计算机市场份额，从而极大地推动了计算机的普及。

通常，人们将 PC 分为 3 类：台式机 (Desktop Computer)、笔记本机 (Notebook)、个人数字助理 (Personal Digital Assistant)。

1.1.4 计算机的特点及应用领域

计算机是人类科学技术上一项伟大的成就，如今计算机的应用范围已经从科学计算扩展到人类社会的各个领域，这是由其自身特点所决定的。

1. 计算机的特点

计算机之所以具有很强的生命力，并得以快速发展，是因为计算机本身具有许多特点，具体体现在以下 5 个方面。

(1) 运算速度快

计算机快速处理的速度是计算机性能的重要指标之一。衡量计算机处理速度的尺度，一般是用计算机 1 s 内所能执行加法运算的次数来表示。对微机来说，常以中央处理器 (Central Processing Unit, CPU) 的主频 (MHz, 兆赫兹) 标志其运行速度，如早期的微机 Pentium 4 主频在 1.6 GHz 以上，现代微机处理器都在 3.0 GHz 以上。

不断提高计算机处理速度是计算机技术发展的主要目标。因为当计算机应用于航天科学、气象科学、生命科学等这些最尖端科技领域时，需要处理的信息极为复杂，精确度高，工作量大，且由于人类活动范围的不断扩大，信息量与日俱增，人们对信息的需求量增大，对信息的处理速度要求快，响应及时，所以人们都要求有极高处理速度的计算机。

(2) 计算精度高

尖端科学技术的发展需要高度准确的计算能力，计算机内表示数值的位数越多，其精度也就越高。一般的计算工具只有几位有效数字，而计算机的有效数字可以精确到十几位、几十位，甚至数百位，如在科学和工程计算课题中对精确度的要求特别高，要求计算出精确到小数 200 万位的 π 值。

(3) 存储量大

计算机是存储“信息”的存储设备，可以存储大量的数据，而且还可以准确无误地取出来。计算机的这种存储信息的“记忆”能力，使它能成为信息处理的有力工具。现代计算机不仅提供了大容量的主存储器，还提供有海量存储器的磁盘。

(4) 具有逻辑判断能力

计算机既可以用于数值运算，也可以用于逻辑运算，还可以对文字或符号进行判断和比较，进行逻辑推理和证明。计算机的逻辑判断能力也是计算机智能化必备的基本条件，如果计算机不具备逻辑判断能力，则不能称之为计算机了。

(5) 具有自动运行能力

计算机不仅能存储数据，还能存储程序。计算机内部操作是按照人们事先编制的程序一步一步自动运行的，不需要人工操作和干预，这是计算机与其他计算工具最本质的区别。

2. 计算机的主要应用方面

计算机的应用方面主要有以下 8 种。

(1) 科学计算

科学计算也称为数值计算，它利用计算机来完成科学研究和工程技术中所提出的数学问题。随着科学技术的发展，科学计算的数学模型越来越复杂，靠人工计算已经无法完成了，所以计算机已经成为科学研究领域必不可少的设备。

(2) 自动控制

自动控制又称为过程控制，它通过计算机来实时采集数据并按照最佳情况对被控制设备进行控制和调节。在现代制造业中，由于技术、工艺、设备日趋复杂，生产规模不断扩大，所以人们对生产过程自动化的要求也越来越高。利用计算机对生产过程进行自动控制，可以提高产品质量、降低生产成本、改善劳动环境、提高企业效率。

(3) 数据处理

数据处理是利用计算机来记录、整理、统计、分析、加工、利用、传播数据的操作。数据处理不仅是企业日常管理的基本组成，还可以为现代化管理的决策提供依据。计算机数据处理系统的特点是数据量庞大，但计算方法却相对比较简单。

(4) 信息加工

广义上讲，计算机的工作都是信息加工，但这里的信息加工是指利用计算机对各种图像信息进行整理、加工、记录、变换、增强、重现等操作。信息加工在天气预报、卫星遥感、军事侦察、动画特技等领域也有广泛应用。

(5) 计算机辅助工作

计算机辅助工作包括计算机辅助设计（Computer Aided Design，CAD)、计算机辅助制造(Computer Aided Manufacturing，CAM)、计算机辅助工程（Computer Aided Engineering，CAE)、计算机辅助教学（Computer Aided Instruction，CAI）等方面。人们利用计算机强大的计算能力和逻辑判断功能进行产品设计、产品制造、工程设计、教育教学等工作。计算机具有速度快、精度高等特点，能够极大地提高工作效率和工作质量。

(6) 人工智能

人工智能（Artificial Intelligence，AI）是研究、开发用于模拟、延伸和扩展人的智能的理论、方法、技术及应用系统的一门新的技术科学。人工智能是计算机科学的一个分支，它企图了解智能的实质，并生产出一种新的能以人类智能相似的方式做出反应的智能机器，该领域的研究包括机器人、语言识别、图像识别、自然语言处理和专家系统等。人工智能从诞生以来，其理论和技术日益成熟，应用领域也不断扩大，可以设想，未来人工智能带来的科技产品，将会是人类智慧的“容器”。人工智能可以对人的意识、思维的信息过程进行模拟。人工智能不是人的智能，但能像人那样思考，也可能超过人的智能。

人工智能是一门极富挑战性的科学，从事这项工作的人必须同时懂得计算机知识、心理学和哲学。人工智能是一门内容十分广泛的科学，涉及不同的领域，如机器学习、计算机视觉等。总的来说，人工智能研究的一个主要目标是使机器能够胜任一些通常需要人类智能才能完成的复杂工作。

（7）电子商务

电子商务（Electronic Business，EB）是指利用计算机和网络进行的商务活动。它综合利用局域网（Local Area Network，LAN）、企业内部的网络系统（Intranet）、互联网（Internet）来进行订货、推销、贸易洽谈、广告发布、售后服务等商业活动。

（8）办公自动化

办公自动化（Office Automation，OA）是一种面向办公人员的信息处理系统。它利用计算机和网络技术，集成各种形式的信息资源，为事务处理、管理工作、决策判断提供了一个高效率的工作平台。办公自动化系统一般分为事务型、管理型和决策型 3 个层次。事务型系统供基层业务经办人员处理日常事务；管理型系统面向中层管理人员，通常也称为管理信息系统（Management Information System，MIS）；决策型系统在事务型系统和管理型系统的基础上增添了决策辅助功能，可以为高层管理人员提供决策帮助。

1.1.5 计算机发展趋势

计算机技术是世界上发展最快的科学技术，其产品不断升级换代。计算机的性能越来越高，应用范围也越来越广，计算机正朝着以下 4 个方向发展。

（1）多极化

如今个人计算机已席卷全球，但由于计算机应用的不断深入，人们对巨型机、大型主机的需求也稳步增长，巨型、大型、小型、微型计算机各有自己的应用领域，形成了一种多极化发展的形势。例如，巨型计算机主要应用于天文、气象、地质、航天飞机和卫星轨道计算等尖端科学技术领域。巨型计算机的发展体现了一个国家计算机技术的发展水平，而微型计算机则标志着一个国家的计算机普及程度。

（2）网络化

计算机网络化，是指用现代通信技术和计算机技术把分布在不同地点的计算机相互连接起来，组成一个规模大、功能强、可以互相通信的网络结构。网络化可以更好地管理网上的资源，它把整个 Internet 虚拟成一台空前强大的一体化信息系统，犹如一台巨型计算机，在这个动态变化的网络环境中，实现计算资源、存储资源、数据资源、信息资源、知识资源、专家资源的全面共享，从而让用户从中享受可灵活控制的、智能的、协作式的信息服务。

（3）多媒体

多媒体计算机是当前计算机领域中最引人注目的高新技术。多媒体计算机就是利用计算机技术、通信技术和大众传播技术来综合处理多种媒体信息的计算机。这些信息包括文本、视频、图像、声音等。多媒体技术使多种信息建立了有机联系，并集成为一个具有人机交互性的系统。多媒体计算机将改善人机界面，使计算机朝着人类所接受和处理信息的最自然的方式发展。

（4）智能化

智能化计算机具有模拟人的感觉和思维过程的能力，这也是目前正在研制的新一代计算机要实现的目标。智能化的研究包括模式识别、图像识别、自然语言的生成和理解、定理自动证明、自动程序设计、专家系统和智能机器人等。目前，人们已研制出多种智能机器人。

1.2 计算机运算基础

1.2.1 计算机中的数制与转换

在日常生活中，我们会遇到不同进制的数，如十进制数，逢十进一，一周有7天，逢七进一等。计算机中存储的都是二进制数，为了书写和表示方便，还引入了八进制数和十六进制数。但无论哪种数值，其共同之处都是进位计数制。

1. 进位制数

人们通常采用十进制来表示数值，计算机领域中采用二进制、八进制或十六进制来表示数值，若把它们统称为 R 进制，则该进位制具有以下性质。

①在 R 进制中，具有 R 个数字符号，它们是0，1，2，…，$(R-1)$。

②在 R 进制中，由低位向高位按“逢 R 进一”的规则计数。

③R 进制的基数是“R”，R 进制数的第 i 位的权为 R^i，并约定整数最低位的位序号 $i=0$（$i=n$，$n-1$，…，3，2，1，0，-1，-2，…）。

不同进位制具有不同的基数。对于某一进位制数而言，不同的数位具有不同的权。基数和位权是进位制数的两个要素。基数表明了某一进位制的基本特征，如对于二进制，有2个数字符号（0，1），且由低位向高位是“逢二进一”，故其基数为2，位权表明了同一数字符号处于不同数位时所代表的值不同。二进制、八进制、十进制及十六进制的特征如表1-1所示。

表1-1 二进制、八进制、十进制及十六进制的特征

进位制	二进制	八进制	十进制	十六进制
规则	逢二进一	逢八进一	逢十进一	逢十六进一
基数	$R=2$	$R=8$	$R=10$	$R=16$
基本符号	0,1	0,1,2,…,7	0,1,2,…,9	0,1,…,9,A,B,…,F
位权	2^i	8^i	10^i	16^i
表示符号	B	O	D	H
举例	$(1011.101)_2=1\times 2^3+0\times 2^2+1\times 2^1+1\times 2^0+1\times 2^{-1}+0\times 2^{-2}+1\times 2^{-3}$	$(2134.106)_8=2\times 8^3+1\times 8^2+3\times 8^1+4\times 8^0+1\times 8^{-1}+0\times 8^{-2}+6\times 8^{-3}$	$(256.432)_{10}=2\times 10^2+5\times 10^1+6\times 10^0+4\times 10^{-1}+3\times 10^{-2}+2\times 10^{-3}$	$(9A5.ED3)_{16}=9\times 16^2+A\times 16^1+5\times 16^0+E\times 16^{-1}+D\times 16^{-2}+3\times 16^{-3}$
表示方法	$(1011.101)_2=$ 1011.101B	$(2134.106)_8=$ 2134.106O	$(256.432)_{10}=$ 256.432D	$(9A5.ED3)_{16}=$ 9A5.ED3H

例如，在十进制数值中，625.34可表示为

$$(625.34)_{10}=6\times 10^2+2\times 10^1+5\times 10^0+3\times 10^{-1}+4\times 10^{-2}$$

再如，八进制数 $(234.56)_8$，其基数 $R=8$，各位的数码依次为 $A_2=2$，$A_1=3$，$A_0=4$，$A_{-1}=5$，$A_{-2}=6$，小数点左边的位数 $n=3$，小数点右边的位数 $m=2$，则按权相加得

$$(234.56)_8=2\times8^2+3\times8^1+4\times8^0+5\times8^{-1}+6\times8^{-2}$$

各位的“权”值：64　　8　　1　　0.125　　0.015 625

对应的“权”：　R^2　　R^1　　R^0　　R^{-1}　　R^{-2}

可以看出，各种进位计数制中的权的值恰好是基数 R 的某次幂。因此，对任何一种进位计数制表示的数都可以写成按权展开的多项式之和，任意一个 R 进制数 N 可表示为

$$N = A_{n-1}\times R^{n-1} + A_{n-2}\times R^{n-2} + \cdots + A_1\times R^1 + A_0\times R^0 + A_{-1}\times R^{-1} + \cdots + A_{-m}\times R^{-m}$$

$$= \sum_{i=m}^{n-1} A_i R^i$$

其中，A_i 是第 i 位的数码，R 是基数，R^i 是位权；n 为整数部分位数，m 为小数部分位数。当 $i\geqslant0$ 时，A_iR^i 为 N 的整数部分；当 $i<0$ 时，A_iR^i 为 N 的小数部分。

计算机系统采用的是二进制数，其优点如下。

①能方便地使用逻辑代数。

②实现容易。

③记忆和传输可靠。

④运算规则简单。

2. 进制转换

进制转换就是指将一种进制的数字转换为另一种进制的数字。我们日常生活中经常使用的是十进制数，而在计算机中采用的是二进制数，所以在使用计算机时就必须把输入的十进制数换算成计算机所能够接受的二进制数。计算机在运行结束后，再把二进制数换算成人们习惯的十进制数输出。下面将通过具体例子说明计算机中常用的几种进位制数之间的转换，即十进制数与二进制数之间的转换，二进制数与八进制数或十六进制数之间的转换。

（1）二进制数转换为十进制数

二进制数转换成十进制数的基本方法是，将二进制数的各位按位权展开后再相加。

【例 1.1】 $(1101.101)_2=(?)_{10}$

$$\begin{aligned}(1101.101)_2&=1\times2^3+1\times2^2+0\times2^1+1\times2^0+1\times2^{-1}+0\times2^{-2}+1\times2^{-3}\\&=8+4+1+0.5+0.125\\&=(13.625)_{10}\end{aligned}$$

（2）十进制数转换为二进制数

十进制数转换为二进制数的基本方法是，对于整数采用“除 2 取余”法，对于小数采用“乘 2 取整”法。

【例 1.2】 $(23)_{10}=(?)_2$

对于整数采取“除 2 取余”的方法，计算过程如下：

余数

2 | 23 ……1 (最低位)

2 | 11 ……1

2 | 5 ……1

2 | 2 ……0

2 | 1 ……1 (最高位)

0

求得 $(23)_{10}=(10\ 111)_2$。

由此可知，用“除 2 取余”法实现十进制整数的转换规则是，用 2 连续除要转换的十进制数及各次所得之商，直到商为 0 时停止，各次所得的余数即为所求二进制数由低位到高位的值。

【例 1.3】 $(0.8125)_{10}=(?)_2$

对于小数采取“乘 2 取整”的方法，计算过程如下：

```
   0.8125
 ×      2        整数
 ---------
   1.6250     ……1  (最高位)

   0.6250
 ×      2
 ---------
   1.2500     ……1

   0.2500
 ×      2
 ---------
   0.5000     ……0

   0.5000
 ×      2
 ---------
   1.0000     ……1  (最低位)
```

求得 $(0.8125)_{10}=(0.1101)_2$。

由此可知，用“乘 2 取整”法实现十进制小数的转换的规则是，用 2 连续乘以要转换的十进制数及各次所得积的小数部分，直到积的小数部分为 0 时停止，各次所得之积的整数部分即为所求二进制数由高位到低位的值。

需要说明的是，在用上述规则实现十进制小数的转换时，会出现乘积的小数部分总不等于 0 的情况，这表明此时的十进制小数不能转换为有限位的二进制小数，出现了“循环小数”，如 $(0.4)_{10}=(0.110011001100)_2$，在这种情况下，乘 2 过程的结束由所要求的转换精度来确定。

当十进制数既有整数又有小数时，可按上面介绍的两种方法将整数和小数分别进行转换，然后相加。

(3) 八进制数、十六进制数和十进制数之间的转换

八进制数的基数是 8，包含 8 个数字符号，即 8 个数字符号 0~7。十六进制数的基数是 16，包含 16 个符号，其中有 10 个数字符号 0~9 和 6 个英语字母 A~F，A~F 分别对应十进制数的 10~15。任何一个十六进制数中只能是这 16 个符号的数字的组合，如 18BA。

【例 1.4】 $(172.5)_8=(?)_{10}$

$$
\begin{aligned}
(172.5)_8 &= 1\times8^2+7\times8^1+2\times8^0+5\times8^{-1} \\
&= (122.625)_{10}
\end{aligned}
$$

求得 $(172.5)_8=(122.625)_{10}$。

【例 1.5】 $(926.625)_{10}=(?)_8$

对整数部分采取“除 8 取余”的方法，计算过程如下：

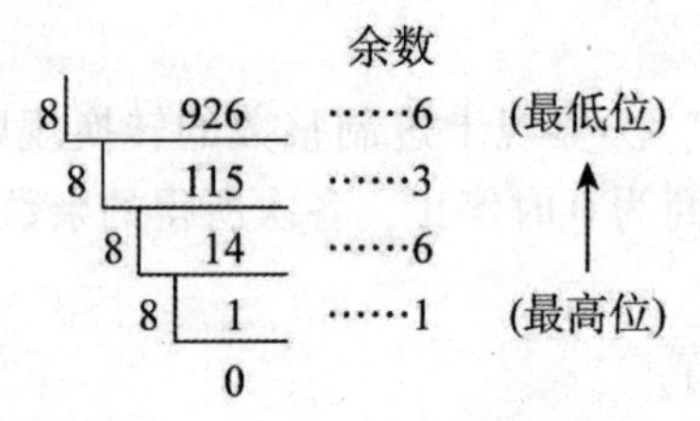

对小数部分采取“乘 8 取整”的方法，计算过程如下：

```
  0.625      整数
×     8
-------
  5.000        5
```

求得 $(926.625)_{10}=(1636.5)_8$。

【例 1.6】 $(687.6875)_{10}=(?)_{16}$

对整数部分采取“除 16 取余”的方法，计算过程如下：

```
                 余数
16 | 687      ……F   (最低位)
  16 | 42     ……A      ↑
    16 | 2    ……2   (最高位)
         0
```

对小数部分采取“乘 16 取整”的方法，计算过程如下：

```
  0.6875     整数
×     16
--------
  B.0000       B
```

求得 $(687.6875)_{10}=(2AF.B)_{16}$。

(4) 二进制数、八进制数和十六进制数之间的转换

十进制数转换成二进制数的过程书写较长；同样，二进制表示的数比等值的十进制数占更多的位数，书写也较长，容易出错。为了方便，人们常常用八进制数和十六进制数来表示。转换时将十进制数转换成八进制数或十六进制数，再转换成二进制数。由于八进制的基数是 8，二进制的基数为 2，满足 $2^3=8$，故每位八进制数可转换为等值的 3 位二进制数，反之亦然。同理，十六制数的基数为 16，二进制数的基数为 2，满足 $2^4=16$，故每位十六进制数可转换为 4 位二进制数，反之亦然。二进制数、八进制数和十六进制数之间存在的关系如表 1-2 所示。

表 1-2　二进制数、八进制数和十六进制数之间存在的关系

八进制数	二进制数	十六进制数	二进制数	十六进制数	二进制数
0	000	0	0000	8	1000
1	001	1	0001	9	1001
2	010	2	0010	A	1010
3	011	3	0011	B	1011
4	100	4	0100	C	1100
5	101	5	0101	D	1101
6	110	6	0110	E	1110
7	111	7	0111	F	1111

根据这种对应关系，当二进制数转换成八进制数时，以小数点为中心向左右两边分组，每 3 位为一组，两头不足 3 位的补 0 即可。同理，二进制数转换成十六进制数只要每 4 位为

一组进行分组即可。

【例 1.7】$(1011010010.111110)_2=(?)_{16}$

$(\underset{2}{\underline{0010}}\ \underset{D}{\underline{1101}}\ \underset{2}{\underline{0010}}.\ \underset{F}{\underline{1111}}\ \underset{8}{\underline{1000}})_2=(2D2.F8)_{16}$（整数高位和小数低位不足 4 位的补 0）

$(1011010010.111110)_2=(?)_8$

$(\underset{1}{\underline{001}}\ \underset{3}{\underline{011}}\ \underset{2}{\underline{010}}\ \underset{2}{\underline{010}}.\ \underset{7}{\underline{111}}\ \underset{6}{\underline{110}})_2=(1322.76)_8$

同理，将八进制数、十六进制数转换成二进制数时只要将 1 位分别转化为 3 位或 4 位即可。

【例 1.8】$(3B6F.E6)_{16}=(\underset{3}{\underline{0011}}\ \underset{B}{\underline{1011}}\ \underset{6}{\underline{0110}}\ \underset{F}{\underline{1111}}.\ \underset{E}{\underline{1110}}\ \underset{6}{\underline{0110}})_2$

$(6732.26)_8=(\underset{6}{\underline{110}}\ \underset{7}{\underline{111}}\ \underset{3}{\underline{011}}\ \underset{2}{\underline{010}}.\ \underset{2}{\underline{010}}\ \underset{6}{\underline{110}})_2$

1.2.2 信息存储单位

计算机中信息的常用单位有位、字节和字。

（1）位（bit）

位是计算机存储数据的最小单位，简称为 b，也称比特。一个二进制位只能表示 0 和 1，要想表示更大的数，就得把更多的位组合起来，每增加一位，所能表示的数就增加一倍。

（2）字节（Byte）

字节是存储数据的基本单位，简称为 B，字节与位的换算关系为

$$1\ B=8\ b$$

为了表示更大的数，还经常使用其他的度量单位，即 KB、MB、GB 和 TB，其换算关系为

$$1\ KB=2^{10}\ B=1024\ B$$

$$1\ MB=2^{10}\ KB=2^{20}\ B$$

$$1\ GB=2^{10}\ MB=2^{20}\ KB=2^{30}\ B$$

$$1\ TB=2^{10}\ GB=2^{20}\ MB=2^{30}\ KB=2^{40}\ B$$

（3）字（Word）

当计算机处理数据时，CPU 通过数据总线一次存取、加工和传送的数据称为字，计算机部件能同时处理的二进制数的位数称为字长。一个字通常由一个字节或若干个字节组成。字长是计算机一次所能处理的实际位数的长度，所以字长也是衡量计算机性能的重要指标之一。字长越长，数的表示范围越大，精度也就越高。

注意字与字长的区别，字是单位，而字长是指标，指标需要用单位去衡量。正如生活中质量与千克的关系，千克是单位，质量是指标，质量需要用千克去衡量。

1.2.3 数值数据在计算机中的表示

1. 二进制数的定点及浮点表示

在计算机中能够直接进行运算的数只有“0”和“1”两种形式，因此数的正、负也必

须用“0”和“1”表示。通常把一个数的最高位定义为符号位，用“0”表示正，用“1”表示负，又称为数符，其余位仍表示数值。通常把在机器内存放的正、负号数码化的数称为机器数，把用正、负号表示的数称为真值。例如，真值数－1010111B，其机器数为11010111，其表示方法如图 1-4 所示。

在计算机中，参与计算的数可能既有整数部分又有小数部分，在进行运算时需先将小数点的位置对准，这就引出如何表示小数点位置的问题。在计算机中，表示小数点位置的方法有两种：一是定点表示法，二是浮点表示法。

（1）定点表示法

定点表示法是指计算机中的小数点位置固定不变。根据小数点位置的固定方法的不同，又可分为定点整数和定点小数表示法。前者小数点固定在数的最低位之后，后者小数点固定在数的最高位之前。

①无符号整数。

无符号整数是指将符号略去的正整数，所有的数位都用来表示数值的大小，小数点在最低位之后。整个数码序列是整数，二进制无符号整数 $X_0X_1\cdots X_n$ 中 X_0 是最高位的数，而不是符号位。例如，8 位无符号整数 $(101)_2$ 的表示方法如图 1-5 所示。

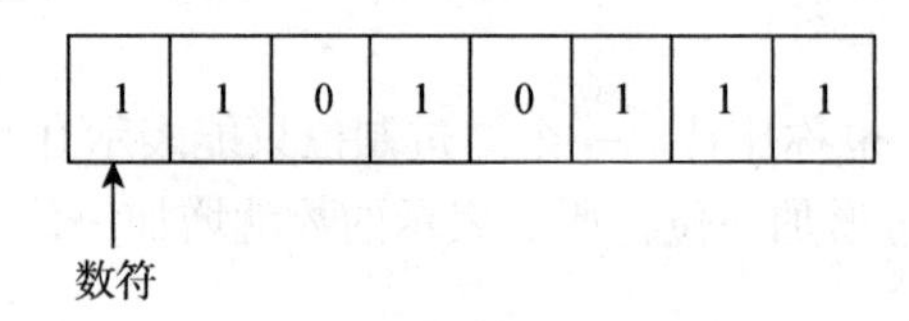

图 1-4　机器数的表示方法

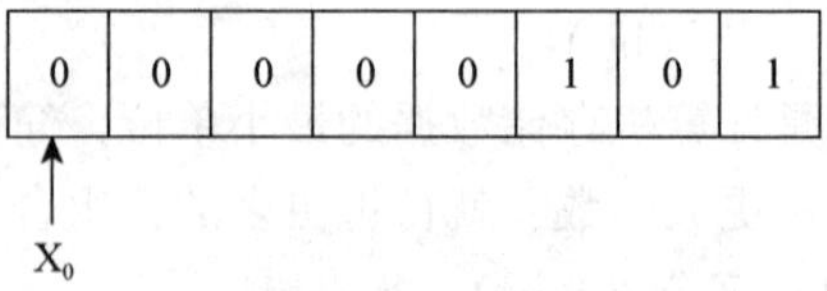

0 0 0 0 0 1 0 1

X_0

图 1-5　8 位无符号整数 $(101)_2$ 的表示方法

②带符号定点整数。

带符号定点整数的符号位被放在最高位，整数表示的数是精确的，但数的范围是有限的。二进制带符号整数 $X_0X_1\cdots X_n$ 中的 X_0 是符号位，小数点位置在数的最低位之后。例如，8 位带符号定点整数 $(-101)_2$ 的表示方法如图 1-6 所示。

③带符号定点小数。

带符号定点小数的符号位被放在最高位，小数点位置在符号位之后，即为纯小数。二进制带符号小数 $X_0X_1\cdots X_n$ 中的 X_0 是符号位。例如，8 位带符号定点小数 $(+0.101)_2$ 的表示方法如图 1-7 所示。

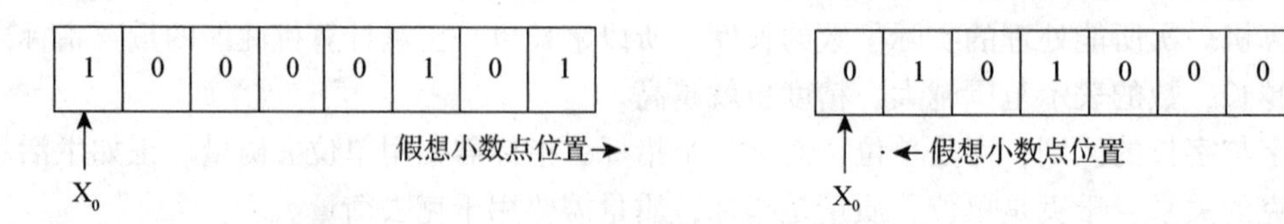

图 1-6　8 位带符号定点整数 $(-101)_2$ 的表示方法　　图 1-7　8 位带符号定点小数 $(+0.101)_2$ 的表示方法

对整数而言，根据存放数的字长，可以用 8、16、32、64 位等表示，不同位数和数的表示范围如表 1-3 所示。

表 1-3 不同位数和数的表示范围

二进制位数	无符号整数的表示范围	带符号整数的表示范围
8	$0\sim(2^{8}-1)$	$-2^{7}\sim(2^{7}-1)$
16	$0\sim(2^{16}-1)$	$-2^{15}\sim(2^{15}-1)$
32	$0\sim(2^{32}-1)$	$-2^{31}\sim(2^{31}-1)$
64	$0\sim(2^{64}-1)$	$-2^{63}\sim(2^{63}-1)$

【例 1.9】 假定整数占 8 位，则数值 $-78=-(1\times2^{6}+1\times2^{3}+1\times2^{2}+1\times2^{1})$

8 位带符号整数的表示方法如图 1-8 所示。

（2）浮点表示法

浮点表示法是指计算机中的小数点位置不是固定的，或者说是“浮动的”，为了便于计算机中小数点的表示，将浮点数写成规格化的形式，即尾数的绝对值大于等于 0.1 且小于 1，从而唯一地确定了小数点的位置。十进制数 1234.567 以规格化形式表示为

$$0.1234567\times10^{4}$$

同理，任意二进制规格化浮点数的表示形式为

$$N=\pm d\times2^{\pm p}$$

式中，d 是尾数，前面的“±”表示尾数的正负符号，称为尾符；p 是阶码，前面的“±”表示阶码的正负，称为阶符。浮点数的表示方法如图 1-9 所示。

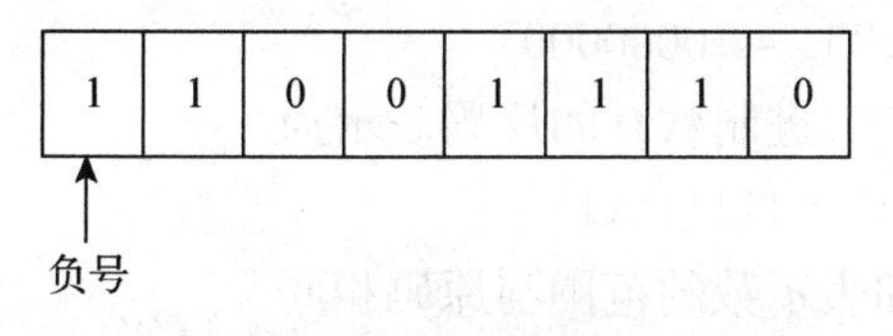

图 1-8 8 位带符号整数的表示方法

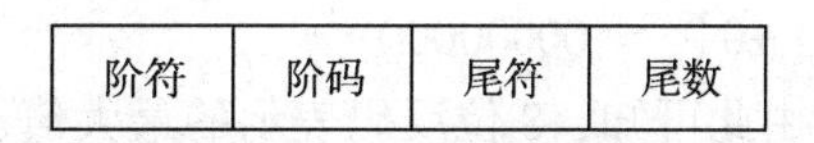

图 1-9 浮点数的表示方法

阶码只能是一个带符号的整数，阶码本身的小数点约定在阶码的最右边；尾数表示数的有效部分，是纯小数。在浮点数表示法中，尾符和阶符都各占一位，阶码的位数表示数的大小范围，尾数的位数表示数的精度。

【例 1.10】 设尾数为 8 位，阶码为 6 位，二进制数 $N=(1011.011)_2=(0.1011011)\times2^{+100}$B，浮点数 N 的规格化表示方法如图 1-10 所示。

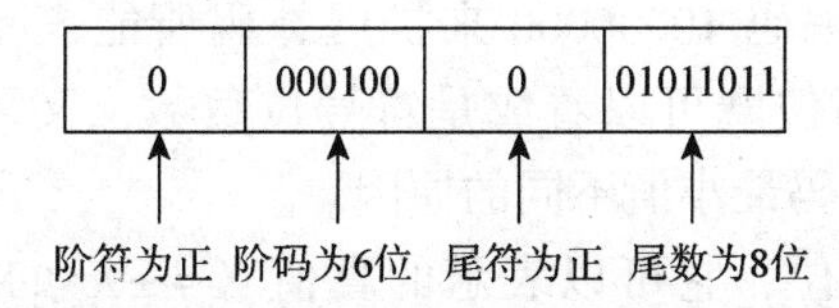

图 1-10 浮点数 N 的规格化表示方法

2. 二进制数的原码、反码及补码表示

当机器数在运算时，若将符号位同时和数值参加运算，则会产生错误的结果。为了解决此类问题，在机器数中对数的表示有 3 种方法：原码、反码和补码。在计算机系统中，数值

一律用补码来表示和存储。其原因在于，使用补码，可以将符号位和数值域统一处理，加法和减法也可以统一处理。此外，补码与原码相互转换，其运算过程是相同的，不需要额外的硬件电路。

在计算机中，数的正、负用0、1来表示。

（1）原码

整数X的原码是指：其数符位0表示正，1表示负；其数值部分就是X绝对值的二进制表示。通常用 $[X]_{原}$ 表示X的原码。

例如

$[+1]_{原}=00000001$　　$[-1]_{原}=10000001$

$[+127]_{原}=01111111$　　$[-127]_{原}=11111111$

在原码表示中，0有两种表示形式，如8位二进制数0的原码表示为

$[+0]_{原}=00000000$　　$[-0]_{原}=10000000$

由此可知，8位原码表示的最大值为+127，最小值为-127，表示数的范围为-127～+127。

（2）反码

整数X的反码是指：对于正数，其与原码相同；对于负数，数符位为1，其数值位X的绝对值取反。通常用 $[X]_{反}$ 表示X的反码。

例如

$[+1]_{反}=00000001$　　$[-1]_{反}=11111110$

$[+127]_{反}=01111111$　　$[-127]_{反}=10000000$

在反码表示中，0也有两种表示形式，如8位二进制数0的反码表示为

$[+0]_{反}=00000000$　　$[-0]_{反}=11111111$

由此可知，8位反码表示的最大值、最小值和表示数的范围与原码相同。

（3）补码

整数X的补码是指：对于正数，其与原码相同；对于负数，数符位为1，其数值位X的绝对值取反然后最右位加1，即反码加1。通常用 $[X]_{补}$ 表示X的补码。

例如

$[+1]_{补}=00000001$　　$[-1]_{补}=11111111$

$[+127]_{补}=01111111$　　$[-127]_{补}=10000001$

在补码表示中，0有唯一的编码，即 $[+0]_{补}=[-0]_{补}=00000000$。

因此，可以用多出来的编码10000000来扩展补码所能表示数的范围，即将最小负数127扩大到128。这里的最高位既可以看成是符号位负数，又可以表示为数值位，其值为128。这就是补码与原码、反码最小值不同的原因。

假设计算机的字长为 n 位，它可以表示的真值 $X=\pm X_{n-2}X_{n-3}\cdots X_0$，其中 $X_i=0$ 或 1，则有

①当真值 $X=+X_{n-2}X_{n-3}\cdots X_0$ 时，原码、反码和补码完全相同，即

$$[X]_{原}=[X]_{反}=[X]_{补}=0\underbrace{X_{n-2}X_{n-3}\cdots X_0}_{(n-1)位}$$

②当真值 $X=-X_{n-2}X_{n-3}\cdots X_0$ 时，原码、反码、补码与X的关系为

$$[X]_{原}=1X_{n-2}X_{n-3}\cdots X_0$$

$$[X]_{反}=1\overline{X}_{n-2}\overline{X}_{n-3}\cdots\overline{X}_0$$

$$[X]_{补}=1\overline{X}_{n-2}\overline{X}_{n-3}\cdots(\overline{X}_0+1)$$

由上可知，在 n 位机器数中，最高位为符号位，该位为 0 时表示真值为正，为 1 时表示真值为负；其余（$n-1$）位为数值位，各位的值可为 0 或 1。当真值为正时，原码、反码和补码的数值位与其真值完全相同；当真值为负时，原码的数值位保持其真值的原样，反码的数值位为原码的各位取反，补码则是反码的最低位加 1。

根据上述关系，很容易实现真值与机器数之间及 3 种机器数之间的相互转换。

【例 1.11】 已知计算机字长为 8 位，试写出二进制数+101011 和-101011 在机器中表示的原码、反码及补码。

先写出这两个二进制数的真值。设该机器采用定点整数法表示，则其真值形式为

$$X=+0101011$$

$$Y=-0101011$$

即连同符号位构成 8 位（字长），为使所表示的值保持不变，故在不足 7 位的数值位前加 0，根据真值和机器数的关系，其机器数为

真值 X 为正，则有

$$[X]_{原}=[X]_{反}=[X]_{补}=00101011$$

真值 Y 为负，则有

$$[Y]_{原}=10101011$$

$$[Y]_{反}=11010100$$

$$[Y]_{补}=11010101$$

【例 1.12】 已知 $[X]_{补}=101110$，求其真值 X。

先由 $[X]_{补}$ 求 $[X]_{反}$，则得

$$[X]_{反}=101110-1=101101$$

$[X]_{反}$ 的符号位为 1，故其所对应的真值为负，且数值位为 $[X]_{反}$ 的各位取反，即

$$[X]_{反}=101101$$

$$X=-10010$$

在计算机中，参与运算的是机器数，不同的机器数其运算规则的复杂程度不同，我们期望所选用的机器数不仅与真值之间的转换直观简便，而且运算规则简单。

1.2.4 编码

任何形式的数据，如数字、图形、图像、文字、声音等信息，进入计算机后都必须先通过输入设备转换成计算机能识别的二进制数，这个过程称为信息的编码。计算机将二进制数处理后，再通过输出设备转换成人类能够识别的信息。

1. 十进制编码

十进制编码是指用若干位二进制代码来表示一位十进制数，也称为 BCD（Binary-Coded Decimal）码。BCD 码可分为多种，其中最常用的是 8421 码，它是用 4 位二进制数来表示 1 位十进制数。例如，十进制的 7 用 8421 编码表示为 0111。8421 码的十进制数编码如表 1-4

所示。按照表中给定的规则，很容易实现十进制数与8421码之间的转换。

【例 1.13】$(867)_{10}=(?)_{8421}$

$$(867)_{10}=(\underset{8}{\underline{1000}}\ \underset{6}{\underline{0110}}\ \underset{7}{\underline{0111}})_{8421}$$

【例 1.14】$(10111.11)_2=(?)_{8421}$

$$(10111.11)_2=(23.75)_{10}=(\underset{2}{\underline{0010}}\ \underset{3}{\underline{0011}}\ \underset{7}{\underline{0111}}\ \underset{5}{\underline{0101}})_{8421}$$

表 1-4　8421 码的十进制数编码

十进制数	8421 码	十进制数	8421 码
0	0000	5	0101
1	0001	6	0110
2	0010	7	0111
3	0011	8	1000
4	0100	9	1001

2. 字符

字符是指拉丁字母、数字、标点符号以及一些特殊符号。所有这些字符的集合称为“字符集”，在这个字符集中的每个字符都必须具有一个唯一的编码，所有字符集中字符的编码组成该字符集的编码表，简称为“码表”。

美国信息交换标准代码（American Standard Code for Information Interchange，ASCII）是基于拉丁字母的一套电脑编码系统，主要用于显示现代英语和西欧语言，它是目前最通用的信息交换标准。

标准 ASCII 采用 7 位二进制的编码方式，最高位用 0 表示，可以表示 $2^7=128$ 个字符，如表 1-5 所示。

表 1-5　标准 ASCII 码表

最低位码	最高位码							
	0000	0001	0010	0011	0100	0101	0110	0111
0000	NUL	DLE	SP	0	@	P	`	p
0001	SOH	DC1	!	1	A	Q	a	q
0010	STX	DC2	”	2	B	R	b	r
0011	ETX	DC3	#	3	C	S	c	s
0100	EOT	DC4	$	4	D	T	d	t
0101	ENQ	NAK	%	5	E	U	e	u
0110	ACK	SYN	&	6	F	V	f	v
0111	BEL	ETB	,	7	G	W	g	w
1000	BS	CAN	(	8	H	X	h	x
1001	HT	EM	)	9	I	Y	i	y

续表

最低位码	最高位码							
	0000	0001	0010	0011	0100	0101	0110	0111
1010	LF	SUB	*	:	J	Z	j	z
1011	VT	ESC	+	;	K	[	k	{
1100	FF	FS	,	<	L	\	l	|
1101	CR	GS	–	=	M	]	m	}
1110	SO	RS	.	>	N	^	n	~
1111	SI	US	/	?	O	_	o	DEL

在 ASCII 码表中，SP（Space）为空格；数字字符 0~9 按照顺序排列，其编码为 00110000~00111001，对应十进制是 48~57；大写字母 A~Z 按照顺序排列，其编码为 01000001~01011010，对应十进制是 65~90；小写字母 a~z 也是按照顺序排列，其编码为 01100001~01111010，对应十进制是 97~122；大写字母与对应的小写字母的编码十进制相差 32。例如，字符 5 的 ASCII 码为 00110101，用十进制表示为 53，用十六进制表示为 35。字符 N 的 ASCII 的二进制编码为 01001110，用十进制表示为 78，用十六进制表示为 4E。

标准 ASCII 码的 128 个字符，可以表示英文字符，但无法表示一些欧洲国家的字符，于是便有了 8 位的扩展 ASCII 码来表示一些欧洲的字符，扩展 ASCII 码最多可表示 256 个字符，其中前 128 个 ASCII 码和标准 ASCII 码完全一样。

3. 中文编码

英文编码是采用不超过 128 个字符的字符集就可以满足需求，而汉字编码比较困难，且在一个汉字处理系统中，输入、内部处理和输出对汉字编码的要求也不尽相同，因此必须进行一系列的汉字编码转换。汉字信息处理中各编码及流程如图 1-11 所示。

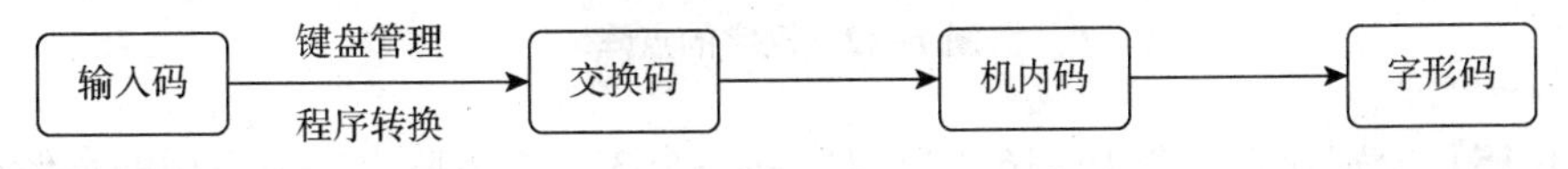

图 1-11 汉字信息处理中各编码及流程

（1）输入码

汉字编码的研究和发展非常迅速，目前已有几百种汉字输入编码法。现在常用的汉字输入法主要有音码、形码和音形码等。音码根据汉字的读音来确定汉字的输入编码，如微软拼音、智能 ABC 和双拼等。形码是根据汉字的字形、结构特征和一定的编码规则对汉字进行编码，如五笔字型、万能五笔等。音形码是结合汉字的读音和字形而对汉字进行编码，如自然码。

（2）交换码

要让汉字正确传递和交换，必须建立统一的编码，否则会造成混乱。我国国家标准局于 1981 年公布了“信息交换汉字编码字符集及其交换码标准 GB/T 2312—1980”，称为国标码，简称 GB。国标码规定的 7 445 个汉字和图形符号，并给这些汉字和图形符号分配了代码，将它们作为汉字信息交换标准代码。由于汉字数量大，用一个字节无法区分它们，因此采用了两个字节对汉字进行编码。前一字节为高位字节，后一字节为低位字节。每个字节都只使用低 7 位（与 ASCII 码相同），即有 128×128=16 384 种状态。由于 ASCII 码的 34 个控制代码在汉字系统中也要使用，为了不发生冲突，不能将其作为汉字编码，所以 128 减去 34 只剩 94 种，因此汉字编码表的大小是 94×94=8 836，除了 GB 码外，目前常用的还有 Unicode 码、GBK 码及 BIG5 码等。

（3）机内码

机内码是计算机内部信息存储、传递和运算所使用的代码。在计算机内部表示汉字时把交换码（国标码）两个字节最高位改为 1，这样，当某字节的最高位是 1 时，必须和下一个最高位同样为 1 的字节合起来代表一个汉字；而某字节的最高位如果是 0，就代表一个 ASCII 码字符，以此与 ASCII 码区别，因此，机内码最多能表示 $2^7 \times 2^7 = 16$ 384 个汉字。

（4）字形码

汉字字形码又称为汉字字模，用于汉字在显示屏或打印机上输出。汉字字形码通常有点阵和矢量两种表示方式。点阵由若干行、若干列的许多点组成，常用 16×16 点阵表示一个汉字，汉字的点阵如图 1-12 所示。除了 16×16 点阵之外，还有 24×24 点阵、32×32 点阵和 64×64点阵。点阵规模越大，字形越清晰，所占存储空间也就越大。

图 1-12　汉字的点阵

【例 1.15】分别计算一个 16×16 点阵汉字和一个 32×32 点阵汉字所占用的存储空间。

一个 16×16 点阵汉字占用存储空间=1×16×16/8=32 字节。

一个 32×32 点阵汉字占用存储空间=1×32×32/8=128 字节。

1.2.5　可靠性编码

数据在形成与传送的过程中，都可能发生错误。为了能及时发现错误并检测和校正错误，可采用可靠性编码。常用的可靠性编码有格雷码、海明码、循环冗余码和奇偶校验码。下面就奇偶校验码给大家进行介绍。

奇偶校验码是一种使用广泛的可靠性编码，它由若干信息位加一个校验位组成。奇偶校验的实现方法是在每个被传送码的左边或右边加上 1 位奇偶校验位“0”或“1”，若采用奇校验位，则只需把每个编码中“1”的个数凑成奇数；若采用偶校验位，则只需把每个编码中“1”的个数凑成偶数。带奇偶校验的 8421 编码如表 1-6 所示。奇偶校验码具有 1 位检错的能力。例如，若约定计算机中的二进制代码都是以偶校验码存入存储器，那么当从存储器取出时，若检测到某一个二进制代码中“1”的个数不是偶数，则表明该代码在存取过程中出现了错误，但不知是哪一位出错，故无自动校正能力。若代码在存取过程中发生了两位错误，则用奇偶校验码就检测不出来。

在格雷码中，任意两个相邻编码只有一位二进制数不同，因而当数据顺序改变时不会发生大的误差，从而提高了数据可靠性。海明码和循环冗余码则是一种既能检测出错位又能校正出错位的可靠性代码。

表 1–6 带奇偶校验的 8421 编码

十进制数	8421 码	奇校验码	偶校验码	十进制数	8421 码	奇校验码	偶校验码
0	0000	00001	00000	5	0101	01011	01010
1	0001	00010	00011	6	0110	01101	01100
2	0010	00100	00101	7	0111	01110	01111
3	0011	00111	00110	8	1000	10000	10001
4	0100	01000	01001	9	1001	10011	10010

读者如果需要了解格雷码、海明码和循环冗余码等内容，可查阅相关书籍。

1.2.6 计算机的基本运算

计算机中的基本运算有两类，一类是算术运算，另一类是逻辑运算。算术运算包括加、减、乘、除四则运算，逻辑运算包括逻辑乘、逻辑加、逻辑非和逻辑异或等运算，它们都是按位进行的，也称为逻辑操作。本节将简要介绍计算机中常用的补码加减运算规则和用 8421 码表示的十进制数的运算规则，以及几种常见的逻辑运算，旨在帮助读者了解计算机实现运算的基本原理。

1. 二进制数的四则运算

二进制数只有 0 和 1 两个数字符号，相邻位间由低位到高位“逢二进一”，二进制数的四则运算比十进制数更为简单，下面举例说明。

【例 1.16】 1011+0110＝?

算式如下：

$$\begin{array}{r} 1011 \\ +\ 0110 \\ \hline 10001 \end{array} \qquad \begin{array}{r} 11 \\ +\ 6 \\ \hline 17 \end{array}$$

【例 1.17】 1011−0110＝?

算式如下：

$$\begin{array}{r} 1011 \\ -\ 0110 \\ \hline 0101 \end{array} \qquad \begin{array}{r} 11 \\ -\ 6 \\ \hline 5 \end{array}$$

【**例 1.18**】1011×0110=?

算式如下：

```
      1011            11
    × 0110          × 6
  ---------        -----
      0000            66
     1011
    1011
   0000
  ---------
   1000010
```

【**例 1.19**】1000001÷101=?

算式如下：

```
          1101            13
    101 )1000001      5 ) 65
          101              5
          ---             ---
           110             15
           101             15
           ---             ---
             101            0
             101
             ---
               0
```

从上述例子可以看出，二进制数乘法的结果可以通过逐次左移后的被乘数（或 0）相加而获得。也就是说，乘法可以由“加法”和“移位”两种操作实现。同理，除法也可以由“减法”和“移位”两种操作实现。计算机系统正是利用这一原理实现了二进制数乘法和除法运算，即在运算器中只需进行加、减法及左、右移位操作便可实现四则运算。不同的是，计算机中参加运算的数都是以机器数的形式出现的，如加、减法通常都用补码进行运算。下面介绍计算机中用补码实现加、减法的基本原理。

2. 补码加减运算

（1）补码加法

负数用补码表示后，可以和正数一样来处理。这样，运算器里只需要一个加法器就可以了，不必为了负数的加法运算再配一个减法器。

设 X，Y 为正或负的真值，则有公式 $[X]_{补}+[Y]_{补}=[X+Y]_{补}$，在计算结果不溢出的情况下，应用这一公式很容易实现补码的加法运算。

【**例 1.20**】设 X=+0110101，Y=−1101010，求 X+Y=?

在计算机中，真值 X，Y 表示为下列补码的形式为

$$[X]_{补}=0,0110101$$

$$[Y]_{补}=1,0010110$$

根据公式 $[X]_{补}+[Y]_{补}=[X+Y]_{补}$，有

$$\begin{array}{rl} 0,0110101 & [X]_{补} \\ +\ 1,0010110 & [Y]_{补} \\ \hline 1,1001011 & [X]_{补}+[Y]_{补} \end{array}$$

即

$$[X+Y]_{补} = [X]_{补} + [Y]_{补} = 1,1001011$$

从而求得 X+Y=-0110101。

【例 1.21】 设 X=+1010111，Y=+0100110，求 X+Y=?

在计算机中，真值 X，Y 表示为下列补码的形式为

$$[X]_{补} = 0,1010111$$

$$[Y]_{补} = 0,0100110$$

根据公式 $[X]_{补} + [Y]_{补} = [X+Y]_{补}$，有

$$\begin{array}{rl} & 0,1010111 \quad [X]_{补} \\ + & 0,0100110 \quad [Y]_{补} \\ \hline & 0,1111101 \quad [X]_{补}+[Y]_{补} \end{array}$$

即

$$[X+Y]_{补} = [X]_{补} + [Y]_{补} = 0,1111101$$

从而求得 X+Y=0,1111101。

【例 1.22】 设 X=-1010110，Y=-0100101，求 X+Y=?

$$\begin{array}{rl} & [X]_{补} = 1,0101010 \\ + & [Y]_{补} = 1,1011011 \\ \hline & [X]_{补}+[Y]_{补} = 11,0000101 \end{array}$$

↑—— 丢失

即

$$[X+Y]_{补} = [X]_{补} + [Y]_{补} = 1,0000101$$

从而求得 X+Y=-1111011。

在该例中，因假定机器字长为 8 位，故 $[X]_{补} + [Y]_{补}$ 的结果中最高位 1 无法保存，自动丢失。因此，计算机中的实际结果为 1,0000101。

【例 1.23】 设 X=+1010110，Y=+1100101，求 X+Y=?

$$\begin{array}{rl} & [X]_{补} = 0,1010110 \\ + & [Y]_{补} = 0,1100101 \\ \hline & [X]_{补}+[Y]_{补} = 1,0111011 \end{array}$$

即

$$[X+Y]_{补} = [X]_{补} + [Y]_{补} = 1,0111011$$

从而求得 X+Y=-1000101。

不难看出，该结果是错误的，因为两个正数相加，其和不可能为负数。由本例可知，真值 X 所表示的十进制数为 $(+86)_{10}$，真值 Y 所表示的十进制数为 $(+101)_{10}$，其和为 $(+187)_{10}$，该十进制数所对应的二进制数为+10111011，需要 9 位字长的机器数表示，而现机器字长只有 8 位，无法对其进行表示，因此我们称这种现象为“溢出”。在计算机中，一旦发生溢出，其运算结果肯定是错误的，机器将进行溢出处理。同理，当两个负数相加时，其和肯定是负数，若出现正数，则表明发生了负方向的“溢出”，所得结果也是错误的。当两个异号的数相加时，不会发生溢出。

(2) 补码减法

设X，Y为正或负整数的真值，则可利用下列补码关系求得X-Y的值，即

$$[X-Y]_{补}=[X+(-Y)]_{补}=[X]_{补}+[-Y]_{补}$$

【例1.24】 设X=+1011010，Y=+1100101，求X-Y=？

$$[X]_{补}=0,1011010$$

$$-Y=-1100101,[-Y]_{补}=1,0011011$$

$$[X-Y]_{补}=[X]_{补}+[-Y]_{补}=1,1110101$$

从而求得X-Y=-0001011。

由此可见，利用补码表示法可以方便地将减法转换成加法，这就是计算机的运算器中只有加法器的原因。

3. 逻辑运算

常用的逻辑运算有“与”运算（逻辑乘）、“或”运算（逻辑加）、“非”运算（逻辑非）及“异或”运算（逻辑异或）等，下面将分别介绍这些运算的规则。

(1)“与”运算

“与”运算的规则为

$$0\wedge 0=0 \quad 0\wedge 1=0 \quad 1\wedge 0=0 \quad 1\wedge 1=1$$

式中，“∧”是“与”运算符号，通常也用“·”号来表示。

“与”运算的一般式为

$$C=A\wedge B \quad 或 \quad C=A\cdot B$$

在该式中，只有当A与B同时为1时，结果C才为1；否则，C总为0。

例如，两个8位二进制数的“与”运算结果为

$$\begin{array}{r} 10101010 \\ \wedge\, 11011011 \\ \hline 10001010 \end{array}$$

(2)“或”运算

“或”运算的规则为

$$0\vee 0=0 \quad 0\vee 1=1 \quad 1\vee 0=1 \quad 1\vee 1=1$$

式中，“∨”是“或”运算符号，有时也用“+”号来表示。要注意区分1+1=1中的“+”是“或”运算，而1+1=10中的“+”是加法运算。

“或”运算的一般式为

$$C=A\vee B \quad 或 \quad C=A+B$$

在该式中，只要A或B中有一个为1，则结果C必为1；只有A与B同时为0时，C才为0。

例如，两个8位二进制数的“与”运算结果为

$$\begin{array}{r} 10101010 \\ \vee\, 11011011 \\ \hline 11111011 \end{array}$$

(3) “非”运算

“非”运算的规则为

$$\overline{0}=1 \qquad \overline{1}=0$$

式中“ $\overline{\ }$ ”是“非”运算符号，“非”运算的一般式为 $C=\overline{A}$。

该式表明，C 为 A 的“非”。例如，若对二进制数 11011011 进行“非”运算，则其反码为 00100100。

(4) “异或”运算

“异或”运算的规则为

$$0\oplus 0=0 \qquad 0\oplus 1=1 \qquad 1\oplus 0=1 \qquad 1\oplus 1=0$$

式中，“$\oplus$”是“异或”运算符号。“异或”运算的一般式为 $C=A\oplus B$。

当 A 和 B 的值相异时，结果 C 为 1；否则 C 为 0。

例如，两个 8 位二进制数的“异或”运算结果为

$$\begin{array}{r} 10101010 \\ \oplus\ 11011011 \\ \hline 01110001 \end{array}$$

综上可知，计算机中的逻辑运算是按位计算的，它是一种比算术更简单的运算。

4. 逻辑代数

计算机的各个部分主要由电子开关电路组成，这些电路只有两种稳定状态，即导通或截止。从电路的输入/输出看，可能是高电位，也可能是低电位，若用 1 表示高电位，0 表示低电位，便可利用这些电路实现数字运算或逻辑运算。因此，常称这些开关电路为数字电路或逻辑电路。

(1) 逻辑变量

逻辑代数是一种双值代数，其变量只有 0，1 两种取值。逻辑代数的变量简称逻辑变量，可用字母 A，B，C 等表示。逻辑变量只有 3 种运算，即逻辑加（“或”运算）、逻辑乘（“与”运算）及逻辑非（“非”运算），根据逻辑变量只有 0，1 两种取值及上述 3 种基本运算，可以证明任意逻辑变量 A 都具有下列基本等式：

$$A+0=A \qquad A\cdot 0=0 \qquad A=\overline{\overline{A}}$$

$$A+1=1 \qquad A\cdot 1=A \qquad A+A=A$$

$$A\cdot A=A \qquad A+\overline{A}=1 \qquad A\cdot\overline{A}=0$$

(2) 逻辑函数

与普通代数中的函数概念类似，逻辑代数中的函数（简称逻辑函数）也是一种变量，只是这种变量随其他变量的变化而改变，可表示为

$$F=f(A_1,A_2,\cdots,A_i,\cdots,A_n)$$

式中 $A_i(i=1,2,\cdots,n)$ 为逻辑变量，F 为逻辑函数，F 与 A 的函数关系用 f 表示。在逻辑代数中，表示逻辑函数的方法有 3 种：逻辑表达式、真值表和卡诺图。在这里仅对逻辑表达式和真值表进行简要介绍。

逻辑表达式是用公式表示函数与变量关系的一种方法。例如，当两个逻辑变量 A，B 的

取值相异时，函数 F 的值为 1；否则，F 的值为 0。对于这一函数关系，可用下列逻辑表达式描述：

$$F=f(A,B)=A\cdot\overline{B}+\overline{A}\cdot B$$

真值表是用表格来表示函数与变量关系的一种方法。例如，对于上例可用表 1-7 所示的真值表来表示，表中列出了逻辑变量的各种可能的取值组合，以及与它所对应的逻辑函数值。显然，两个逻辑变量共有 4 种取值组合；3 个逻辑变量则有 8 种，n 个逻辑变量就有 2^n 种取值组合。用真值表表示逻辑函数比用逻辑表达式更为直观，但随着变量的增多，真值表将变得非常庞大。

(3) 逻辑代数的常用公式

根据逻辑变量的基本等式及逻辑函数的概念，可以证明一组常用公式。

① $A+A\cdot B=A$

证明：$A+A\cdot B=A(1+B)=A\cdot 1=A$

② $A+\overline{A}\cdot B=A+B$

证明：$A+\overline{A}\cdot B=(A+A\cdot B)+\overline{A}\cdot B$

$$=A+B\cdot(A+\overline{A})$$
$$=A+B\cdot 1$$
$$=A+B$$

③ $\overline{A+B}=\overline{A}\cdot\overline{B}$

证明：设 $F=\overline{A+B}$，$G=\overline{A}\cdot\overline{B}$，分别列出逻辑函数 F 和 G 的真值表，如表 1-8 所示。由表可知，对于任何变量的取值，F 与 G 的值都分别相等，即 $F=G$。

表 1-7　$F=A\cdot\overline{B}+\overline{A}\cdot B$ 的真值表

逻辑变量		逻辑函数
A	B	F
0	0	0
0	1	1
1	0	1
1	1	0

表 1-8　$\overline{A+B}=\overline{A}\cdot\overline{B}$ 的真值表

A	B	$A+B$	$F=\overline{A+B}$	$\overline{A}\cdot\overline{B}$	$G=\overline{A}\cdot\overline{B}$
0	0	0	1	1　1	1
0	1	1	0	1　0	0
1	0	1	0	0　1	0
1	1	1	0	0　0	0

④ $\overline{A\cdot B}=\overline{A}+\overline{B}$

证明：本公式的证明方法同③。

③和④称为狄·摩根定理，可推广到 n 个逻辑变量，即

$$\overline{A+B+C+D+E}=\overline{A}\cdot\overline{B}\cdot\overline{C}\cdot\overline{D}\cdot\overline{E}$$

$$\overline{A\cdot B\cdot C\cdot D\cdot E}=\overline{A}+\overline{B}+\overline{C}+\overline{D}+\overline{E}$$

该式可简述为“或”之“非”等于“非”之“与”；“与”之“非”等于“非”之“或”。

⑤ $\overline{A\cdot\overline{B}+\overline{A}\cdot B}=\overline{A}\cdot\overline{B}+A\cdot B$

$$\text{证明}: \overline{A\cdot\overline{B}+\overline{A}\cdot B}=\overline{(A\cdot\overline{B})}\cdot\overline{(\overline{A}\cdot B)}$$
$$=(\overline{A}+B)\cdot(A+\overline{B})$$
$$=\overline{A}\cdot A+\overline{A}\cdot\overline{B}+A\cdot B+B\cdot\overline{B}$$
$$=\overline{A}\cdot\overline{B}+A\cdot B$$

式中$\overline{A}\cdot\overline{B}+A\cdot B$称为“同或”运算，记为$A\odot B$；$A\cdot\overline{B}+\overline{A}\cdot B$称为“异或”运算，记为$A+B$。上式表明“异或”的“非”等于“同或”，反之亦然。

1.3　计算机系统概述

计算机是一种自动、高速、准确地对各种信息进行处理和存储的电子设备，现在已经发展成为由巨型计算机、大型计算机、小型计算机和微型计算机组成的庞大的计算机家族。其每个成员，尽管在规模、性能、结构和应用等方面存在着很大的差异，但它们的基本工作原理与组成是相同的。为了更好地使用计算机，必须要了解计算机系统的组成与工作原理。

1.3.1　计算机系统组成

完整的计算机系统是由硬件系统和软件系统两部分组成的。硬件系统是组成计算机系统的各种物理设备的总称，是计算机系统的物质基础，如 CPU、存储器、输入设备、输出设备等。没有装任何软件的计算机硬件系统称为裸机，裸机只能识别由 0 和 1 组成的机器代码。软件系统是为运行、管理和维护计算机而编制的各种程序、数据和文档的总称。没有软件的计算机是无法有效地工作的，有了软件的计算机才能存储、处理和检索信息。计算机系统的组成如图 1-13 所示。

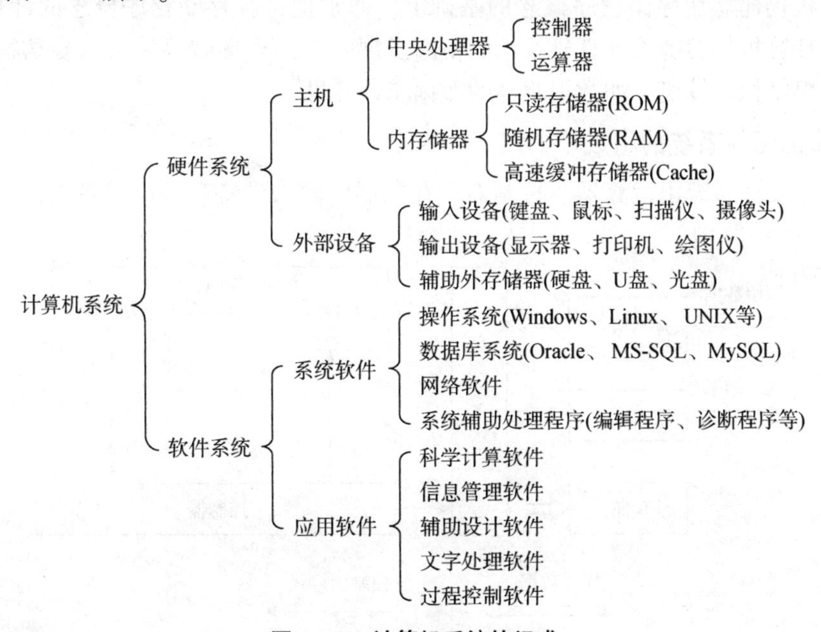

图 1-13　计算机系统的组成

在计算机系统中，对于软件和硬件的功能没有一个明确的分界线。软件实现的功能可以用硬件来实现，称为硬化或固化。例如，微机的只读存储器（Read-Only Memory，ROM）芯片就是固化了系统的引导程序；同理，硬件实现的功能也可以用软件来实现，称为硬件软化。例如，在多媒体计算机中，视频卡用于处理视频信息，而现在的计算机一般通过软件来实现。由此可见，硬件和软件之间的界限是浮动的。对于程序设计人员来说，硬件和软件在逻辑上是等价的。一项功能究竟采用何种方式实现，应从系统的效率、速度、价格和资源状况等诸多方面综合考虑。既然硬件和软件不存在一条一成不变的界限，那么今天的软件可能就是明天的硬件，今天的硬件也可能就是明天的软件。那些存储在能永久保存信息的器件（如 ROM）中的程序是具有软件功能的硬件，称为固件。固件的性能指标介于硬件与软件之间，吸收了软、硬件各自的优点，其执行速度快于软件，灵活性优于硬件，是软、硬件结合的产物，计算机功能的固件化将成为未来计算机发展中的一种趋势。

1.3.2 计算机的硬件系统

计算机的硬件系统是计算机系统组成的基础。

1. 冯·诺依曼结构

冯·诺依曼型计算机的特点有以下 3 点。

①计算机内部采用二进制数来表示指令和数据。

②计算机（指硬件）应由运算器、存储器、控制器、输入设备和输出设备 5 大基本部件组成。

③将程序的原始数据事先存入存储器中，再启动计算机。

冯·诺依曼对计算机界的最大贡献在于“存储程序控制”概念的提出和实现。目前绝大多数计算机仍建立在存储程序概念的基础上，通常把符合存储程序概念的计算机统称为冯·诺依曼计算机。但随着计算机技术的不断发展，已出现突破冯·诺依曼结构的计算机，统称其为非冯结构计算机，如数据驱动的数据流计算机。

2. 计算机硬件系统的组成

计算机的硬件系统由运算器、控制器、存储器、输入设备和输出设备组成，如图 1-14 所示。

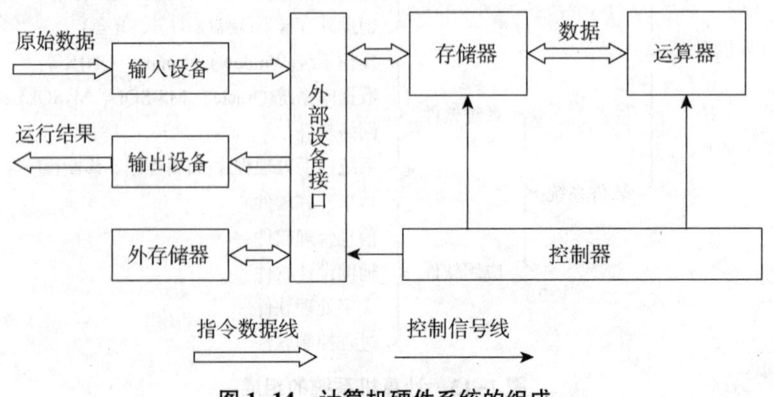

图 1-14 计算机硬件系统的组成

在图 1-14 中，运算器实现算术、逻辑等各种运算，存储器存放计算程序及参与运算的各种数据，控制器实现对整个运算过程有规律地控制，输入设备实现原始数据的输入，输出设备实现运行结果的输出。计算机的基本组成有效地保证了用机器模拟人的计算过程，并获得预期的计算结果。此外，为扩大计算机存储信息的能力，常配备有外存储器。

通常把输入、输出设备及外存储器等统称为外部设备，简称为 I/O 设备；把运算器、控制器和存储器统称为主机。外部设备与主机之间的信息交换是通过外部设备接口实现的，不同的外部设备有各自的 I/O 接口。

随着集成电路芯片的集成度的提高，出现了大规模和超大规模集成电路。在这种芯片内可以集成一台由运算器和控制器构成的微处理器，如果还包括存储器和 I/O 接口，则称其为单片机。微型计算机组成如图 1-15 所示，它是由微处理器、存储器及 I/O 接口等大规模或超大规模集成电路芯片组成，各部分之间是通过“总线”连接在一起的，并实现信息的交换。“总线”是一束同类的信号线，图中的控制总线是指一组能传送不同控制信号的信号线。

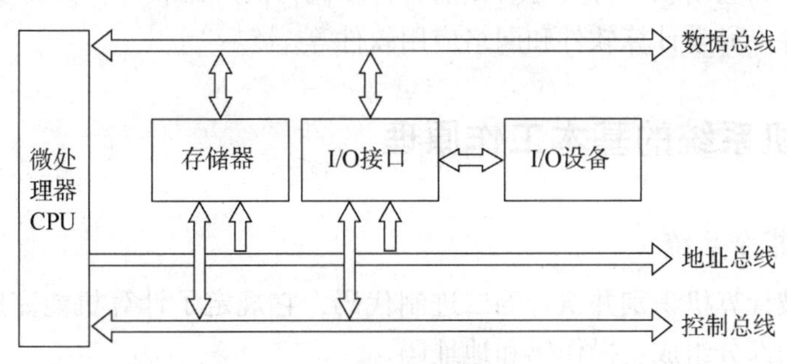

图 1-15 微型计算机组成

1.3.3 计算机的软件系统

如果只有硬件，则计算机是不可能完成任何工作的。在硬件的基础上安装好软件，就能够充分发挥计算机的基本功能，有人形容为“硬件是躯体，软件是灵魂”。

1. 软件的作用

硬件依靠软件才能工作，其所采用的软件类型取决于要完成的工作。软件通常分为两种：系统软件和应用软件。系统软件控制并协调计算机硬件的工作，应用软件则用于解决某一特定问题或特殊任务。

应用软件包括专用软件和通用软件。专用软件解决的是某一特定的问题，通常是为特定专业或行业开发的；通用软件是微机产业的中坚，这些软件可以完成一系列相关任务。

2. 系统软件

充当硬件和应用程序之间媒介的软件称为系统软件。这些软件协调各部分硬件的工作，并为应用程序提供支持。系统软件包括操作系统、语言编译程序等。

（1）操作系统

操作系统是指协调计算机各部分功能的程序组，它是软件系统的核心。操作系统中某些部分可以自动工作，并为应用程序提供支持，不需要人为干涉。

(2) 其他系统软件

其他系统软件包括语言翻译程序、实用程序和性能监控器等。

语言翻译程序包括汇编程序、解释程序和编译程序。这3种翻译程序的区别主要是其翻译程序生成计算机可读的机器语言的过程不同。

实用程序帮助用户完成系统维护工作，包括检查可用内存、格式化磁盘等。当多用户共享某一计算机系统时，系统性能就变得十分重要。

性能监控器通过跟踪硬件设备的工作来帮助用户最大限度地利用计算机系统的性能，当这些程序对某一应用程序进行监控时，它们会将这一应用程序的执行额度和速度与同时在系统中的其他程序相比较，进而做出判断。

3. 应用软件

系统软件带动硬件工作，而应用软件则使计算机变得更为实用，我们日常在计算机上会花费大部分时间来和应用软件打交道。目前有许多流行的应用软件，如文字处理、多媒体课件、图像处理软件、科学计算软件和网络应用软件等。

1.3.4 计算机系统的基本工作原理

1. 计算机的指令系统

指令是指能被计算机识别并执行的二进制代码，它规定了计算机能完成的某一种操作。一条指令通常由两部分组成：操作码和地址码。

(1) 操作码

操作码指明该指令要完成的操作的类型或性质，如取数，做加法或输出数据等。操作码的位数决定了一个机器操作指令的条数。当使用定长操作码格式时，若操作码位数为 n，则指令条数可有 2^n 条。

(2) 地址码

地址码是用来存放指令操作数的地址（一个或两个），可以是源操作数的存放地址，也可以是操作结果的存放地址。

一台计算机的所有指令集合称为该计算机的指令系统。不同类型的计算机，其指令系统和指令条数有所不同。但无论哪种类型的计算机，指令系统都应具有以下功能的指令。

①数据传送指令，将数据在内存与CPU之间进行传送。

②数据处理指令，数据进行算术、逻辑或关系运算。

③程序控制指令，控制程序中指令的执行顺序，如条件转移，无条件转移、调用子程序、停机等。

④输入/输出指令，用来实现外部设备与主机之间的数据传输。

⑤其他指令，对计算机的硬件进行管理等。

2. 计算机的工作原理

下面通过一个计算题来说明计算程序的基本概念，以便帮助读者理解计算机的基本工作原理。

例如，要求计算机计算 6+2=?，要解决这一简单的计算题，必须先编写出计算步骤，如表 1-9 所示。我们把该表称为文字形式的计算程序，表中的每一个计算步骤分别完成一个基本操作（如取数、加法、存数、打印输出、停机），向计算机下达一条完成特定任务的命令，称为一条“指令”。由表 1-9 可知，每条指令都必须向计算机提供两个信息：一是执行什么操作，二是参与这一操作的数据是什么。例如，表 1-9 中的第 1 条指令，它向计算机指明，该条指令要执行的操作是“取数”，从存储器到运算器所传输的数是“6”，按此原理，可将表 1-9所示的计算程序简化为表 1-10 所示的形式。在计算机中，所有“操作”都是用二进制数进行编码的，若假定表 1-10 中的前述 5 种基本操作的编码如表 1-11 所示。则称“0100”为“取数”操作的操作码，其他 4 个操作码分别为“0010”（加法操作）、“0101”（存数操作）、“1000”（打印输出）、“1111”（停机操作）。在计算机中，数据是以二进制代码来表示的，并存放在存储器的预定地址的存储单元中。若假定本题的原始数据 6（等值二进制代码为 0110）、2（等值二进制代码为 0010）及计算结果存放在第 1 至第 3 号存储单元中，如表 1-12 所示，那么表 1-10 所示的计算程序可改写为表 1-13 所示，该表中已假定 6 条指令分别存放在第 5 至第 10 号存储单元中，且每条指令的内容由操作码和地址码组成，其中地址码包含存储单元地址（用 D_i 表示）及运算器中寄存器编号（用 R_i 表示）。图 1-16 给出了计算 6+2 的真正计算程序，其含义与表 1-9 给出的最原始的计算程序完全一样，但它能为计算机所存储、识别和执行。根据上述对数据和指令在存储器中存放地址的假定，可以得到存储器布局。地址为 0001 至 0011 的存储单元中存放数据（假定用 8 位二进制代码表示），地址为 0101 至 1010 存储单元中存放指令，第 0100 号存储单元为空。

表 1-9 计算 6+2 的程序（文字形式）

计算步骤	解题命令
1	从存储器中取出 6 到运算器的 0 号寄存器
2	从存储器中取出 2 到运算器的 1 号寄存器
3	在运算器中将 1 号和 2 号寄存器中的数据相加，得和 8
4	将结果 8 存入存储器中
5	从输出设备中将结果 8 打印输出
6	停机

表 1-10 表 1-9 的改写形式

指令顺序	指令内容	
	操作名称	操作数
1	取数	6
2	取数	6
3	加法	6，2
4	存数	8
5	打印	8
6	停机	

表 1-11 指令操作码表

操作名称	操作码
取数	0100
加法	0010
存数	0101
打印	1000
停机	1111

表 1-12　操作数的存放单元

数的存放地址	存放的数
0001	0110（6）
0010	0010（2）
0011	计算结果

表 1-13　用二进制代码表示的计算程序

指令地址	指令内容		所完成的操作（用符号 R_i、D_i 表示）
	操作码	地址码	
0101	0100	0001	R_0←（D_1）
0110	0100	0110	R_1←（D_2）
0111	0010	0001	R_0←（R_0）+（R_1）
1000	0101	1100	D_3←（R_0）
1001	1000	0011	打印机←（D_3）
1010	1111		停机

下面以图 1-14 所示的计算机组成框图为基础，结合图 1-16 所示的计算程序，简要说明计算机的基本工作原理。

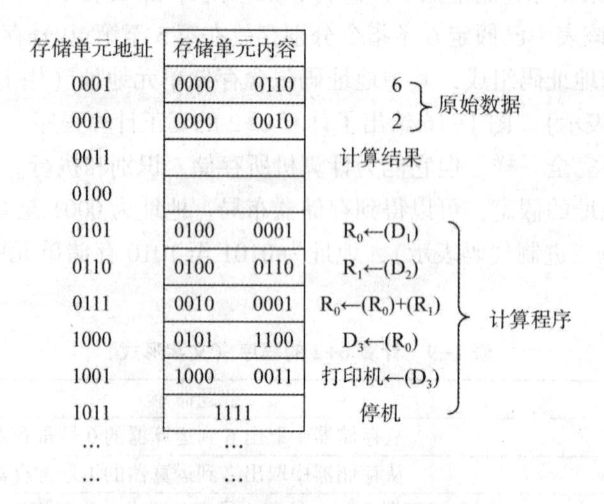

图 1-16　计算 6+2 的计算程序

①根据给定的算式（如 6+2=?），编制计算程序，并分配计算程序及数据在存储器中的存放地址（如表 1-8 和表 1-9 所示）。

②用输入设备将计算程序和原始数据输入存储器的指定地址的存储单元中（如图 1-16 所示）。

③从计算程序的首地址（0101）启动计算机工作，在控制器的控制下完成以下操作。

a. 从地址为 0101 的存储单元中，取出第 1 条指令（01000001）送入控制器。控制器识别该指令的操作码（0100），确认它为“取数”指令。

b. 控制器根据第 1 条指令给出的地址码（0001）发出“读”命令，并从地址为 0001（D_1）的存储单元中取出数据 00000110（十进制数 6）送入运算器的 R_0 寄存器中。

至此，第 1 条指令执行完毕，控制器自动形成下一条指令在存储器中的存放地址，并按此地址从存储器中取出第 2 条指令，在控制器中分析该条指令要执行的是什么操作，并发出执行该操作所需要的控制信号，直到完成该条指令所规定的操作为止。依此类推，直到计算机程序中的全部指令执行完毕。

由上可知，计算机的基本工作原理可概括如下。

①计算机的自动计算（或自动处理）过程就是执行一段预先编制好的计算程序的过程。

②计算程序是指令的有序集合。因此，执行计算程序的过程实际上是逐条执行指令的过程。

③指令的逐条执行是由计算机硬件实现的，可按顺序完成取指令、分析指令、执行指令所规定的操作，并为读取下一条指令准备好指令地址，如图 1-17 所示，直到执行停机指令。

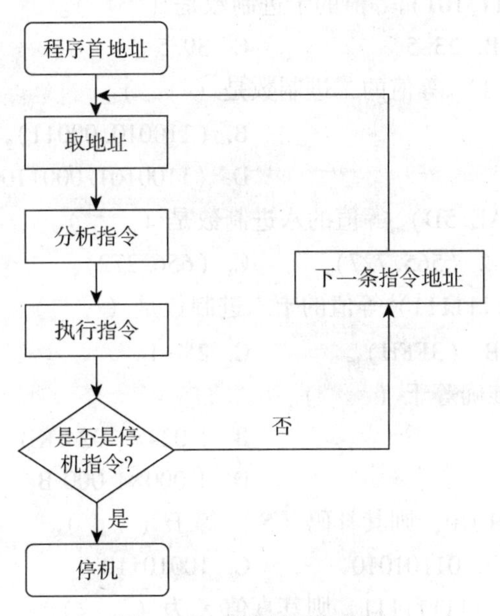

图 1-17 指令的逐条执行

需指出的是，现代计算机系统提供了强有力的系统软件，操作者无须再用指令的二进制代码进行编程，计算机程序在存储器中的存放位置都由计算机的操作系统自动安排。

计算机学科

小 结

本章主要包括计算机概述、计算机运算基础、计算机系统概述和计算机学科 4 个方面的内容。其中，计算机概述介绍了计算机的产生、发展、分类、特点、应用领域及计算机发展趋势；计算机运算基础介绍了计算机中的数制与转换、信息存储单位、数值数据在计算机中的表示、计算机中的信息编码、计算机的基本运算等；计算机系统概述介绍了计算机系统的组成和计算机系统的基本工作原理；计算机学科介绍了当前计算机学科特点、学科体系及方法论等，读者学习后能对计算机科学与技术学科有一个清晰的认识。

习　题

一、选择题

1. 世界上第一台通用电子数字计算机诞生于（　　）。

A. 1950 年　　B. 1945 年　　C. 1946 年　　D. 1948 年

2. 与二进制数 $(10111.101)_2$ 等值的十进制数是（　　）。

A. 23.625　　B. 23.5　　C. 39.5　　D. 39.625

3. 与十进制数 $(101.1)_{10}$ 等值的二进制数是（　　）。

A. $(5.5)_2$　　B. $(110010.00011)_2$

C. $(11000101.0011)_2$　　D. $(1100101.000110011)_2$

4. 与十六进制数 $(1AE.5D)_{16}$ 等值的八进制数是（　　）。

A. $(647.272)_8$　　B. $(565.727)_8$　　C. $(656.272)_8$　　D. $(656.235)_8$

5. 与二进制数 $(1111111111)_2$ 等值的十六进制数是（　　）。

A. $(FF3H)_{16}$　　B. $(3FFH)_{16}$　　C. $2^{10}-1$　　D. $(1777O)_{16}$

6. 在 PC 中，1 MB 准确等于（　　）。

A. 1 000×1 000 KB　　B. 1 024×1 024 KB

C. 1 024×1 024 B　　D. 1 000×1 000 B

7. 已知真值 X=+1101010，则其补码 $[X]_{补}$ 等于（　　）。

A. 00010110　　B. 01101010　　C. 10010110　　D. 0010110

8. 已知机器数 $[X]_{反}$=11111111，则其真值 X 为（　　）。

A. 00000000　　B. +0000000　　C. 10000000　　D. −0000000

9. 已知 $[X]_{原}$=10011110，则其对应的补码 $[X]_{补}$ 为（　　）。

A. 01100010　　B. 11100001　　C. −0011110　　D. 11100010

10. 已知 A =01011101，B =11101010，则 A⊕B 为（　　）。

A. 10110111　　B. 01001000　　C. 11111111　　D. 10100010

11. 1 MB 等于（　　）字节。

A. 10 K　　B. 100 K　　C. 1 024 K　　D. 10 000 K

12. 把十进制数 215 转换成二进制数，其结果为（　　）。

A. $(10010110)_2$　　B. $(11011001)_2$　　C. $(11101001)_2$　　D. $(11010111)_2$

13. ASCII 是（　　）。

A. 条形码　　B. 二～十进制编码

C. 二进制码　　D. 美国信息交换标准码

14. 已知 3×4=10，则 5×6=（　　）。

A. 24　　B. 26　　C. 30　　D. 36

15. 已知"B"的 ASCII 码值是 66，则码值为 1000100 的字符为（　　）。

A. C　　B. D　　C. E　　D. F

16. 一个汉字字形采用（　　）点阵时，其字形码要占 72 B。

A. 16×16　　B. 24×24　　C. 32×32　　D. 48×48

17. 已知内存条的容量为 16 MB，则其对应的地址寄存器最少应有（　　）。

A. 8 位　　B. 16 位　　C. 24 位　　D. 36 位

18. MIPS 是表示计算机运行速度的一种单位，其含义是（　　）。

A. 每秒一万条指令　　B. 每秒万亿条指令

C. 每秒百万条指令　　D. 每秒十万条指令

19. 下列字符中，ASCII 码值最小的是（　　）。

A. a　　B. B　　C. x　　D. Y

20. 计算机能直接执行的程序是（　　）。

A. 源程序　　B. 高级语言程序

C. 机器语言程序　　D. 汇编语言程序

二、判断题

1. 目前使用的计算机基本上都遵循冯·诺依曼体系结构。（　　）

2. 将十进制整数转换为 R 进位制整数的方法是“乘 R 取整”。（　　）

3. 补码运算的结果是负数时，除符号位外将所有位求反就可以得到真值。（　　）

4. 计算机采用二进制仅仅是为了计算简单。（　　）

5. 将 R 进制位数转换为十进制数的方法是将 R 进制位数的各位按位权展开后再相加。（　　）

6. 八进制数中使用的最大数字不超过 7。（　　）

7. 将二进制数转换成八进制数，只能将二进制数先转换成十进制数，再将得到的十进制数再转换成八进制数。（　　）

8. 计算机的发展经历了 4 个阶段，这 4 个阶段计算机使用的元件依次是电子管、晶体管、集成电路、大规模集成电路。（　　）

9. 计算机中的数码在形成、存取、传送和运算中都可能发生错误，编码上增加一位奇偶效验位不仅能发现一位错，并且能发现哪一位错。（　　）

10. 已知真值 X= +1101010，则其补码 $[X]_{补}=10010110$。（　　）

11. “存储程序”原理是图灵提出的。（　　）

三、填空题

1. 在计算机中，二进制数的四则运算都可以用________及________两种操作来实现。

2. 在 8 位计算机中，一个字节由________个二进制位组成。

3. 软件分为两大类，它们是________和________。

4. 十进制数 7 的 8421 奇校验码是________，而十进制数 8 的 8421 偶校验码是________。

5. 计算机三类系统总线指的是________、________和________。

6. 冯·诺依曼提出了著名的“冯·诺依曼原理”，即________的原理，提出了计算机由五大部分组成，分别是________、________、________、________和________。

7. 计算机中的基本运算有两类，一类是________，另一类是________。

8. 计算机处理数据时，CPU 通过数据总线一次存取、加工和传送的数据称为________，计算机部件能同时处理的二进制数据的位数____________。

9. 一条指令通常由____________和____________两部分组成。

10. 计算机存储容量以 KB 为单位，1 KB 表示________Byte，1 MB 表示________KB。

11. 一个二进制整数从右向左数第 10 位上的 1 相当于 2 的________次方。

四、写出下面英文专业术语的中文解释

1. MIS________________
2. OA________________
3. EB________________
4. CAD________________
5. CAM________________
6. CAE________________
7. CAI________________
8. PC________________
9. AI________________
10. MIS________________

五、计算题

1. 已知下列机器数，写出它们所对应的真值。

$[X_1]_{原}=11011$　　$[X_2]_{原}=00000$

$[X_3]_{反}=11011$　　$[X_4]_{反}=01111$

$[X_5]_{补}=11011$　　$[X_6]_{补}=01000$

2. 实现下列机器数之间的转换。

（1）已知 $[X]_{原}=10110$，求 $[X]_{反}$。

（2）已知 $[X]_{反}=10110$，求 $[X]_{补}$。

（3）已知 $[X]_{补}=10110$，求 $[X]_{原}$。

3. 试将十进制数 $(538.97)_{10}$用 8421BCD 码表示。

4. 试用补码加法完成下列真值（X+Y）的运算：

（1）$X=+001011$　　$Y=+100111$

（2）$X=+101100$　　$Y=-110010$

（3）$X=-011011$　　$Y=-100100$

5. 已知 A=101101，B=110100，试完成 $A\vee B$，$A\wedge B$，$A\oplus B$ 逻辑运算。

6. 化简下列逻辑函数：

（1）$F_1=A(\overline{A}+B)(A+C)$

（2）$F_2=\overline{A\overline{B}+B\overline{C}+C\overline{A}}$

（3）$F_3=A\overline{B}+A\overline{B}CD(E+F)$

六、简答题

1. 请简述计算机发展经历的几个阶段，并介绍每个阶段计算机的特征。
2. 请简述计算机的特点。
3. 请简述计算机的应用领域。
4. 请简述计算机的发展趋势。
5. 请简述计算机的基本组成及各组成部分的功能。
6. 请简述当前计算机学科的特点。

第 2 章

计算机硬件系统

学习目标 

- 熟悉计算机硬件系统的物理部件。
- 了解计算机系统总线。
- 学会组装微型计算机。

计算机系统由软件系统和硬件系统组成。主机、显示器、键盘、磁盘、光盘、打印机等设备通常称为计算机的硬件，而把存储设备上摸不着也看不到的数据、程序等称为计算机的软件。硬件和软件之间相互依存，密不可分，只有硬件和软件的相互结合才能使计算机正常运行。

2.1 计算机硬件系统组成

硬件是构成计算机系统的物理部件。它们通过电气的、机械的方式彼此相连，组成一个功能实体，是整个计算机系统的物质基础。计算机所有的硬件就构成了计算机硬件系统。硬件系统主要由运算器、控制器、存储器和输入/输出设备组成。本节主要介绍中央处理器、存储器、主板、键盘、显示器等相关内容。

2.1.1 中央处理器

中央处理器（Central Processing Unit，CPU）又称为微处理器（Micro Processing Unit，MPU），它是计算机硬件系统的核心部件，也是整个计算机系统最高的执行单位，它决定了计算机的档次。因此，就有了酷睿 i7、酷睿 i9 之分。CPU 的外观如图 2-1 所示。

1. CPU 的功能

CPU 负责整个系统指令的执行、运算、数据存储、传送以及输入/输出的控制。计算机

（a）　　　　（b）

图 2-1　CPU 的外观

（a）正面；（b）反面

的工作过程就是计算机执行程序的过程。程序是一个指令序列，这个序列明确告诉计算机应该执行的操作，以及操作的数据。一旦把程序输入主存储器，计算机的专门的部件就可以完成自动执行取出指令和执行指令的任务，而 CPU 是完成这项任务的专门部件。CPU 控制整个程序的执行，它具有以下基本功能。

（1）程序控制

程序控制就是控制指令的执行顺序。程序是指令的有序集合，这些指令的相互顺序不能交换，必须严格按程序规定的顺序执行。保证计算机按一定顺序执行程序是 CPU 的首要任务。

（2）操作控制

操作控制就是控制指令。一条指令的功能往往由若干个操作信号的组合来实现。因此，CPU 管理并产生每条指令的操作信号，把操作信号送往相应的部件，从而控制部件按指令的要求进行操作。

（3）时间控制

时间控制就是对各种操作实施定时。在计算机中，各种指令的操作信号和一条指令的整个执行过程都受到严格定时。只有这样，计算机才能有条不紊地工作。

（4）数据加工

数据加工就是对数据进行算术运算和逻辑运算。对数据进行加工是 CPU 的根本任务。CPU 由控制器和运算器组成，如图 2-2 所示。随着集成电路技术的不断发展，新型 CPU 纷纷集成了一些原先置于 CPU 之外的功能部件，如浮点处理器、高速缓存等，在大大提高 CPU 性能指标的同时，也使 CPU 的内部组成日益复杂。

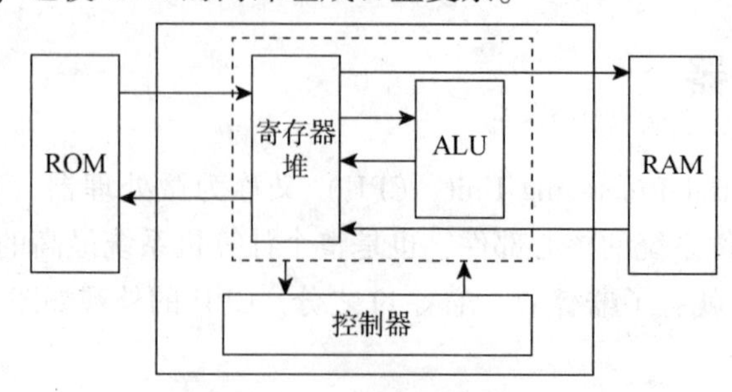

图 2-2　CPU 结构图

2. CPU 的组成

（1）运算器

运算器由算术逻辑单元（Arithmetic and Logic Unit，ALU）、累加寄存器（Accumulator register，AC）、数据缓冲寄存器（Data Register，DR）和程序状态寄存器（Program Status Word，PSW）等组成。它是计算机进行数据加工的部件。运算器的主要功能有算术运算，如加、减等，以及逻辑运算，如与、或、非等。运算器的工作流程：首先指令读入寄存器，然后控制器根据对指令的译码，发出控制信号，接着运算器执行，并将结果放入累加器中，最后将结果存入内存中。

（2）控制器

控制器是计算机的“指挥中心”，它的主要功能是按照人们预定的操作步骤，控制各部件步调一致地工作。

控制器根据当前程序计数器寄存器的值，从 RAM 相应的地址中取出指令，并将它们放到特殊的寄存器——指令寄存器中。控制器对指令进行译码，然后根据指令的功能向各功能部件发出控制命令，从而控制它们执行任务。当控制器得知一条指令执行完毕后，它会自动根据程序计数器值的顺序地去取下一条要执行的指令，重复上述工作过程直到整个程序执行完毕。

CPU 除了运算器和控制器两大部件外，还包括若干个寄存器，它们提供一定的存储能力，比内存速度快，但比内存容量小。当前各种计算机的 CPU 可能存在不同的差异，但是在 CPU 中至少有 6 种寄存器，这些寄存器分别是指令寄存器、程序计数器、地址寄存器、数据寄存器、累加寄存器和程序状态寄存器。

3. CPU 产品系列

由于 CPU 的技术难度大、生产成本高，故目前世界上能够研发生产 CPU 的公司只有 Intel 和 AMD 这两家。世界上第一款 CPU 就是由 Intel 公司研发设计的，Intel 公司在芯片设计和核心技术等方面一直领导着 CPU 的发展潮流。AMD 是目前世界上唯一一家能够在 CPU 设计研发领域与 Intel 抗衡的公司，其综合实力虽然一直略逊于 Intel，但其产品的性能却非常突出，而且性价比很高，在市场上有一批忠实的拥护者。

（1）Intel 公司产品系列

Intel 公司的 CPU 分为 3 大系列，即酷睿、奔腾、赛扬，分别面向高、中、低端市场。酷睿系列是 Intel 性能最强、技术最先进的 CPU，但价格相对较高。奔腾系列 CPU 的性能稍差一些，而价格相对便宜。随着技术的不断发展，低端的赛扬系列 CPU 目前已经很少使用了。Intel 公司生产的酷睿 i9 产品如图 2-3 所示。

（2）AMD 公司产品系列

AMD 公司的 CPU 也分为 3 大系列，分别是羿龙、速龙和闪龙，它们同样是面向不同消费层次的用户。羿龙一直是 AMD 公司的主打产品，其地位与奔腾相当；羿龙主要面向高端市场；闪龙则类似于赛扬，主要面向低端市场，目前也已很少使用。AMD 公司生产的羿龙产品如图 2-4 所示。

(a)　　(b)

图 2-3　Intel 公司生产的酷睿 i9 产品

(a) 正面；(b) 背面

(a)　　(b)

图 2-4　AMD 公司生产的羿龙产品

(a) 正面；(b) 背面

4. CPU 主要性能指标

由于 CPU 是一款科技含量极高的产品，设计生产过程非常复杂，因而其性能指标相应也有很多，这里列举出其中重要的 7 项。

(1) 主频

CPU 的主频是指 CPU 的时钟频率，它是决定执行指令速度的计时器，通常用兆赫兹（MHz）和千兆赫兹（GHz）来度量。1 MHz 相当于 1 s 内有 100 万个时钟周期，1 GHz 相当于 1 s 内有 10 亿个时钟周期。时钟周期是 CPU 最小的时间单位，CPU 执行每个任务的速度都以时钟周期来度量。注意，时钟频率并不等于处理器在 1 s 内执行的指令数目。在很多计算机中，一些指令就只用一个时钟周期，也有一些指令需要多个时钟周期才能执行完成。有些 CPU 甚至可在单一的时钟周期内执行几个指令。例如，3.6 GHz 的意思是 CPU 时钟在 1 s 内运行 36 亿个时钟周期。在同等因素的情况下，使用 3.6 GHz 处理器的计算机要比使用 1.5 GHz 处理器的计算机快得多。

(2) 字长

字长是指 CPU 一次能够处理的二进制位数。CPU 的字长主要根据运算器和寄存器的位数确定。例如，一个 CPU 有 32 位的寄存器，并且一次处理 32 个二进制位数，那么这个 CPU 的字长为 32 位，并且把这个 CPU 称为“32 位 CPU”。字长的大小直接反映计算机的数据处理能力，字长值越大，CPU 一次可处理的数据的二进制位数就越多，其运算能力也就越强。目前流行的 CPU 大多是 32 位或 64 位 CPU。

(3) 高速缓存

高速缓存又称为高速缓冲存储器，是一个专用的高速存储器，主要用于暂时存储 CPU 运算时的部分指令和数据，CPU 访问它的速度要比访问内存的速度快得多。在计算机的工作过程中，CPU 的运行速度远远高于内存的存取速度，高速缓存主要用于解决 CPU 与内存的速度不匹配问题。

(4) 指令集

CPU 依靠指令来计算和控制系统，每款 CPU 在设计时就规定了一系列与其硬件电路配合的指令系统。指令的强弱也是 CPU 的重要指标，指令集是提高微处理器效率的最有效的工具之一。CPU 扩展指令集增强了 CPU 的多媒体、图形图像和 Internet 等的处理能力。这些扩展指令可以提高 CPU 处理多媒体和 3D 图形的能力。多媒体扩展（Multi Media Xtensions，MMX）指令集包含 57 条命令；Internet 数据流单指令序列扩展（Streaming SIMD Extensions，SSE）包含 50 条命令，它是 MMX 的超集。SSE2 包含 144 条命令，SSE3 包含 13 条命令，SSE4 支持 47 条多媒体指令集。SSE5 是 AMD 公司为了打破 Inter 公司在处理器指令集的垄断地位所提出的。SSE5 初期规划加入超过 100 条新指令，其中最引人注目的就是三算子指令（3-Operand Instructions）及熔合乘法累积（Fused Multiply Accumulate，FMAC）。理论上这些指令将对目前流行的图像处理、浮点运算、3D 运算、视频处理、音频处理等诸多多媒体应用起到全面强化的作用。

（5）制造工艺

通常人们所说的 CPU 的“制作工艺”指的是在生产 CPU 的过程中，要加工各种电路和电子元件，制造导线连接各个元件。现在，电子元件生产的精度一般以纳米（$1\ nm=10^{-6}$ mm）来表示，精度越高，生产工艺越先进，在同样的材料中可以制造更多的电子元件，连接线也越细。提高 CPU 的集成度，其功耗也将降低。密度越大的集成电路设计，意味着在同样大小面积的集成电路中，可以拥有密度更大、功能更复杂的电路设计。主流的制造工艺有 180 nm、130 nm、90 nm、65 nm、45 nm、22 nm、14 nm 的集成电路制造技术。Intel 公司酷睿 i9 处理器的精度为 14 nm。

（6）指令处理技术

流水线是 Intel 公司在 486 芯片中开始使用的。流水线的工作方式就像工业生产上的装配流水线。在 CPU 中由 5~6 个功能不同的电路单元组成一条指令处理流水线，然后将一条 X86 指令分成 5~6 步后再由这些电路单元分别执行，这样就能在一个 CPU 时钟周期内完成一条指令，由此提高 CPU 的运算速度。经典奔腾 CPU 的每条整数流水线都分为四级流水，即指令预取、译码、执行、写回结果，浮点流水又分为八级流水。超标量是通过内置多条流水线来同时执行多个处理器，其实质是以空间换取时间。而超流水线是通过细化流水、提高主频，使 CPU 在一个机器周期内完成一个甚至多个操作，其实质是以时间换取空间。例如，奔腾的流水线就长达 20 级。将流水线的步（级）设计得越长，其完成一条指令的速度就越快，由此才能适应工作主频更高的 CPU。但是流水线过长也会带来一定的副作用，很可能会出现主频较高的 CPU 实际运算速度较低的现象。

（7）多核心

多核心是指单芯片多处理器（Chip Multi Processors，CMP）。CMP 是由美国斯坦福大学的研究团队提出的，其思想是将大规模并行处理器中的对称多处理器（Symmetrical Mulit-Processing，SMP）集成到同一芯片内，各个处理器并行执行不同的进程。这种依靠多个 CPU 同时并行地运行程序是实现超高速计算的一个重要方向，称为并行处理。但是，当半导体工艺进入 0. 18 μm 以后，线延时已经超过了门延迟，这要求微处理器的设计通过划分许多规模更小、局部性更好的基本单元结构来进行。相比之下，CMP 结构由于已经被划分成多个处理器核来设计，每个核都比较简单，有利于优化设计，因此更有发展前途。IBM 公司的 Power 4 芯片和 Sun 公司的 MAJC5200 芯片都采用了 CMP 结构。多核处理器可以在处理器内部共享缓存，提高缓存利用率，同时简化多处理器系统设计的复杂度，但这并不说明核心越多，性能越高。例如，16 核的 CPU 就没有 8 核的 CPU 运算速度快，这是因为核心太多，反而不能合理分配，导致运算速度减慢。

2.1.2 存储器

存储器是用于存储程序和数据的部件。

1. 存储器概述

存储器在实际构成计算机的硬件设备中表现为内存储器和外存储器两种不同的形式。

内存储器就是通常所说的内存，而外存储器则主要指的是硬盘。虽然同为存储器，但内存和硬盘无论是在工作性质上还是工作性能上的差异都非常大。硬盘是用来存放计算机中的数据的，因而容量要求非常大；而内存则是用来运行程序，或者说是用来为 CPU 提供运算所需要的数据，因而对速度要求非常快。内存与硬盘的差异，如同剧团中的舞台和后台，分工完全不同。内存好比舞台，用来表演节目；硬盘好比后台，用来安置演员和道具。剧团演出时，每个节目轮流从后台到舞台上表演，表演结束后，再及时撤回后台，如此循环往复。与此类似，计算机中的所有数据都存放在硬盘里，当要运行一个程序时，就把这个程序的相关数据从硬盘调入内存中，程序运行结束之后，将它从内存中清除，并将相关数据保存回硬盘。从内存和硬盘的不同工作性质中可以看出，内存在计算机中的重要性要高于硬盘。因为无论计算机要运行哪个程序，都要先将其调入内存。如果内存的容量太小，无法为要运行的程序提供足够的空间，那么这个程序就将无法运行。如果内存的速度太慢，与 CPU 处理数据的速度相差太大，则会严重影响系统的整体性能。总之，内存负责运行程序，要求速度快，容量要能够满足系统和程序的需求。硬盘负责存放数据，要求容量大，但速度相对较慢。

2. 内存储器

内存储器按其工作特点分为只读存储器（Read Only Memory，ROM）和随机存取存储器（Random Access Memory，RAM）。我们通常说的“内存容量”为多少 GB，指的是计算机中的 RAM，不包括 ROM 在内。

（1）ROM

ROM 的特点是只能一次性写入程序或数据，数据存储以后就只能读取，而无法重新写入。ROM 一般用于存放计算机的基本程序和数据，如 BIOS ROM。ROM 的外形如图 2-5 所示。

（2）RAM

随机存取存储器 RAM 既可以读取数据，也可以写入数据，但它无法永久保存信息，只要断电，存储的信息就将全部丢失，因此 RAM 只用于暂时存放数据。RAM 习惯上分为静态内存（Static RAM，SRAM）和动态内存（Dynamic RAM，DRAM）。SRAM 主要用于组成高速缓存，其优点是速度非常快，缺点是成本高、体积大、功耗大。DRAM 成本比较低，功耗低。通常所说的“内存”和“内存条”指的就是 DRAM。DRAM 内存的外形如图 2-6 所示。

图 2-5 ROM 的外形

图 2-6 DRAM 内存的外形

RAM 的特点正好符合内存的工作性质，因为内存的作用是运行程序而非存储数据。当一个程序运行完之后，必须及时地从内存中清除出去，如果程序因为种种原因未能及时清除而继续滞留在内存中，会使内存中滞留的程序越来越多，以致当内存没有空间再用于运行新的程序时，就会导致计算机“死机”。众所周知，当计算机“死机”时，往往重新启动计算机就可以解决问题，这是因为重启本身就是一个将计算机断电然后再重新加电的过程，这个过程将清空内存中的所有数据，从而使之又可以运行新的程序。另外，在用 Word 编辑一篇文章时，如果在没有保存所编辑信息的情况下而计算机突然断电或“死机”，那么这些信息将全部丢失，因为这些信息都还只是存放在内存而非硬盘里，当单击“保存”按钮之后，这些信息就会从内存写入硬盘中，从而永久保存。

(3) 内存储器的结构

内存储器的结构相对于计算机中的其他硬件设备更为简单，如图 2-7 所示。

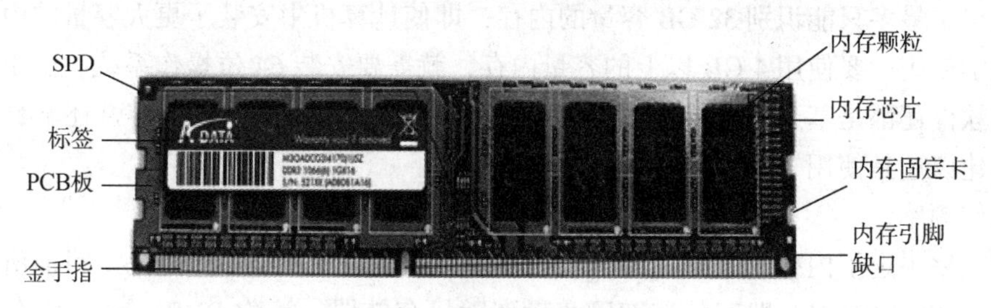

图 2-7 内存储器的结构

①PCB 板。

内存多数是绿色的，长长的电路板称为 PCB 板，也就是复合树脂板。如今的电路板设计都很精密，几乎都采用了多层设计，如 4 层或 6 层等，所以 PCB 板实际上是分层的，其内部有金属布线。

②内存颗粒。

内存颗粒是内存的“灵魂”，内存的性能、速度、容量都由内存颗粒确定。

③内存颗粒空位。

在内存上会看到没有安装内存颗粒的空位，这个位置是预留的，如果单面内存颗粒数量是偶数的话，那么就证明是一片可以工作的正常内存了，如果在这个空位加上一片内存颗粒，单面内存的数量就会变成 9 片，那么这种内存称为 ECC 内存，即奇偶校验内存。

④内存固定卡。

内存插到主板上后，主板上的内存插槽会有两个卡子，用于扣住内存，即内存固定卡。

⑤内存引脚缺口。

内存的脚上有两个缺口，一个是用来防止内存插反的（只有一侧有），另一个用来区分不同的内存。

⑥金手指。

内存条下面一根根黄色的接触点是内存与主板内存槽接触的部分，数据就是靠它们来传输的，通常称为金手指。

⑦SPD。

SPD 是一个 8 脚的小芯片，它实际上是一个 EEPROM 即可擦写存储器。它的容量有 256 字节，可以写入信息，信息中可以包括内存的标准工作状态、速度、响应时间等，以协调计算机系统更好的工作。

（4）内存性能指标

内存的作用非常重要，但其构造相对比较简单，因而技术参数并不多，决定其性能的主要因素是内存容量和工作频率。

①内存容量。

内存的容量大小对计算机的整体性能影响非常大。在安装软件时通常可以发现，基本每一款软件都对运行软件所需要的最小内存容量提出了要求。一般软件功能越强大，对内存的容量要求也就越高。例如，Windows10 操作系统，要安装它要求计算机至少具有 1 GB 容量的内存，而要想流畅运行 Windows10，一般需要 2 GB 内存才行。现在的计算机至少应配备 2 GB容量内存，但也没有必要超过 4 GB。因为目前所使用的操作系统大都为 32 位，它的寻址能力决定了最多只能识别 32 GB 容量的内存，即使计算机中安装了更大容量的内存，系统也无法识别使用。要使用 4 GB 以上的容量内存，就需要安装 64 位操作系统。由于目前大多数的应用软件还都是基于 32 位系统开发的，所以对 64 位操作系统的兼容性还不够好，对于普通用户建议还是使用 32 位操作系统。

②工作频率。

工作频率决定了内存的运行速度，而频率快慢则是由内存类型决定的。目前所使用的主流内存为 DDR SDRAM，即双倍速率同步动态随机存储器，简称 DDR。DDR 内存至今已经发展出 DDR、DDR2、DDR3、DDR4 四代产品，它们之间的差异主要体现在工作频率上。以目前广泛使用的 DDR4 代内存为例，包括 DDR4 2133、DDR4 2400、DDR4 2666 等型号，型号后面的数字就代表频率，单位为 MHz。

内存容量和工作频率这两项参数也直接体现在内存的型号中，如“金士顿（Kingston）DDR4 2133 4G 台式机内存”和“威刚（ADATA）万紫千红 DDR4 2133 8G 台式机内存”，“金士顿”和“威刚”是内存的品牌，“DDR4”表明内存类型，“2133”表明工作频率，“4G”和“8G”表明内存容量。

3. 高速缓冲存储器

高速缓冲存储器（Cache）是一个高速小容量的临时存储器，用于存储 CPU 经常访问的指令或者数据。Cache 逻辑上位于 CPU 和内存之间，为内存与 CPU 交换数据提供缓冲区。Cache 与 CPU 之间的数据交换速度比内存与 CPU 之间的数据交换速度快得多。随着 CPU 处理速度越来越快，CPU 对内存的数据存取速度的要求也越来越高，为了解决内存与 CPU 速度的不匹配问题，在CPU与内存之间增加了Cache。Cache分为一级Cache和二级Cache。CPU读写程序和数据时先访问Cache，若Cache中没有所需数据，则CPU一边直接访问内存，一边将内存中当前或将来需要的数据调入Cache中，从而提高CPU与内存的交换速度，相应地也就提高了计算机系统的整体性能。

4. 外存储器

外存储器简称外存，又称为辅助存储器，属于计算机外部设备。它用于存放暂时不用的程序和数据，而且在断电的情况下也可以长期保存信息，所以又称为永久性存储器。外存中的数据CPU不能直接访问，要被送入内存后才能被使用，计算机通过内存、外存之间不断的信息交换来使用外存中的信息。与内存相比，外存容量大、速度慢。外存主要有磁带、软盘、硬盘、移动硬盘、光盘、U盘、固态硬盘等。下面以硬磁盘为例，介绍辅助存储器的相关知识。

硬盘（Hard Disk Drive，HDD）是电脑的主要存储媒介之一，由一个或者多个铝制或者玻璃制的碟片组成。碟片外覆盖有铁磁性材料。硬盘有固态硬盘（Solid State Drive，SSD，新式硬盘）、机械硬盘（Hard Disk Drive，HDD，传统硬盘）和混合硬盘（Hybrid Hard Drive，HHD，基于传统机械硬盘诞生出来的新硬盘）。机械硬盘内部结构如图2-8所示。SSD盘采用闪存颗粒来存储数据，HDD盘采用磁性碟片来存储数据，混合硬盘是把磁性硬盘和闪存集成到一起的硬盘。绝大多数硬盘都是固定硬盘，被永久性地密封固定在硬盘驱动器中。

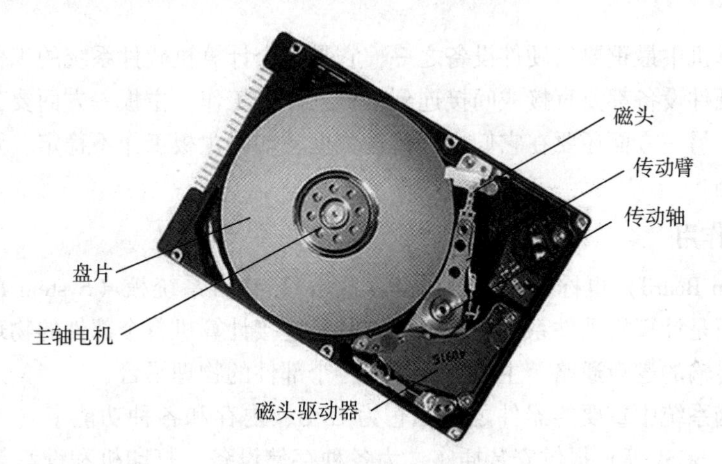

图2-8　机械硬盘内部结构

硬盘的容量以兆字节（MB/MiB）、千兆字节（GB/GiB）或百万兆字节（TB/TiB）为单位，常见的换算式为

1 TB=1 024 GB

1 GB=1 024 MB

1 MB=1 024 KB

硬盘的容量指标还包括硬盘的单碟容量。单碟容量是指硬盘单片盘片的容量，单碟容量越大，其单位成本越低，平均访问时间也越短。

转速（rotational speed或spindle speed）是指硬盘内电机主轴的旋转速度，也就是硬盘盘片在1 min内所能完成的最大转数。转速的快慢是标示硬盘档次的重要参数之一，它是决定硬盘内部传输速率的关键因素之一，在很大程度上直接影响到硬盘的速度。硬盘的转速越快，硬盘寻找文件的速度也就越快，硬盘的传输速度也就得到了提高。硬盘转速以每 min 多少转来表示，单位为 RPM。RPM 是 Revolutions Per Minute 的缩写，即为 r/min。RPM 值越大，内部传输速率就越快，访问时间就越短，硬盘的整体性能也就越好。

一般将硬盘分为主引导扇区、操作系统引导扇区、文件分配表、目录区和数据区五部分。主引导记录位于硬盘的 0 柱面 0 磁头 1 扇区，基本输入/输出系统（Basic Input Output System，BIOS）自检后就会跳转到主引导记录（Master Boot Record，MBR）的第一条指令，在 512 字节的主引导记录中，前 446 字节为 MBR 引导程序，随后的 64 字节为硬盘分区表，最后两个字节是分区有效结束标志。主引导记录检查分区表，并在结束时将引导分区引入内存中。操作系统引导扇区，位于 0 柱面 1 磁道 1 扇区，由高级格式化产生，包括一个引导程序和本分区参数记录表。文件分配表是系统的文件寻址系统，目录区记录每个文件的起始单元、文件属性等。

希捷公司成立于 1980 年，现为全球第一大硬盘、磁盘和读写磁头制造商。希捷公司在设计、制造和销售硬盘领域居全球领先地位，提供用于企业、台式电脑、移动设备和消费的电子产品。希捷公司于 2005 年并购迈拓（Maxtor）公司，于 2011 年 4 月收购三星（Samsung）公司旗下的硬盘业务，成为最大的硬盘厂商。

2.1.3 主板

主板是计算机中最重要的硬件设备之一，它是整个计算机硬件系统的工作平台，计算机中的其他所有硬件设备都要直接或间接连到主板上才能工作。主板一方面要为它们提供安装的插槽或接口，另一方面还要在它们之间传输数据，如果主板工作不稳定，则整个计算机系统都将受到影响。

1. 主板的作用

主板（Main Board）也称为母板（Mother Board）或者系统板（System Board）。对于计算机来说，主板是计算机硬件系统的基础，它既是连接计算机各个部件的物理通路，也是各部件之间数据传输的逻辑通路。主板是计算机各个部件的物理平台。

主板是电脑系统中重要的器件之一，它为 CPU、内存和各种功能卡（声音、图形、通信、网络、TV、SCSI 等）提供安装插座，为各种存储设备、打印机和键盘等 I/O 设备以及数码相机、摄像头、Modem 等多媒体通信设备提供接口，实际上计算机通过主板将 CPU 等各种器件和外部设备有机地结合起来形成一套完整的硬件系统。电脑在正常运行时对系统内存、存储设备和其他 I/O 设备的操作控制都必须通过主板来完成，因此电脑的整体运行速度和稳定性在很大程度上取决于主板的性能。

2. 主板的结构

从外观上看，主板是一块矩形的四层或六层印刷电路板，各层之间连接得非常紧密。主板上有集成电路芯片、各种插槽，在电路板上分布着各种电容、电阻等元件，它们之间由印刷电路相连接。主板上主要集成了主板芯片组、BIOS 芯片、I/O 控制芯片、CPU 插槽、板卡扩充插槽、内存插槽、IDE 接口、串行接口、并行接口、键盘接口、面板控制开关接口、跳线开关、主板电源插座等部件，有的集成主板上还集成了音效芯片或显示芯片等。ATX 主板结构如图 2-9 所示。

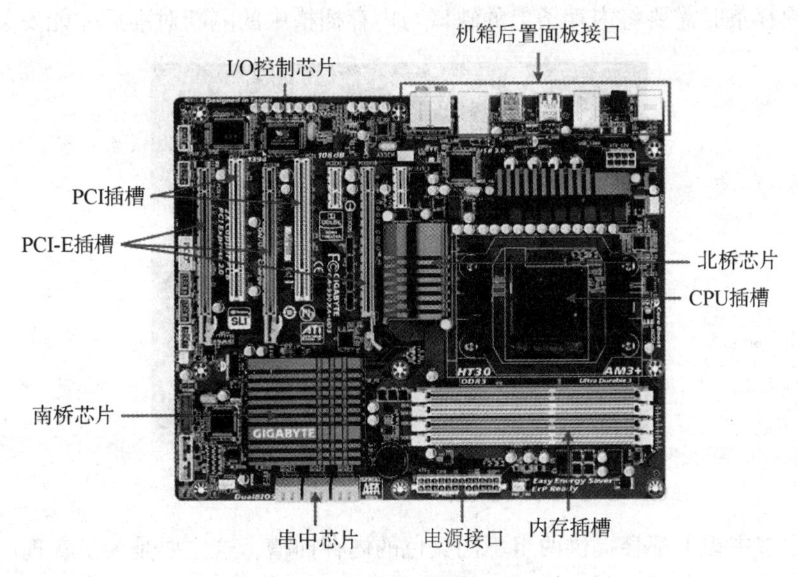

图 2-9　ATX 主板结构图

（1）CPU 插槽

作为 CPU 的安身之地，主板 CPU 插槽的类型必须与 CPU 的接口类型相对应。根据前面介绍的目前主流 CPU 的接口类型，主板 CPU 插槽也相应地分为支持 Intel 处理器的 LGA 触点式插槽和支持 AMD 处理器的 Socket 针脚式插槽，如图 2-10 所示。例如，装机中使用的 CPU 是 Intel 奔腾 G630，它的接口是 LGA1155，与之搭配的主板必须要提供 LGA1155 的 CPU 插槽。

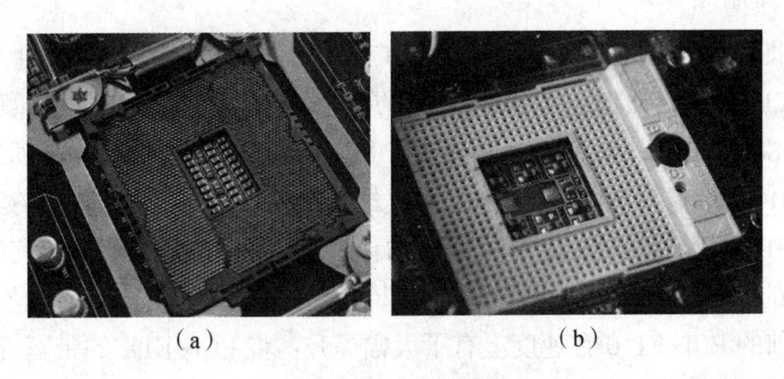

（a）　　　　（b）

图 2-10　CPU 插座

（a）LGA CPU 插槽；（b）Socket CPU 插槽

在 LGA 插座中有很多小孔，每个小孔都有很细小的弹簧和 CPU 背面的金属点与之相对应。放进 CPU 之后，盖上盖子，再拉下旁边的拉杆，CPU 就会和这些弹簧密合，而镂空的盖子则可以让 CPU 跟散热器紧密接触。

在 Socket 插槽中有很多小洞，对应 CPU 上的针脚。在安装 CPU 的时候一定要注意将针脚与小洞对准后才能插入，如果不慎将针脚弄歪或折断，将会对 CPU 造成严重损坏。

（2）内存插槽

内存插槽用来安装内存条，一般在主板上都会提供两个或 4 个内存插槽，如图 2-11 所示。在安装内存条时需要将内存条上的缺口与内存插槽中的隔断对准后才能安装。

图 2-11　内存插槽

目前，很多主板上都会提供两组不同颜色的内存插槽，这主要是为了实现内存双通道技术。将两个相同型号的内存条插到两个相同颜色的内存插槽中，就可以实现该技术，这在一定程度上可以提升内存的性能。

（3）PCI 插槽

PCI 插槽是一组用于插接各种扩展卡的扩展插槽，扩展卡是指如网卡、声卡、电视卡和视频采集卡之类的对计算机功能进行扩展的硬件设备。这些设备的共同特点是工作频率低，都属于低速设备。PCI 插槽是一种比较古老的插槽，正逐渐被市场淘汰，在目前的主板上一般会保留一个 PCI 插槽以作备用。

（4）PCI-E 插槽

PCI-E 插槽即 PCI-Express 插槽，也称为扩展 PCI 插槽，是目前主板上的主要插槽，其取代了传统的 PCI 和 AGP 插槽。根据所支持的传输速率不同，PCI-E 插槽分为 PCI-E1X、PCI-E4X、PCI-E8X、PCI-E16X 等多种形式，PCI-E16X 插槽如图 2-12 所示。其中速度最慢的 PCI-E1X 的传输带宽为 500 MB/s，而速度最快的 PCI-E16X 的传输带宽则高达 8 GB/s。不同标准的 PCI-E 插槽可用于安装不同类型的设备，PCI-E1X 插槽用于安装高速网卡或声卡，而速度最快的 PCI-E16X 插槽则专用于安装显卡。PCI-E 插槽目前已发展到 PCI-E2.0 版本，相对于之前的 PCI-E1.0 在速度上有了大幅提升：将 PCI-E1X 的带宽提高到了 1 GB/s，而 PCI-E2.0 版的 16X 插槽的传输带宽更是达到了 16 GB/s。

（5）IDE 接口和 SATA 接口

IDE 接口和 SATA 接口都用于连接硬盘和光驱，但它们在工作特点和连接方式上存在很大区别。IDE 接口采用并行方式传输数据，所支持的最高数据传输速率为 133 MB/s，由于其速度较慢，正逐渐被市场淘汰，在目前的主板上一般只保留一个 IDE 接口以作备用。IDE 接口通过 IDE 数据线与硬盘或光驱进行连接，如图 2-13 所示。在每根数据线上都提供了 3 个端口，一个端口连接主板，另外两个端口可以各自连接一个设备，所以每个 IDE 接口可以同时连接两个设备。当要在一个 IDE 接口上同时连接两个设备时，必须要对硬盘或光驱进行跳线设置，即将其中一个设为主设备，另一个设为从设备。

SATA 接口采用串行方式传输数据，传输速率相对 IDE 接口更高。SATA 接口目前也已

图 2-12 PCI-E16X 插槽

（a） （b）

图 2-13 IDE 接口及 IDE 数据线

（a）IDE 接口；（b）IDE 数据线

发展了 3 个版本，即 SATA1.0 的传输速率为 150 MB/s、SATA2.0 的传输速率为 300 MB/s、SATA3.0 的传输速率达到 750 MB/s。SATA 接口通过串行数据线与硬盘或光驱连接，连接方式比 IDE 接口要简单得多，如图 2-14 所示。由于串行数据线线体较窄，减少了机箱的占用空间，因此有利于机箱内的散热。另外，SATA 接口还具有结构简单、支持热插拔等优点，已基本取代了 IDE 接口。

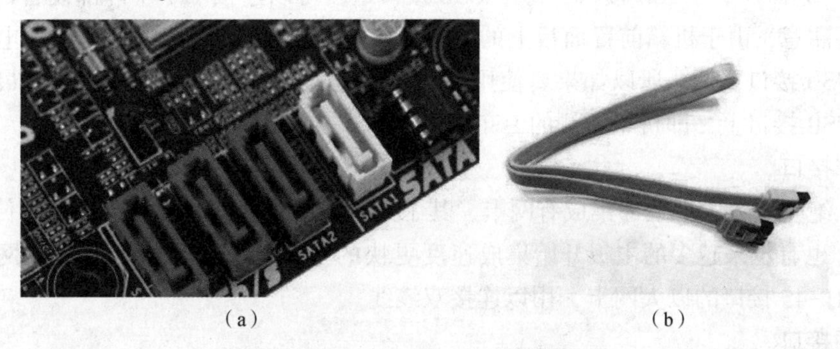

（a） （b）

图 2-14 SATA 接口及串行数据线

（a）SATA 接口；（b）串行数据线

(6) 电源接口

电源接口是主板与电源连接的接口，负责给主板上的所有部件供应电力，目前主板上的电源接口基本都为24芯，如图2-15所示。

图2-15　电源接口

(7) 机箱后置面板接口

主板的侧面提供了很多外置接口，主板安装到机箱里以后，这些接口将会位于机箱的背面，也称为背板接口，如图2-16所示。

图2-16　机箱后置面板接口

①PS/2接口。

PS/2接口用于连接键盘和鼠标，为了加以区别，鼠标的接口为绿色，键盘的接口为紫色。

②USB接口。

USB通用串行总线接口，是主板上应用最为广泛的一类接口，它的特点是即插即用、支持热插拔，即允许使用USB接口的设备在带电工作的状态下从主板拔下或插入。通常主板都会提供2~6个不等的USB接口，每个USB接口最多可以连接127个外部设备。在使用计算机时需要注意，由于机箱前置面板上的USB接口是从主板上转接的，其供电电压比主板上自带的USB接口要低，所以如果要使用一些高耗电的设备，如移动硬盘等，最好是接在主板上的USB接口上，即机箱后侧的USB接口上。

③网卡接口。

目前，绝大多数主板上都集成有网卡，其中又以集成百兆网卡居多，即最大传输速率为100 MB/s，也有越来越多的主板开始集成速度更快的千兆网卡。主板上所集成网卡的类型基本都是RJ-45接口的以太网卡，用以连接双绞线。

④音频接口。

音频接口通常为一组3个，其中绿色为输出接口，用于连接音箱或耳机；粉色为麦克风接口；蓝色为输入接口，用于将 MP3、录音机等音频输入计算机内。

⑤视频接口。

用于连接显示器或电视机，包括连接 CRT 显示器的 VGA 接口、连接液晶显示器的 DVI 接口和连接电视机的 HDMI 接口。

3. 主板芯片组

主板的核心和灵魂是主板芯片组，它的性能和技术特性决定了整块主板可以与什么硬件搭配，以及可以达到什么样的性能。

主板芯片组的主要作用是支持安装在主板上的各个硬件设备，并负责在它们之间转发数据。在以往的主板中，主板芯片组被分为北桥芯片和南桥芯片，北桥芯片起着主导性的作用，也称为主桥。现在基本把北桥芯片和南桥芯片做在一起了。

基本输入输出系统（Basic Input Output System，BIOS），是一组固化到计算机内主板上的一个 ROM 芯片上的程序，它保存着计算机中最重要的基本输入/输出的程序、系统设置信息、开机后自检程序和系统自启动程序。其主要功能是为计算机提供最底层的、最直接的硬件设置和控制。微机部件配置情况是放在一块可读写的 CMOS RAM 芯片中的，它保存着系统 CPU、硬盘驱动器、显示器、键盘等部件的信息。关机后，系统通过一块后备电池向 CMOS 供电以保持其中的信息。如果 CMOS 中关于计算机的配置信息不正确，会导致系统性能降低、零部件不能识别，并由此引发一系列软硬件故障。BIOS ROM 芯片中装有一个称为“系统设置程序”的程序，它可以用来设置 CMOS RAM 中的参数。这个程序一般在开机时按下一个或一组键即可进入，它提供了良好的界面供用户使用。这个设置 CMOS 参数的过程，习惯上也称为“BIOS 设置”。新购的计算机或新增了部件的系统，都需进行 BIOS 设置。

对于主板而言，主芯片仍然是其最主要的组成部分，计算机中任何一款新硬件或一项新技术在推出后，都需要有相应主板芯片的支持才能够得到应用。如每一款新的 CPU 都必须要有一款能与之适合的主板芯片相搭配。例如，酷睿 i3 CPU，就必须与 H61 或 H67 主板芯片配合，所以主板芯片组能否支持所选择的 CPU，是在选配计算机时应注重的首要问题。

4. 主板选购

目前，生产主板芯片组的厂商有 Intel、AMD、NVIDIA、VIA、SiS、Ali 和 ATI 等，但生产主板的厂商却有很多。市场上常见的主板品牌有微星（MSI）、华硕（ASUS）、佰钰（Acorp）、建基（AOpen）、磐正（SUPoX）、升技（Abit）、硕泰克（SOLTEK）、捷波（Jetway）、技嘉（Gigabyte）等。

选购主板时应考虑以下 3 个方面的问题。

（1）关注品牌

和其他产品一样，好的品牌意味着产品的高质量和良好的服务，主板市场的知名品牌有华硕、技嘉、映泰、七彩虹等。

（2）技术指标

技术指标有很多，如主板支持哪个厂家的 CPU、主板上 CPU 插槽的类型是否和 CPU 匹配、主板的前端总线频率是否与 CPU 的前端总线频率匹配等。

（3）主板做工

主板做工考虑的因素有很多，如电容是采用日系的品牌电容，还是其他品牌电容；主板布局是否合理，散热效果如何；主板提供的电源种类能否满足需求；主板接口能否满足需求；主板焊点是否均匀等。

2.1.4 输入/输出设备

输入/输出（Input/Out，I/O）设备是计算机系统与外界进行信息交流的工具，其作用分别是将信息输入计算机或从计算机中输出信息。

1. I/O 信息交换方式

CPU 和外部设备进行信息交换，一般采用以下 4 种方式进行。

（1）程序查询方式

程序查询方式又称为程序控制方式。当 CPU 和外部设备交换数据时，传送过程完全依靠程序进行，实现起来简单。但是，由于外部设备通常很慢，在发出请求到设备就绪之间，CPU 只能等待；即使外部设备没有数据交换的请求，程序也会进入查询方式，这会浪费 CPU 时间，降低效率。

（2）中断方式

中断方式是外部设备在有数据交换的需求时，通过发出中断信号主动通知 CPU 的一种方式。当中断发生时，CPU 暂停当前正在处理的任务，转入中断处理程序，从而进行中断的处理。处理完毕后，继续当前处理的任务（需要说明的是，在多进程的操作系统中，中断可能会引起进程的切换，因此，不一定返回被中断打断的进程）。它节省了 CPU 的时间，是进行 I/O 操作的一种有效的方法。中断方式一般适合随机出现的事件，其缺点是软、硬件实现比较复杂，且如果出现的频率很高，可能会导致机器崩溃。

（3）直接存储器访问方式

直接存储器访问（Direct Memory Access，DMA）方式是进行大量的数据传输的一种有效的方法。它在进行数据交换的时候，不需要 CPU 的参与，因此，对于 CPU 的影响小。现代的电子计算机，在内存和硬盘之间的数据传输通常都采用这种方式。它的缺点是，仍然需要占用总线，因此和 CPU 之间存在着总线竞争。

（4）通道方式

通道方式是一种更高级的数据交换方式。我们可以把它看作一个专门的进行数据交换的处理器。采用通道方式，CPU 将“传输控制”的功能下放给通道，CPU 只负责“数据功能”，从而将 CPU 从数据交换中解脱出来，避免了总线的竞争。

2. 输入设备

输入设备将信息输入计算机，并将原始信息转化为计算机能识别的二进制代码存放在内存中。常用的输入设备有键盘、鼠标、扫描仪、触摸屏、数字化仪、麦克风、数码相机、光笔、磁卡读入机和条形码阅读机等，下面主要介绍键盘和鼠标 2 种输入设备。

（1）键盘

键盘上的按键与一个 24 行×4 列的开关矩阵相连接，每按下一个键，就接通了矩阵中 X 行和 Y 列交点处的开关，通过译码电路来形成此键的代码，该代码信号由 8048 转换成称为“扫描码”的信息，然后单片机将键扫描码以串行方式送往主机，主机接收到键扫描码后首先通过接口电路将串行数据转换为并行数据，再送给 CPU，最后由软件将扫描码转换为该键的 ASCII 码。键盘按键的功能和排列位置可分为功能键区、主键盘区、编辑键区、辅助键区和状态指示区五部分，如图 2-17 所示。

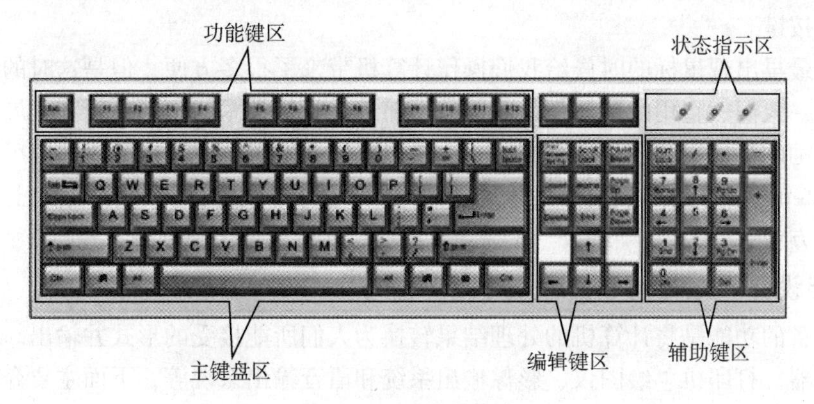

图 2-17 键盘的构造

键盘根据按键材料和构造分类，可分为有触点式和无触点式两种；根据接口类型分类有 PS/2 接口、AT 接口以及 USB 接口等；根据传输方式分类，可分为有线式和无线式键盘两种；根据按键的多少，可分为 83 键、101 键、102 键、104 键和多媒体键盘等。

（2）鼠标

鼠标是计算机的一种外接输入设备，也是计算机显示系统纵横坐标定位的指示器，因形似老鼠而得名，如图 2-18 所示。

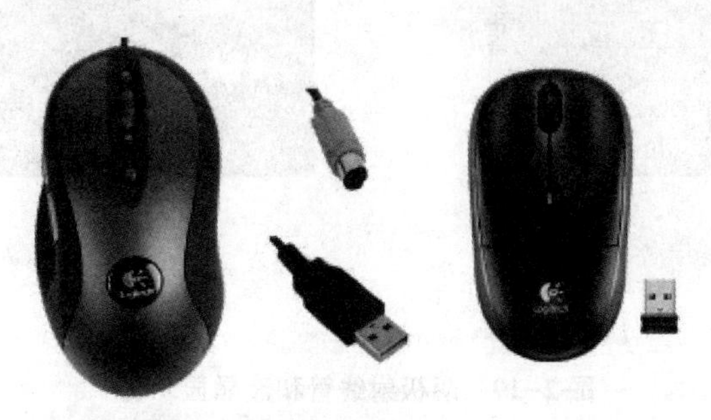

图 2-18 鼠标

鼠标的标准称呼应该是“鼠标器”，简称为鼠标，英文名“Mouse”，鼠标的作用是使计算机的操作更加简便快捷，从而代替键盘的烦琐的指令。鼠标一般有两个或者 3 个按键，基本操作有单击、双击（连续按两次左键）、右击、拖动等。

①鼠标结构。

鼠标按其结构可分为 7 类：机械式、光电式、半光电式、轨迹球、无线遥控式、PDA 上的光笔和 NetMouse 等。机械式鼠标精度有限，由于其传输速度慢及寿命低，基本上已被淘汰。现在最普及的鼠标都是光电式的，光电鼠标器是通过检测鼠标器的位移，将位移信号转换为电脉冲信号，再通过程序的处理和转换来控制屏幕上光标箭头的移动。光电鼠标用光电传感器代替了滚球。这类传感器需要特制的、带有条纹或点状图案的垫板配合使用。

②鼠标接口。

最早出现于普通计算机应用的鼠标采用的均为串行接口设计，随着计算机机器上串口设备的逐渐增多，串口鼠标逐渐被采用新技术的 PS/2 接口鼠标所取代（小圆形接口）。随着即插即用理论的推出，现在基本上都采用 USB 接口的鼠标。对于有专业要求的用户而言，选用一种采用红外线信号来与计算机传递信息的无线鼠标是非常合适的。

③鼠标按键。

世界上最早出现鼠标的时候给我们操作计算机带来了很多方便，但是这时的鼠标还是非常不标准的，人们一直用的鼠标都是双键的。随着计算机技术的不断更新和发展，人们也越来越觉得双键的鼠标很难满足控制需要了，所以人们开发了一些功能键以适应工作娱乐的要求。随着 Internet 技术以日新月异的速度不断发展，人们再度发现在鼠标上加上轮轴对于浏览网页十分方便。

3. 输出设备

输出设备的功能是将计算机的处理结果转换为人们所能接受的形式并输出。常用的输出设备有显示器、打印机、绘图仪、影像输出系统和语音输出系统等，下面主要介绍显示器和打印机 2 种输出设备。

（1）显示器

显示器是计算机中标准的输出设备。显示器将从显卡接收到的信号转变为人眼可见的光信号，并通过显示屏幕显示出来。显示器根据工作原理的不同，主要分为阴极射线管显示器和液晶显示器两大类，如图 2-19 所示。

（a）　　（b）

图 2-19　阴极射线管和液晶显示器

（a）阴极射线管显示器；（b）液晶显示器

阴极射线管显示器由于体积大、重量沉、耗电量高，目前已很少使用，而液晶显示器则具有重量轻、体积小、无辐射等诸多优点，基本已经取代了阴极射线管显示器。

液晶显示器的相关技术参数如下。

①屏幕尺寸。

屏幕大小对于显示器来说是最重要的一项性能指标，液晶显示器的屏幕尺寸目前主要有 19 英寸、20 英寸、22 英寸、24 英寸、26 英寸（1 英寸 = 2.54 厘米）这些类型，其中 20~24 英寸是目前的主流产品。在每种类型里又包括“普屏”和“宽屏”两种形式，其中“普屏”是指显示器的长宽比例为 4∶3，这也是一种传统的显示形式；“宽屏”则是指显示器的长宽比例为 16∶10 或 16∶9。目前，液晶显示器基本都是宽屏。

②分辨率。

分辨率是指显示器屏幕上水平方向和垂直方向上的像素点的乘积，如显示器的分辨率为

1 024×768，即表示显示器屏幕的每一条水平线上可以包含有 1 024 个像素点，共有 768 条水平线。液晶显示器有一个最佳分辨率，显示器只有在最佳分辨率下使用，其画质才能达到最佳，而在其他的分辨率下则是以扩展或压缩的方式将画面显示出来。不同屏幕尺寸的液晶显示器的最佳分辨率如表 2-1 所示。

表 2-1　不同屏幕尺寸的液晶显示器的最佳分辨率

屏幕尺寸	最佳分辨率/像素
17 英寸宽屏	1 440×900
19 英寸宽屏	1 440×900
20 英寸宽屏	1 680×1 050
22 英寸宽屏	1 680×1 050
24 英寸宽屏	1 920×1 080

③数字接口。

由于种种原因，目前许多液晶显示器在与计算机主机连接时，依然通过传统的视频图形阵列（Video Graphics Array，VGA）接口进行连接，这样显示器接收到的视频信号由于经过多次转换，而不可避免地造成了一些图像细节的损失。数字视频接口（Digital Visual Interface，DVI）由于是数字接口进行传输的，计算机中的图像信息不需要任何转换即可被显示器所接收，所以画质更自然、清晰。因此，在选购显示器时一定要注意其是否支持 DVI。带有 VGA 和 DVI 双接口的显示器如图 2-20 所示。

图 2-20　带有 VGA 和 DVI 双接口的显示器

④坏点数。

坏点是指液晶显示器的画面中一个持续发亮或不发光的点，一台正常的液晶显示器应该是没有坏点的。用户在选购显示器时，应通过将显示屏显示全白或全黑来检测屏幕上是否有坏点。

⑤LED 背光。

LED 背光是目前显示器中非常流行的一项技术，与传统的液晶显示器相比，LED 背光显示器最大的特点是把液晶显示器中含汞的冷阴极荧光灯管（Cold Cathode Fluorescent Lamp，CCFL）更换为环保的 LED 背光光源。LED 背光显示器的优点是节能环保，LED 背光产品与 CCFL 相比平均节能 0. 008 kW · h，但对显示效果并没有太大的提升。

（2）打印机

打印机是一种重要的输出设备，用于打印计算机的处理结果，主要用于办公领域。

①打印机种类。

打印机种类很多，按打印元件对纸是否有击打动作，可分为击打式打印机与非击打式打印机；按照工作方式可分为点阵打印机、针式打印机、喷墨打印机、激光打印机等类型。

a. 针式打印机。针式打印机也称为撞击式打印机，如图 2-21（a）所示，工作时通过打印机和纸张的物理接触来打印字符图形。针式打印机的打印头由多支金属撞针依次排列组成，当打印头在纸张和色带上行走时，会指定撞针在到达某个位置后弹射出来，并通过击打色带将色素点转印在打印介质上。在打印头内的所有撞针都完成这一工作后，便能够利用打印出的色素点组成文字或图画。通常针式打印机的打印效果较差，文字分辨率低，在普通家庭和办公领域已经基本被淘汰，但它的耗材成本低廉，现在经常用于单据打印。

b. 喷墨打印机。喷墨打印机靠许多喷头将墨水喷在纸上而完成打印任务，其打印的精细程度取决于喷头在打印点时的密度和精确度，如图 2-21（b）所示。当采用每英寸上的墨点数量来衡量打印品质时，墨点量越多，打印出来的文字或者图像就越清晰。其打印效果好而且噪声小，但是速度较慢。喷墨打印机价格便宜，但是所使用的墨盒较昂贵，所以主要用于打印任务不是很多的家庭用户。

c. 激光打印机。激光打印机是一种非击打式打印机，当计算机通过电缆向激光打印机发送打印数据时，打印机会将接收到的数据暂存在缓存内，并在接收到一段完整数据后，由打印机处理器驱动各个部件，完成打印任务，如图 2-21（c）所示。激光打印机通过感光复印的方式进行打印，所用到的耗材是硒鼓，具有打印速度快、打印效果好并且噪声小等优点。其缺点是价格较贵，主要用于企业办公领域。

打印机品牌主要有惠普（HP）、佳能（Canon）和爱普生（EPSON）等。

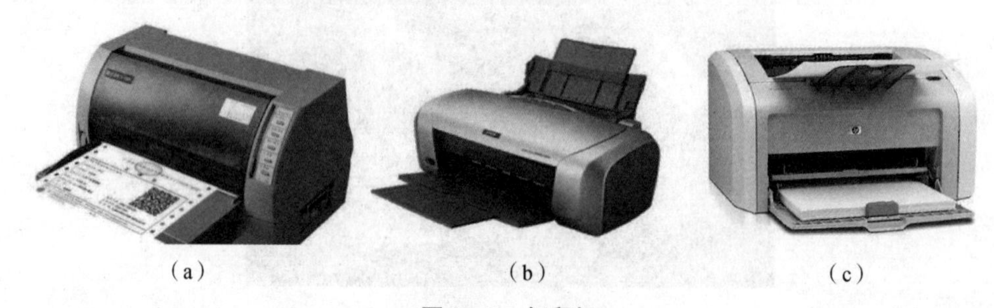

（a）　　　　（b）　　　　（c）

图 2-21　打印机

（a）针式打印机；（b）喷墨打印机；（c）激光打印机

②打印机的主要参数。

a. 打印分辨率。和显示器等产品一样，打印机也有分辨率问题。打印分辨率的单位是 DPI（Dot Per Inch），即指每英寸打印多少个点，它直接关系到打印机输出图像和文字的质量好坏，分辨率越高的打印机其图像精度就越高，其打印质量也越好。

b. 打印速度与内存。打印速度是指打印机每分钟可打印的页数，单位是 PPM（Pages Per Minute）。打印机实际输出的速度受预热技术、打印机控制语言的效率、接口传输速度和内存大小等因素的影响。

c. 耗材与打印成本。黑白激光打印机的耗材成本主要来自硒鼓及其炭粉和打印纸的消耗，而其中硒鼓是激光打印机最重要的部件，打印机的寿命长短、打印质量的好坏以及单页打印成本的高低，在很大程度上都受到硒鼓的影响。

2.2 系统总线

为了简化计算机系统结构，系统中常用一组线路，配以适当的接口电路，与各部件和外围设备连接，这组多个功能部件共享的信息传输线称为总线。采用总线结构便于部件和设备的扩充，使用统一的总线标准，更容易实现不同设备间的互连。

2.2.1 计算机总线概述

计算机系统大多采用模块结构，一个模块可以是具有专门功能的插件板，或称为部件，如主板、存储器卡、I/O 接口板等。随着集成电路集成度的提高，在一块板上可以安装多个模块。各模块之间传送信息的通路就是总线，为了便于不同厂家生成的模块能够灵活地构成系统，就形成了总线标准。系统总线是指微型计算机各部件之间传送信息的通道。

1. 总线的分类

(1) 按照物理位置分类

按照物理位置分类，总线可分为内部总线和外部总线。

①内部总线。

内部总线是指主机各模块之间传送信息的通道，如连接 CPU、存储器、I/O 接口（设备控制器）的总线。常用的有 ISA 总线、PCI 总线和控制机的 STD 总线。

②外部总线。

外部总线是指系统之间或系统与外部设备之间传送信息的通道，如 USB 和 IEEE1394 等串行总线和 ISA（IDE）和 SCSI 等并行总线。

(2) 按照组织形式分类

按照组织形式分类，总线可分为单总线和多总线。

①单总线。

单总线是所有的模块都连接到单一的总线上，总线具有地址线、数据线、控制线、电源/地线。单总线结构简单、便于扩充，但因为其共享度高，所以容易成为数据传输的瓶颈。

②多总线。

多总线将相较于主机而言速度更低的 I/O 设备从总线上分离出去，形成系统总线和 I/O 总线分离的双总线结构。同理，还可以将高速 I/O 设备与低速 I/O 设备分离为两条 I/O 总线，使之成为三总线结构。这是现在最常见的总线组织形式。

(3) 按照传输方式分类

按照传输方式分类，总线可分为串行总线和并行总线。

串行总线：一位一位地传送二进制位数的总线。

并行总线：一次能同时传送多个二进制位数的总线。

(4) 按照传输的数据类型分类

按照传输的数据类型分类，总线可分为数据总线、地址总线和控制总线。

数据总线：用于 CPU 与内存或 I/O 接口（设备控制器）之间传送数据。

地址总线：用于传送计算单元或 I/O 接口的地址信息。

控制总线：用于 CPU 与内存或 I/O 接口之间传送控制信号。

2. 系统总线的主要性能指标

衡量系统总线性能的指标有总线宽度、总线时钟频率、总线带宽和总线电源电压。

(1) 总线宽度

系统总线一次并行传送的数据位数称为总线宽度，数值上等于数据线的数目。早期的系统总线宽度只有 8 位、16 位，现在都是 32 位、64 位。总线宽度越宽，同时传输的数据就越多，吞吐量就越大。

(2) 总线时钟频率

总线传输也需要在时钟控制下进行，时钟频率越高，每秒在每条数据线上传输的信息就越多，时钟频率的单位为 MHz。

总线传输也可以以总线传输率作为指标，单位是 Mbit/s，是指每秒在一条数据线上传输的数据量，数值上和时钟频率相同。

(3) 总线带宽

总线带宽是总线的所有数据线每秒可以传输的数据量，也就是最大传输率，单位为 MB/s。总线宽度、总线时钟频率和总线带宽之间的关系为

$$总线带宽=总线宽度\times 总线时钟频率/8$$

(4) 总线电源电压

早期的总线电源电压都是 5 V，现在随着总线性能的提高，电源电压趋于降低，有的使用 3.3 V，甚至是 2.2 V 的电源电压。

2.2.2 常见计算机总线

微型计算机总线的发展，基本上都是围绕着总线带宽来进行的。总线宽度一般与 CPU 数据线的条数相同。总线是最早的微机总线标准，目前在一些教学环境中还有使用。

工业标准体系结构（Industry Standard Architecture，ISA）是 16 位总线标准，虽然性能较差，但一些低档的外部设备仍然在使用这种接口。外部设备互连标准（Peripheral Component Interconnect，PCI）是一种 32 位/64 位的总线，在目前的微型计算机中使用较多。图形加速接口（Accelerated Graphics Port，AGP）是在 PCI 总线基础上发展起来的，主要针对图形显示方面进行优化，专门用于图形显示卡。主板上的插槽接口如图 2-22 所示。

1. 系统总线

系统总线（System Bus，SB），又称为 CPU 总线，是一个单独的计算机总线，用于完成处理机（CPU、Cache、存储器和 I/O 接口）内部各部件之间的通信。系统总线具有 3 种不同的功能总线，分别为数据总线、地址总线、控制总线。总线与内部各部件之间的通信如图 2-23 所示。

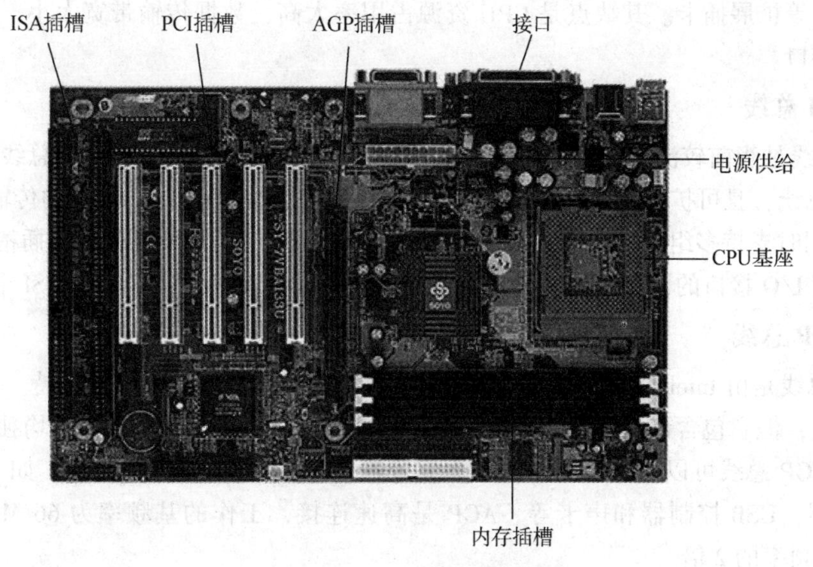

图 2-22 主板上的插槽接口

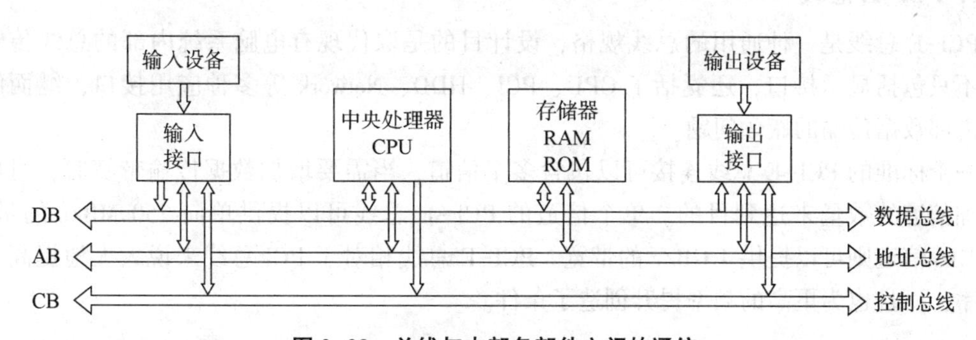

图 2-23 总线与内部各部件之间的通信

（1）数据总线

数据总线（Data Bus，DB）用于 CPU 与主存储器、CPU 与 I/O 接口之间传送信息。数据总线的宽度（根数）决定每次能同时传输信息的位数。因此，数据总线的宽度是决定计算机性能的主要指标。计算机总线的宽度等于计算机的字长。目前，微型计算机采用的数据总线有 16 位、32 位、64 位等。

（2）地址总线

地址总线（Address Bus，AB）用于给出源数据或目的数据所在的主存单元或 I/O 端口的地址。地址总线的宽度决定 CPU 的寻址能力。若微型计算机采用 n 位地址总线，则该计算机的寻址范围为 $0\sim2^n$。

（3）控制总线

控制总线（Control Bus，CB）能够控制对数据线和地址线的访问和使用。

2. ISA 总线

ISA 总线是在系统总线的基础上，由 Intel 公司、IEEE 和 EISA 集团共同推出的一种总线标准。它的时钟频率为 8 MHz，数据线的宽度为 16 位，最大传输速率为 16 MB/s。ISA 插槽的颜色一般为黑色，比 PCI 插槽要长，位于主板的最下端。可插接显卡、声卡、网卡以及多功能接口卡等扩展插卡。其缺点是 CPU 资源占用率太高，数据传输带宽太小，是已经被淘汰的插槽接口。

3. PCI 总线

PCI 总线是当前较流行的总线之一。它是由 Intel 公司推出的一种局部总线，它定义了 32 位数据总线，且可扩展为 64 位，32 位的传输速率可达 132 MB/s，64 位的传输速率为 264 MB/s，可同时支持多组外围设备。目前几乎所有的主板产品上都带有 PCI 插槽。PCI 总线连接的高速 I/O 接口的设备，称为 PCI 设备，主要为显卡、网卡、声卡、SCSI 卡。

4. AGP 总线

AGP 总线是由 Intel 公司创建的新总线，专门用作高性能图形及视频支持。AGP 总线基于 PCI 总线，但它包含许多附加内容及增强，且在硬件、电子元件和逻辑上均独立于 PCI 总线。使用 AGP 总线可以使 PCI 总线主要去完成输入/输出设备的数据传输，如 IDE/ATA 或 SCSI 控制器，USB 控制器和声卡等。AGP 是高速连接，工作的基频率为 66 MHz，是标准 PCI 总线基频率的 2 倍。

5. PCI-E 总线

PCI-E 总线是一种通用的总线规格，设计目的是取代现有电脑系统内部的总线传输接口，不只包括显示接口，还囊括了 CPU、PCI、HDD、Network 等多种应用接口，继而解决系统内部数据传输的瓶颈问题。

一个标准的 PCI-E 总线连接可以包含多个信道，当需要增加数据传输带宽时，可以通过增加信道的数量来达到目的。单个信道的 PCI-E 总线可以提供单向 250 MB/s 的带宽，PCI-E16 信道则可以提供 4 GB/s 的带宽。PCI-E 总线相对于 PCI 总线来说大大地提高了传输速率，而且也为更高的频率提升创造了条件。

6. USB

通用串行总线（Universal Serial Bus，USB）是一种外部总线标准。用于规范电脑与外部设备的连接和通信。USB 接口如图 2-24 所示。

图 2-24 USB 接口

USB 的概念是在 1994 年底由 Inter、康柏、IBM、Microsoft 等多家公司联合提出的。自 1996 年推出后，已经成功替代了串口和并口，它已成为当今个人电脑和大量智能设备的必备接口之一。

可支持高速传输是 USB 总线的突出特点之一。USB 接口根据传输速率的不同分为 3 种标准：USB 1.1，最高数据传输速率为 1.5 MB/s；USB 2.0，最高数据传输速率为 60 MB/s；最新标准 USB 3.0，最高数据传输速率为 480 MB/s。USB 可以是直接连接，也可以是通过

USB集线器来连接。各个直接连接的USB设备之间的连接距离不超过5 m，可通过USB集线器级联的方式来扩展连接距离，最大扩展连接距离可达20 m。

USB接口具有真正的“即插即用”特性。主机会自动检测到新连接的USB设备，依据外设的安装情况自动配置系统资源，安装相应的驱动程序，使新连接的设备立即可以使用，而不需要用户的介入。用户无须关机即可进行USB外设的更换，这样的即插即用的特性为用户带来了极大的方便。

组装微型计算机

小　　结

本章首先介绍了计算机硬件系统的五大组成部分，即运算器、控制器、存储器和输入/输出设备，包括CPU、内存、硬盘、主板、键盘、显示器、打印机等硬件知识，然后介绍了计算机系统总线，最后重点介绍了微型计算机的组装过程。通过本章的学习，读者会对计算机的各元件有更深入的认识，并增强实际动手能力。

习　　题

一、选择题

1. 一个完整的计算机系统通常应包括（　　）。

A. 系统软件和应用软件　　B. 计算机及其外部设备

C. 硬件系统和软件系统　　D. 系统硬件和系统软件

2. 一个计算机系统的硬件一般是由（　　）构成的。

A. CPU、键盘、鼠标和显示器

B. 运算器、控制器、存储器、输入设备和输出设备

C. 主机、显示器、打印机和电源

D. 主机、显示器和键盘

3. CPU是计算机硬件系统的核心，它是由（　　）组成的。

A. 运算器和存储器　　B. 控制器和存储器

C. 运算器和控制器　　D. 加法器和乘法器

4. CPU中的控制器的功能是（　　）。

A. 进行逻辑运算　　B. 进行算术运算

C. 控制运算的速度　　D. 分析指令并发出相应的控制信号

5. 计算机的存储系统通常包括（　　）。

A. 内存储器和外存储器　　B. 软盘和硬盘

C. ROM 和 RAM D. 内存和硬盘

6. 计算机的内存储器简称内存，它是由（ ）构成的。

A. 随机存储器和软盘 B. 随机存储器和只读存储器

C. 只读存储器和控制器 D. 软盘和硬盘

7. 随机存储器简称为（ ）。

A. CMOS B. RAM C. XMS D. ROM

8. 计算机一旦断电后，（ ）中的信息会丢失。

A. 硬盘 B. 软盘 C. RAM D. ROM

9. 计算机硬件由 5 个基本部分组成，下面（ ）不属于这 5 个基本组成部分。

A. 运算器和控制器 B. 存储器

C. 总线 D. 输入设备和输出设备

10. 微型计算机是由输入设备、输出设备、运算器、存储器和（ ）组成的。

A. 键盘 B. 显示器 C. CPU D. 控制器

11. 硬盘属于计算机的（ ）设备。

A. 主存储器 B. 输入器 C. 输出器 D. 辅助存储器

12. 存储器 ROM 的功能是（ ）。

A. 可读可写数据 B. 可写数据 C. 只读数据 D. 不可读写数据

13. 运算器的主要功能是（ ）。

A. 控制计算机各部件协同工作以及进行运算

B. 进行算术运算和逻辑运算

C. 进行运算并存储结果

D. 进行运算并存取数据

14. 当谈及计算机的内存时，通常指的是（ ）。

A. 只读存储器 B. 随机存取存储器

C. 虚拟存储器 D. 高速缓冲存储器

15. 在以下关于 Cache 的阐述中，（ ）是不对的。

A. CPU 存取 Cache 中的数据较快

B. Cache 的容量达到一定的数量后，速度的提高将不显著了

C. Cache 是介于 CPU 和硬盘驱动器之间的存储器

D. Cache 是一种介于 CPU 和内存之间的可高速存取内容的芯片

16. 存储器容量的最小单位是（ ）。

A. 字长 B. 位 C. 字节 D. 字

17. 计算机字长取决于（ ）的宽度。

A. 控制总线 B. 地址总线 C. 数据总线 D. 通信总线

18. 16 根地址线的寻址范围是（ ）。

A. 0~512 KB B. 0~64 KB C. 0~640 KB D. 0~1 MB

19. 计算机主机内的总线是（ ）。

A. 时间总线、地址总线和数据总线 B. 地址总线、数据总线和控制总线

C. 地址总线、数据总线和内部总线 D. 内部总线、时间总线和地址总线

20. 计算机的外部设备与主机连接，必须通过（ ）。

A. 插头　　B. 接头　　C. 接口　　D. 插口

21. 将计算机外部信息传入计算机的设备是（ ）。

A. 输入设备　　B. 输出设备　　C. 软盘　　D. 电源线

22. 主板的核心和灵魂是（ ）。

A. CPU 插座　　B. 扩展槽　　C. 主板芯片组　　D. BIOS 和 CMOS 芯片

23. 下列总线标准中（ ）速度最快。

A. AGP 总线　　B. PCI 总线　　C. PCI-E 总线　　D. 一样快

24. 主板上 PS/2 键盘接口的颜色一般是（ ）。

A. 红色　　B. 绿色　　C. 紫色　　D. 蓝色

二、判断题

1. 计算机的外存储设备，如硬盘等，既可以作为一种外部存储设备，又可以作为一种为 CPU 提供输入/输出功能的外设。（ ）

2. 计算机只能处理 0 和 1 两个二进制数。（ ）

3. CPU 和存储器进行信息交换的时候是以“位”为单位来存取的。（ ）

4. CPU 的数据总线和二级高速缓存、内存和总线扩展槽之间的数据交换的时钟频率完全一致。（ ）

5. 主频用来表示 CPU 的运算速度，主频越高，表明 CPU 的运算速度越快。（ ）

6. 缓存的大小与计算机的性能之间没有什么关系。（ ）

7. 主板是计算机所有部件连接的基础。（ ）

8. 鼠标一般接在 COM 口上。（ ）

9. RAM 中的程序一般在制造时由厂家写入，用户不能更改。（ ）

10. 内存的容量不大，但是存取速度很快。（ ）

11. 与显卡一样，声卡也有不同的总线接口。（ ）

12. 包括操作系统在内的计算机的各种软件、程序、数据都需要保存在硬盘中。（ ）

13. 鼠标是一种点输入设备。（ ）

14. 在选择主板时，要先确定主板所要采用的芯片组，其次才是选择具体的品牌。（ ）

15. 内存对计算机的速度和稳定性没有什么影响。（ ）

三、填空题

1. 计算机系统中的硬件包括__________、__________、__________和输入/输出设备，其中________和________合称为中央处理器，它与________又组成计算机主机。

2. 希望长期保存的信息应当存储在________。

3. RAM 中文含义是__________，对它可进行__________和__________操作，断电后数据__________。

4. CPU 采用程序查询方式、________、直接内存访问方式、________与外部设备进行信息交换。

5. 系统总线根据传送内容的不同，分为数据总线、________、________。

四、写出下面英文专业术语的中文解释

1. ALU________________　　　　2. PSW________________

3. MMX________________　　　　4. BIOS________________

5. DMA________________

五、简答题

1. 请简述计算机的基本组成，以及各部件的主要功能。
2. 请简述衡量计算机的性能指标。
3. 请简述 CPU 的两个基本部件和基本功能。
4. 请简述高速缓冲存储器的作用。
5. 请简述配置一台多媒体计算机的具体步骤。

第3章 操作系统

学习目标

➢ 了解操作系统概念、特征、组成、分类及操作系统引导的方式。
➢ 掌握操作系统处理机、作业、存储、文件和设备五大管理功能。
➢ 了解 Windows、UNIX、Linux 等典型操作系统的特点。

前面所学过的主机、键盘、显示器、磁盘以及其他的计算机硬、软件配置都是计算机系统的外部表现，如何管理这些设备从而使计算机有条不紊地工作是操作系统（Operation System，OS）要完成的主要任务。用户只有通过操作系统才能有效地使用和操纵计算机。因此，使用计算机首先要学会使用操作系统，了解操作系统的功能。目前，操作系统的种类有很多，功能各异，大型计算机及巨型计算机一般都配置有自己的操作系统。目前在社会上广为流行的操作系统主要有 Windows 操作系统、UNIX 操作系统、Linux 操作系统及 Android 操作系统等。

3.1 操作系统概述

当把计算机的各个硬件部件如 CPU、内存、主板、硬盘和显卡等组装起来时，通常称这台计算机为“裸机”。此时的计算机就像没有“灵魂”的躯体，只有安装了软件系统，计算机才能够正常运行，实现用户的各种操作。在计算机软件中，大致可分为系统软件和应用软件两类。其中，系统软件用于管理计算机资源，并为应用软件提供一个统一的工作平台；应用软件则是在系统软件的基础上实现用户的功能需求，为用户提供特定的任务操作。操作系统是一种软件，属于计算机软件中的系统软件，它是计算机系统中的核心软件，其他所有的软件，如语言编译系统、数据库管理系统等系统软件，以及管理信息系统、火车订票系统等应用软件都是以此为基础，并在操作系统的统一管理和支持下运行的。操作系统与硬件、软件之间的关系如图 3-1 所示。

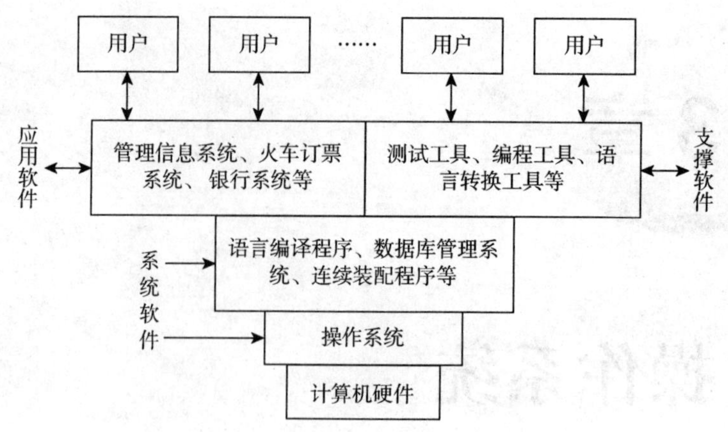

图 3-1　操作系统与硬件、软件之间的关系

3.1.1　操作系统概念与特征

1. 操作系统的概念

计算机系统的硬件资源包括中央处理机、存储器（包括主存与外存）和输入/输出设备等物理设备；计算机系统的软件资源是以文件形式保存在存储器上的程序和数据等信息。操作系统是一种有效组织和管理所有计算机资源（包括硬件资源、软件资源和数据资源）的软件系统，它负责合理地组织计算机的工作流程，控制计算机程序的执行，并且向用户提供一个良好的工作环境和用户接口。加载操作系统的计算机系统为用户提供了两种不同级别的接口，即最终用户接口和程序员接口。

（1）最终用户接口

最终用户接口包括命令行用户接口（如 UNIX－Shell 命令）和图形用户接口（如 Windows 2010，UNIX-X Windows）。

（2）程序员接口

用户在程序中像调用子程序一样调用操作系统所提供的子功能，也称为系统调用。例如，Windows 应用程序接口（Application Programming Interface，API）等。

2. 操作系统的作用

（1）通过资源管理，提高计算机系统效率

操作系统是计算机系统的资源管理者，它含有对系统软、硬件资源实施管理的一组程序。其首要作用就是通过 CPU 管理、存储管理、设备管理和文件管理，对各种资源进行合理的分配，改善资源的共享和利用程度，最大限度地发挥计算机系统的工作效率，提高计算机系统在单位时间内处理工作的能力，即系统的"吞吐量"（Throughput）。

（2）改善人机界面，向用户提供友好的工作环境

操作系统不仅是计算机硬件和各种软件之间的接口，也是用户与计算机之间的接口。计算机安装操作系统后，用户面对的不再是笨拙的裸机，而是操作便利、服务周到的操作系统，从而明显改善用户界面，提高用户的工作效率。

3. 操作系统的特征

操作系统具有并发性、共享性、虚拟性和异步性这4个特征。

(1) 并发性

并行性是指两个或多个事件在同一时刻发生，而并发性是指两个或多个事件在同一时间间隔发生，它是通过分时来实现的，因此具有处理和调度多个程序同时执行的能力。在这种多道程序环境下，一段时间内，宏观上有多个程序在同时运行，而每一时刻，在单处理器环境下实际仅能有一道程序执行，故微观上这些程序还是在分时地交替执行。

(2) 共享性

共享性是指系统中的资源（硬件资源和信息资源）可以被多个并发执行的程序共同使用，而不是被其中一个独占。资源共享有两种方式：互斥访问和同时访问。

互斥访问：一段时间内只允许一个进程（进程是计算机中的程序关于某数据集合上的一次运行活动，是系统进行资源分配和调度的基本单位。）访问该资源，如磁带机、打印机等，虽然可供多个进程使用，但为了使打印或记录的结果不造成混淆，规定一段时间内只允许一个进程访问该资源。

同时访问：某些资源一段时间内允许多个进程“同时”对它们进行访问，这个“同时”是宏观上的，在微观上可能是分时共享，如磁盘设备。

并发和共享是操作系统的最基本特征，两者互为依存。并发执行的要求引出了资源的共享；而资源共享的管理又直接影响到程序的并发执行。

(3) 虚拟性

操作系统中的“虚拟”是指通过某种技术把一个物理实体变为若干个逻辑上的对应物。物理实体（前者）是实际存在的，而后者是用户感觉上的东西。相应地，用于实现虚拟的技术，称为虚拟技术。在操作系统中利用了多种虚拟技术，分别用来实现虚拟处理机、虚拟内存、虚拟外部设备和虚拟信道等。

(4) 异步性

在多道程序环境下，允许多个进程并发执行，但只有在进程获得所需的资源后方能执行。在单处理机环境下，由于系统中只有一个处理机，因而每次只允许一个进程执行，其余进程只能等待。当正在执行的进程提出某种资源要求时，如打印请求，而此时打印机正在为其他进程打印，由于打印机属于临界资源，因此正在执行的进程必须等待，且放弃处理机，直到打印机空闲，并只有再次把处理机分配给该进程时，该进程方能继续执行。可见，由于资源等因素的限制，使进程的执行通常都不是“一气呵成”，而是以“走走停停”的方式运行。

3.1.2 操作系统的组成

操作系统不仅要为用户提供方便的操作界面，还要进行系统资源的管理，按照操作系统的结构可以划分为外壳和内核两个层次。

1. 外壳

操作系统提供的和用户之间操作的界面就是操作系统的外壳，现代操作系统一般都为用户提供图形用户界面（Graphics User Interface，GUI），在这种界面下用户不需要记住许多烦琐的命令，一般的操作通过鼠标的单击和拖动即可完成。因为图形用户界面往往和现实生活的情景相似，所以用户甚至不需要特别的培训就可以进行操作，如微软公司的 Windows 操作系统系列就是最常见的采用 GUI 的操作系统。

尽管外壳是操作系统的重要部分，但外壳仅仅是用户和操作系统核心部分的接口，如图 3-2 所示。外壳并不是操作系统的本质的部分，一些操作系统往往为不同的用户提供多个不同的外壳。如 Windows 操作系统到目前为止仍然在 GUI 外还提供早期 MS-DOS 命令行方式的界面；而 UNIX 操作系统的用户则可以选择 Borne Shell、C Shell 和 Korn Shell。在用户选择不同的外壳时，操作系统还是一样的，不同的只是用户和系统的交流方式而已。

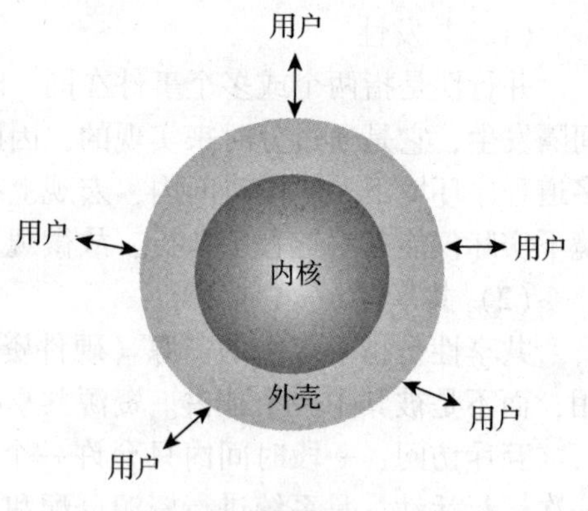

图 3-2　操作系统结构

2. 内核

相对操作系统的外壳，操作系统真正核心的部分是操作系统的内核。它负责管理系统的进程、内存、设备驱动程序、文件和网络系统，决定着系统的性能和稳定性。操作系统的内核通常运行进程，并提供进程间的通信。内核是操作系统最基本的部分，它是为众多应用程序提供对计算机硬件安全访问的一部分软件，这种访问是有限的，并且内核决定一个程序对某部分硬件的操作时间。操作系统直接对硬件操作是非常复杂的，所以内核通常提供一种硬件抽象的方法来完成这些操作。硬件抽象隐藏了复杂性，为应用软件和硬件提供了一套简洁、统一的接口，使程序设计更为简单。操作系统内核结构如图 3-3 所示。

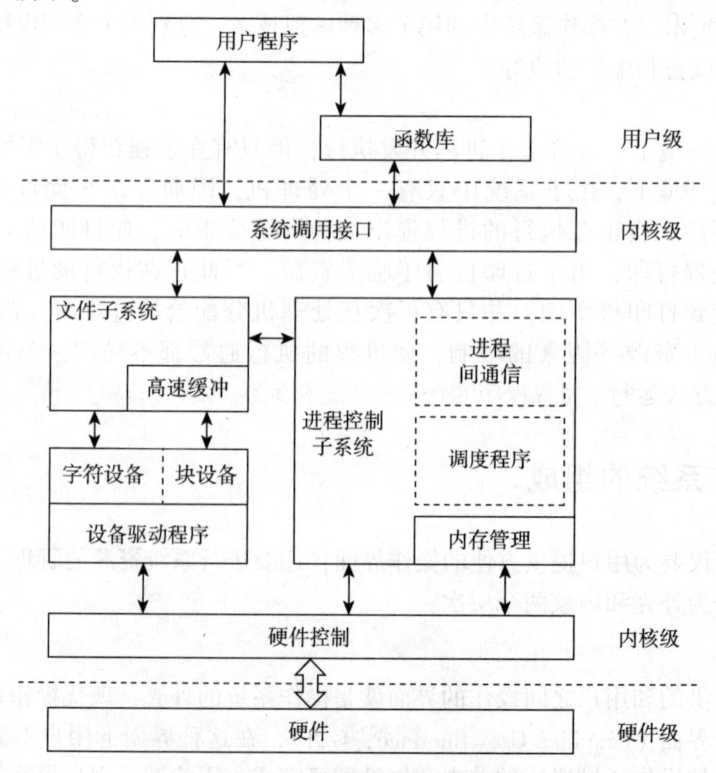

图 3-3　操作系统内核结构

3.1.3 操作系统的引导

系统引导指的是将操作系统内核装入内存并启动系统的过程。系统引导通常是由一个被称为启动引导程序的特殊代码完成的，它位于系统的只读存储器（Read Only Memory，ROM）中，用来完成定位内核代码在外存的具体位置，按照要求正确装入内核至内存并最终使内核运行起来的整个系统启动过程。操作系统是系统启动后最先加载的部分，而操作系统本身也是程序，下面就操作系统如何加载并运行进行简要介绍。

负责操作系统加载并获得系统的控制权的程序是系统的引导程序也称为自举程序。我们知道主存储器包括只读存储器和随机存储器（Random Access Memory，RAM）两部分，其中只读存储器中的程序是固化的，只要 PC 指向此处，计算机就开机加电，CPU 便立刻可以运行此处的程序。自举程序正是这样的程序，它在系统启动时获得控制权，然后将其他保存在外存储器中的程序加载到主存储器中，其操作步骤如下。

第一步：计算机加电后，先执行只读存储器中的自举程序，此时，操作系统尚在辅助存储器中，如图 3-4（a）所示。

第二步：自举程序将操作系统加载到内存中，并将系统控制权转移给操作系统，如图 3-4（b）所示。

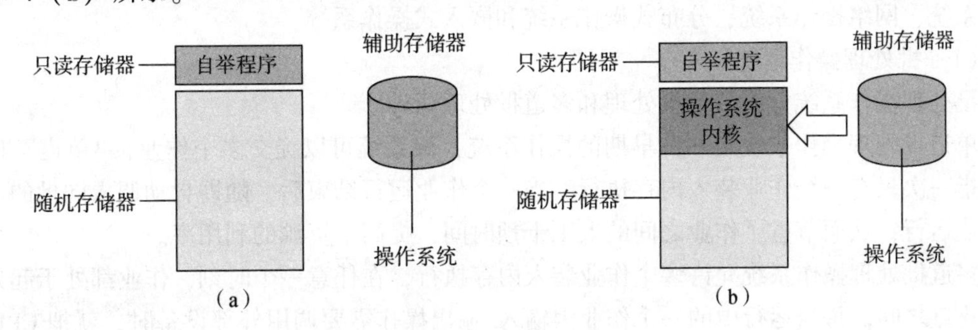

图 3-4 系统引导

（a）先执行自举程序；（b）将操作系统加载到内存储器中

一般我们把格式化后能启动系统的硬盘称为系统盘（安装了操作系统），其特点是在磁盘的引导区（0 磁道 0 扇区）包含了操作系统的引导信息。而引导程序设计为从外存的引导区开始加载，并将 PC 指向加载程序的首地址。这样系统就通过自举加载操作系统并将控制权转移给了操作系统，然后操作系统就接管了整个系统。

3.1.4 操作系统的分类

操作系统有多种类型和版本，按照对进程的处理方式分类，可分为批处理操作系统、分时操作系统和实时操作系统；按照支持用户数目分类，可分为单用户操作系统、多用户操作系统；按照处理器数目分类，可分为单处理器操作系统和多处理器（分布式）操作系统。下面将操作系统以用户数和功能为标准进行分类。

1. 以管理用户数量为标准分类

按照管理的用户数量，将操作系统分为单用户操作系统和多用户操作系统。

（1）单用户操作系统

单用户操作系统通常分为单用户单任务和单用户多任务两种操作系统类型。

在单用户单任务操作系统中，系统所有的硬件、软件资源在某段时间只能为一个用户提供服务，一次也只能运行此用户的一个程序。最早的 MS-DOS、PC-DOS 均属于这类操作系统。

在单用户多任务操作系统中，虽然一个用户独占计算机系统的全部硬件和软件资源，但是允许此用户一次提交多项任务，即运行多个程序。例如，在进行文字编辑的同时，还可以听音乐、看视频等。早期的 Windows 95/98/Me 等就属于这类操作系统。

（2）多用户操作系统

多用户操作系统能够管理和控制由一台计算机连接多个终端，每个终端为一个用户组成的或多台计算机通过通信接口连接起来组成的工作环境，并能够为多个用户服务。如 UNIX、Linux 和 Windows Server 2019 等就属于多用户多任务操作系统。

2. 以功能为标准分类

按照操作系统所提供的功能进行分类，可以分为批处理操作系统、分时操作系统、实时操作系统、网络操作系统、分布式操作系统和嵌入式操作系统。

（1）批处理操作系统

批处理操作系统分为单道批处理和多道批处理两种。

单道批处理操作系统是一种早期的操作系统，该系统可以提交多个作业，“单道”的含义是指一次只有一个作业装入内存执行。当一个作业运行结束后，随即自动调入同批的下一个作业运行，从而节省了作业之间的人工干预时间，提高了资源的利用率。

多道批处理操作系统允许多个作业装入内存执行，在任意一个时刻，作业都处于起始点和终止点之间。每当运行中的一个作业因输入/输出操作需要调用外部设备时，就把 CPU 及时交给另一个等待运行的作业，从而将主机与外部设备的工作由串行改为并行，进一步避免因主机等待外设完成任务而浪费 CPU 时间。

（2）分时操作系统

分时操作系统将 CPU 的工作时间划分为许多很短的时间片，轮流为各个终端的用户服务。分时系统具有独立性、交互性、多路性、及时性的特点。响应时间是分时系统的重要指标，它是从用户发出终端命令到系统做出响应的时间间隔。分时系统中时间片的选择是一个复杂和关键的任务。时间片选得过大或过小，都会影响进程的工作效率。最佳的时间片值应既能使分时用户得到好的响应时间，同时又能使一个时间片内切换开销相对较小。UNIX、Linux 等系统是典型的多用户、多任务的分时操作系统。

（3）实时操作系统

实时是指计算机对于外来信息能够以足够快的速度进行处理，并在被控对象允许的时间范围内做出快速响应。实时操作系统对交互能力要求不高，但对可靠性要求高。为了提高系统的响应时间，实时操作系统能对随机发生的外部事件做出及时响应并对其进行处理。

实时操作系统分为实时控制操作系统和实时信息处理操作系统。

实时控制操作系统主要用于生产过程的自动控制，实验数据自动采集，武器的控制等，如火炮自动控制、飞机自动驾驶、导弹的制导系统等。实时信息处理操作系统主要用于实时信息处理，如飞机订票系统、情报检索系统。

(4) 网络操作系统

网络操作系统是能使联网计算机能方便而有效地共享网络资源，为网络用户提供所需各种服务的软件和有关协议的集合。因此，网络操作系统的功能主要包括高效、可靠的网络通信；对网络中共享资源进行有效的管理；提供电子邮件、文件传输、共享硬盘和打印机等服务；网络安全管理等，如 Linux、Windows Server 2019 等这类系统就属于网络操作系统

(5) 分布式操作系统

分布式操作系统是由多个分散的计算机经连接而成的计算机系统，系统中的计算机无主、次之分，任意两台计算机之间都可以交换信息。

分布式操作系统是网络操作系统的更高级形式，它能保持网络系统所拥有的全部功能，同时又有透明性、可靠性和高性能等特点。网络操作系统与分布式操作系统虽然都属于管理分布在不同地理位置的计算机，但它们最大的差别是：网络操作系统的工作，用户必须知道网址，而分布式系统用户则不必知道计算机的确切地址。分布式操作系统负责全系统的资源分配，能够很好地隐藏系统内部的实现细节，如对象的物理位置、并发控制和系统故障等；而网络式操作系统的实现细节对用户都是透明的，如华为的鸿蒙操作系统（Harmony OS），它创造一个超级虚拟终端互联的世界，将人、设备、场景有机地联系在一起。

(6) 嵌入式操作系统

嵌入式操作系统是运行在嵌入式智能芯片环境中，对整个智能芯片以及它所操作、控制的各种部件装置等资源进行统一协调、处理、指挥和控制的系统软件。嵌入式操作系统被广泛应用于军事、工业控制、信息家电、移动通信等领域。目前，嵌入式操作系统的品种较多，其中较为流行的主要有嵌入式 Linux，微软公司的 Windows CE 和应用在智能手机和平板电脑上的 Android、iOS 等。

3.2 操作系统的功能

操作系统是一个庞大的管理控制程序，大致包括 5 个方面的管理功能：处理机管理、作业管理、存储管理、文件管理和设备管理。

3.2.1 处理机管理

CPU 是计算机系统中极为重要的资源。处理机管理是指操作系统根据一定的调度算法来分配处理器，使处理器资源得到充分有效地利用。由于处理器是分配给进程的，所以也称为进程管理。

1. 进程和线程

现代操作系统的任务之一就是充分有效地利用系统资源为用户提供服务，具体来说，操作系统把硬件和软件资源分配给作业中的进程。因此，进程是竞争系统资源的基本单位，是

操作系统中最重要的概念。

如果把作业看作是用户向计算机提交的任务（程序），那么，进程就是完成用户任务的执行实体。通常完成一个用户作业是指多个执行实体协同工作。因此，从这个意义上说，作业是由多个进程构成的，这些进程称为用户进程。由此看来，操作系统为用户所做出的服务工作，就是通过管理用户进程来实现的。

操作系统本身是由若干程序模块组成的。在对系统资源进行管理和对用户进程提供服务时，系统程序得到执行而产生了一系列的进程，这些进程称为系统进程。系统进程除了拥有某些系统特权外，与用户进程没什么不同。

线程是进程中可独立执行的子任务，一个进程可以有一个或多个线程，即线程是进程的进一步细分，每个线程都有一个唯一的标识符。线程和进程有许多相似之处，往往线程又称为“轻型进程”，线程与进程的根本区别是进程为资源分配单位，而线程是调度和执行单位。

2. 单道程序系统

程序运行过程中需要占用计算机的各种资源才能进行下去。一旦某个程序开始运行，它就占用整个系统的全部资源，直到该程序运行结束，这就称为单道程序系统，即内存中只允许存放一道程序。

3. 多道程序系统

多道程序系统是在计算机内存中同时存放几道相互独立的程序，使它们在管理程序控制之下，相互穿插的运行。两个或两个以上程序在计算机系统中同处于开始和结束之间的状态。也就是说，计算机内存中可以同时存放多道（两个以上相互独立的）程序，它们都处于开始和结束之间。从宏观上看是并行的，多道程序都处于运行中，并且都没有运行结束；从微观上看是串行的，各道程序轮流使用 CPU，交替执行。引入多道程序设计技术的根本目的是提高 CPU 的利用率，充分发挥计算机系统部件的并行性。现代计算机系统都采用了多道程序设计技术。

4. 处理器管理和调度

（1）进程的 3 种基本状态

进程在运行中不断地改变其运行状态。通常，一个进程具有以下 3 种基本状态。

①就绪（Ready）态。

当进程已分配到除 CPU 以外的所有必要的资源，只要获得处理机便可立即执行，这时的进程状态称为就绪态。

②运行（Running）态。

当进程已获得处理机，其程序正在处理机上执行，此时的进程状态称为运行态。

③阻塞（Blocked）态。

正在执行的进程，由于等待某个事件发生而无法执行时，便放弃处理机而处于阻塞状态。引起进程阻塞的事件可能有多种。例如，等待 I/O 完成、申请缓冲区不能满足、等待信号等。

（2）进程 3 种状态间的转换

一个进程在运行期间，不断地从一种状态转换到另一种状态，它可以多次处于就绪态和运行态，也可以多次处于阻塞态。进程的 3 种基本状态及其转换如图 3-5 所示。

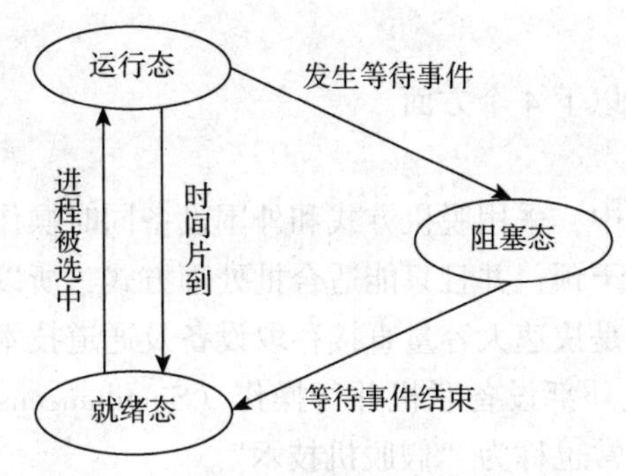

图 3-5　进程的 3 种基本状态及其转换

①就绪态→运行态。

处于就绪态的进程，当进程调度程序为之分配了处理机后，该进程便由就绪态转变成运行态。

②运行态→就绪态。

处于运行态的进程在其执行过程中，因分配给它的一个时间片已用完而不得不让出处理机，于是进程从运行态转变成就绪态。

③运行态→阻塞态。

正在运行的进程因等待某种事件发生而无法继续执行时，便从运行态变成阻塞态。

④ 阻塞态→就绪态。

处于阻塞态的进程，若其等待的事件已经发生，于是进程由阻塞态转变为就绪态。

3.2.2　作业管理

作业是系统计算任务（或一次事务处理）的工作总和。例如，对用户编写的源程序，需要经过编译、连接装入和执行等步骤得到结果。操作系统中用来控制作业进入、执行和撤销的一组程序称为作业管理程序。操作系统可以为每个作业创建作业步进程，完成用户的工作。

1. 作业控制方式

通常，一个典型的作业都要经历编译、连接装配和运行等步骤。但是，实际上每个作业所经历的加工步骤是可以不同的。例如，用户已保存了某个作业的可执行目标程序，那么，当需要再次执行该作业时就不必对源程序再进行编译，而可以直接对数据进行加工处理。计算机系统怎么知道用户作业要经历哪些作业步骤呢？系统会要求用户在提交作业时或在作业执行过程中给出说明。因此，操作系统提供作业控制语言和操作控制命令两种手段，让用户来说明他的作业须进行加工的步骤。用户根据操作系统提供的手段来说明作业加工步骤的方式称为“作业控制方式”。

在操作系统中，为了合理、有效地调度用户作业，一般要对作业进行分类。通常将用户作业分为批处理作业和交互式作业两大类型，并对它们采用不同的作业控制方式，即批处理方式和交互方式。

2. 作业管理的功能

作业管理的功能可分成以下 4 个方面。

(1) 作业输入

在早期的批处理计算机中，采用脱机方式和外围设备同时操作来装入作业信息。由于它需要多台外围计算机及人工干预，并且只能适合批处理方式，所以这种方式并不理想。多道程序设计系统的出现，特别是快速大容量直接存取设备及通道技术的出现，使并行工作问题得到了满意的解决，这就是外部设备联机并行操作（Simultaneous Peripheral Operations On-Line，SPOOLing）系统，通常也称为“假脱机技术”。

SPOOLing 系统的作业的输入/输出不再单独使用外围计算机，而由主机和通道来承担。当作业提交时，系统就启动预输入程序，通过指定的设备将它们录入，按一定的方式存入输入井，为每个作业填写一份输入表。当运行作业时，系统会按一定的策略，选择出作业投入运行并建立作业输出表，指示作业输出信息在输出井的存放位置。作业处理结束时，程序根据它们的缓输出表在指定的设备上输出有关信息，同时系统又从输入井中调入新的作业进行处理，形成一个源源不断的作业处理流。

(2) 作业调度

作业调度是“高级”管理程序，其主要任务是按照某种“合理”的策略，从后备作业队列中选择作业进入内存同时投入运行，并为被选中的作业分配所需的系统资源，以达到较好的系统效率。但作业调度所选中的作业只具有获得处理器的可能性，不一定能立即获得处理器。

作业调度和进程调度之间有着密切的关系。在同一系统中它们是为了实现同一目的而设置的两个阶段，作业调度确定竞争处理器的作业，而哪个竞争者能获得处理器则由进程调度来实现。因此，常常又把作业调度称为高级调度或宏观调度，而把进程调度称为低级调度或微观调度。

(3) 作业控制

用户根据系统所提供的手段，要对他的作业在系统中的整个运行过程实行控制，否则用户作业的功能就无法实现。例如，作业如何输入、编辑和编译，如何开工，出现故障后如何处理，以及下机前做何种处理等。在对作业进行控制的过程中，用户程序和它所需要的数据，都是作业的一部分，也是控制的对象。

(4) 作业退出

系统收到批处理作业从作业说明书中发出的“作业结束”命令，或收到交互式作业的“销号”命令后，应组织好计算结果和有关信息的输出，否则将前功尽弃。除此之外，系统应收回分配给作业的处理器、内存、外围设备及其他资源，注销对应的用户作业进程及其所有的子进程。对于非正常作业撤离系统，除完成上述工作之外，还应给出有关撤离的原因。

3. 作业的状态和处理流程

为了更好地实现作业调度和控制作业的运行，在操作系统中常常把作业的生命周期划分为若干个不同的阶段，每个阶段对应着一种状态，一般分为进入、后备、执行、完成状态。作业状态和进程状态转换如图 3-6 所示。

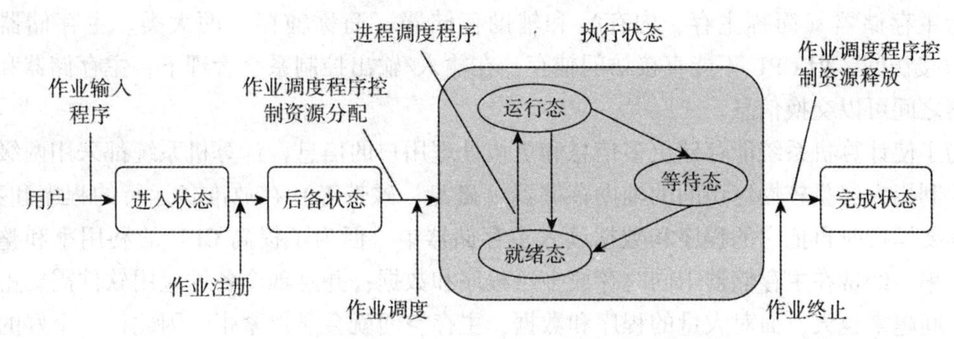

图 3-6 作业状态和进程状态转换

(1) 进入状态

操作员把用户提交的作业装入输入设备后，从作业请求输入到全部存放到存取设备，称为进入状态。这是一个连续的过程。操作系统主要调用作业调度程序把作业信息填入作业登记表，调用外存空间分配程序实现外存空间的分配，调用 SPOOLing 输入程序把作业的程序和数据等输入指定的外存空间。由于作业信息是逐步进入系统的，因此作业不能被作业调度程序纳入作业调度范围。

(2) 后备状态

作业的全部信息都存入输入井后，就称作业处于后备状态。此时，系统要为作业建立作业控制块，并将作业加入后备作业队列中，随时等待作业调度程序调度。

(3) 执行状态

从一个作业被作业调度程序选中而进入内存运行起，到作业计算完成为止，称该作业处于执行状态。作业调度程序为了实现作业从后备状态到执行状态的转换，首先需从后备作业队列中选取一个或几个具有条件的作业，调用处理器管理程序创建原语，为每个作业建立一组相应的进程，调用存储管理程序分配内存空间和设备管理程序分配设备，建立用户进程和若干个为该用户进程服务的系统进程（如 I/O 进程）。这组进程在处理器管理程序的控制下协同运行，完成相应作业的计算任务。作业调度程序本来还应分配 CPU，这样才能保证每个选中的作业能够运行。但是，运行作业数往往多于 CPU 的个数（一般只有 1 个 CPU），不能保证每个作业都能够分得 1 台实际的 CPU，为此处理器管理程序分成作业调度程序和进程调度程序，使处理器管理分两级进行。为了便于管理，处于执行状态的作业，根据其进程的活动情况又分为就绪状态、运行态、等待（封锁）态。刚刚创建的进程处于就绪态，等待进程调度分配实际的 CPU。

(4) 完成状态

从作业正常运行完毕或因发生错误而终止，到善后处理结束并退出系统为止，称该作业处于完成状态。在这段时间内，系统的“终止作业”程序和存储管理程序负责把其作业控制块从现行队列中删除，收回它所占用的各种资源，然后调用文件系统将作业的计算结果编成输出文件，再调用有关设备管理程序输出文件信息，而这个工作有时可能要持续一段时间。

3.2.3 存储管理

存储管理是计算机操作系统的重要组成部分，它负责管理计算机系统的存储器。存储器可分为主存储器（简称主存、内存）和辅助存储器（简称辅存）两大类。主存储器可被CPU直接访问，但CPU不能直接访问辅存。在输入/输出控制系统管理下，主存储器和辅助存储器之间可以交换信息。

为了使计算机系统能存储更多信息和更快处理用户的信息，计算机系统都采用两级存储结构。利用大容量较慢速访问的辅助存储器（磁盘、磁带等）存放准备运行的程序和数据，当进程要运行时再把它的程序和数据读入主存储器中。但为了提高CPU的利用率和整个系统的效率，经常在主存储器中同时存放多道程序和数据；并且现今各种应用软件需要占用的主存空间越来越大，面对大量的程序和数据，主存空间就会显得紧张。因此，一个好的计算机系统不仅要有一个容量足够大、存取速度足够快、稳定可靠的主存储器，还要能合理分配和使用主存空间。

主存储器的存储空间一般分为两部分：一部分是系统区，用来存放操作系统的程序和数据、管理信息以及操作系统与硬件的接口信息等；另一部分是用户区，用来存放用户的程序和数据。

存储管理主要是对主存储器中供用户使用的用户区进行管理。存储管理的目的是要尽可能地方便用户和提高主存储器的使用效率，使主存储器在成本、速度和规模之间得到较好的权衡。

1. 逻辑地址空间和物理地址空间

CPU生成的地址通常称为逻辑地址，而内存单元看到的地址（即加载到内存地址寄存器的地址）通常称为物理地址。

编译和加载时生成相同的逻辑地址和物理地址，然而，执行时地址绑定方案生成不同的逻辑地址和物理地址。在这种情况下，我们通常称逻辑地址为虚拟地址。

由程序所生成的所有逻辑地址的集合称为逻辑地址空间，这些逻辑地址对应的所有物理地址的集合称为物理地址空间。因此，对于执行时地址绑定方案，逻辑地址空间与物理地址空间是不同的。

从虚拟地址到物理地址的映射是由内存管理单元（Memory Management Unit，MMU）的硬件设备来完成。基地址寄存器是指基数位移定址系统中存放基地址的寄存器，这里称为重定位寄存器。用户进程所生成的地址在送交内存之前，都将加上重定位寄存器的值。使用重定位寄存器的动态重定位如图3-7所示。

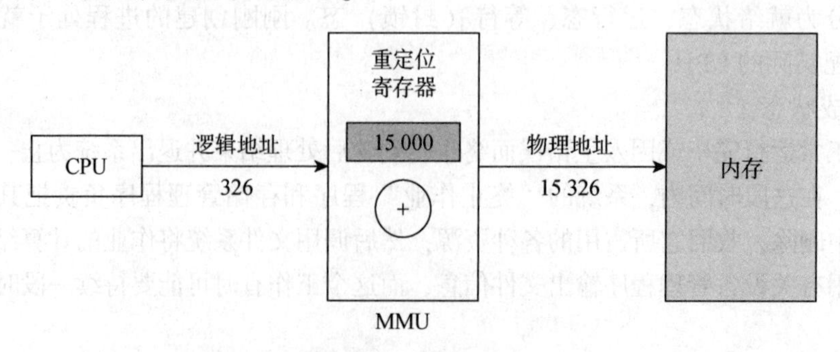

图3-7 使用重定位寄存器的动态重定位

例如，如果基地址为15 000，那么用户对位置0的访问将动态地重定位为位置15 000；

对地址 326 的访问将映射为位置 15 326。

用户程序不会看到真实的物理地址。程序可以创建一个指向位置 326 的指针，将它保存在内存中，使用时将它与其他地址进行比较，所有这些都是通过 326 这样一个数字来进行的。只有当它作为内存地址时（如在间接加载和保存时），它才会相对于基地址寄存器进行重定位。用户程序处理逻辑地址，内存映射硬件将逻辑地址转变为物理地址，所引用的内存地址只有在引用时才最后定位。

2. 存储管理实现的功能

（1）主存储器空间的分配和回收

主存储器中若要允许多道程序同时共存，就要解决主存空间如何分配的问题。一般来说，操作系统都要建立一张“主存空间分配表”来记录主存空间的分配情况。尚未分配的空间称为“空闲区”。进行分配时从主存空间分配表中查找能满足要求的空闲区，分配给申请者，并修改表格的有关项；若不能满足申请要求，则让申请者处于等待主存资源的状态，直到有足够的主存空间，再分配给申请者。

当主存储器中某作业撤离或主动归还主存资源时，存储管理就要收回它所占用的全部或部分存储空间，使它们成为空闲区，并在主存空间分配表中登记，有时还要做空闲区的整理工作。

（2）重定位

由于用户事先无法知道自己的作业将分配在主存的哪个区域，因此用户程序中都是使用逻辑地址，逻辑地址总是从“0”开始编址，用逻辑地址编制的程序可以存放在主存储器的任意区域。但由于逻辑地址经常和分配到的主存空间的绝对地址不一致，而处理器执行指令是按绝对地址进行的，因此，必须把逻辑地址转换成绝对地址才能得到信息的真实存放处。把程序中的逻辑地址转换成绝对地址的工作称为重定位或地址转换。

（3）主存储器空间的共享和保护

主存储器空间的共享是为了提高主存空间的利用率，共享有以下两个含义。

①共享主存储器资源：多道程序设计技术允许多道程序同时进入主存，并各自占用一定的存储空间，共同使用同一个主存储器。

②共享主存储器的某些区域：若干个作业可能有共同的程序段（如都要调用编译程序进行编译）或数据时，可将这些共同的程序和数据存放在某个区域内，各作业执行时都可访问。

为了防止各存储区域中的程序相互干扰，必须对它们采取保护措施，也称为存储保护。存储保护的工作由硬件和软件配合实现，操作系统把程序可访问的区域通知硬件，程序执行时由硬件检查是否在允许访问的区域中执行。若允许则可执行，否则产生“地址越界”中断，暂停程序执行。一般对主存空间的保护措施如下。

①程序执行时访问属于自己的主存区域中的信息既可读又可写。

②对共享区域中的信息只可读不可写。

③对非共享区域中的信息既不可读也不可写。

（4）虚拟存储器

在存储管理中，必须为作业准备足够的内存空间，以便将整个作业装入内存，否则作业无法运行。内存资源是有限的，能少用尽量少用，以备它用，因此，必须有效提高运行效率。于是提出一个问题：能否只把作业中的一部分信息先装入内存运行，其余部分暂存于辅助存储器中，如硬盘。当作业执行到要用到那些不在内存中的信息时，再从辅助存储器中将它们调入内存。如果能解决这个问题，则不仅可以提高内存利用率，而且大于内存空间的大作业也能运行，即允许用户作业的逻辑地址空间大于实际内存的绝对地址空间；对于用户来说，好像计算机系统具有一个容量很大的内存储器，称为“虚拟存储”或“虚拟内存”。因此，虚拟存储器包括了实际内存和辅助存储器，程序运行是在这个虚拟存储间中进行的。它的容量由计算机的地址结构和辅助存储器容量决定，而与实际内存容量无关。

3. 存储管理方式

存储管理的方式有单用户方式、分区、页式、段式和段页式等。不同的管理方式适应不同的计算机系统，如果要了解更多存储管理的方式，请参考计算机操作系统等专业书籍。现对虚拟存储管理和缓冲区管理进行如下介绍。

（1）虚拟存储管理

虚拟存储管理是把一个作业程序所需要的存储空间分成若干部分，称为页或段。程序运行用到的页或段就放在内存里，暂时不用的页或段就放在外存中，当系统需要用到外存中的段或页时，再把它们调入内存，装入内存中的段或页可以分散存放。只要存放得当，内存利用效率就可以有效地提高。

（2）缓冲区管理

在现代操作系统中，几乎所有的设备在涉及数据交换的地方都设置了缓冲区。缓冲区由专门的寄存器组成，但由于硬件成本较高，容量相应也比较小，一般用于速度要求非常高的地方。而对于低速的 I/O 设备，内存就可以作为缓冲区。缓冲区是为了协调处理器的高速度和外部设备的低速度之间的巨大速度差而在内存中开辟的一个区域。它可解决 CPU 与 I/O 设备间速度不匹配的矛盾，提高了 CPU 与 I/O 设备的并行性。

3.2.4 文件管理

存储和管理信息的机构称为文件系统，它利用大容量的辅助存储器作为存放文件的存储器。文件系统为用户提供一种简单的、统一的存取和管理信息的方法。用户可以通过文件名字，使用直观的文件操作命令，按照信息的逻辑关系去存取它们，用户不需要了解存储介质的特性和 I/O 指令的细节。从这个意义上讲，文件系统提供了用户和外存的接口，它方便了用户，提高了资源利用率，同时也使系统更加安全可靠。

1. 文件的基本概念

（1）文件和文件命名

文件管理系统通过把它所管理的信息（程序和数据）组织成一个个文件的形式来实现其管理。文件是在逻辑上具有完整意义的信息集合，它用一个名字来标识。文件名一般是以字母开头，后跟字母数字串。文件名的格式和长度因系统而异，但大多采用文件名和扩展名组成；前者用于标识文件，后者用于标识文件类型，通常可以有 1~3 个字符，两者之间用圆点分隔。文件名和扩展名可用的字符包括字母、数字及一些特殊符号。文件名是在文件建立时，由用户按规定自行定义的，但为了便于系统管理，每个操作系统都有一些约定的扩展名。例如，“.exe”表示可执行的目标文件，“.com”表示可执行的二进制代码文件，“.lib”表示库程序文件，“.bat”表示批命令文件，“.obj”表示浮动目标文件，“. c”表示 C 语言源程序文件等。

(2) 文件类型

在文件系统中，为了有效、方便地管理文件，常常把文件按其性质和用途等进行分类。

①系统文件。

系统文件指的是存放操作系统主要文件的文件夹，一般在安装操作系统过程中自动创建，并将相关文件放在对应的文件夹中，这里面的文件直接影响系统的正常运行，多数都不允许随意改变，它的存在对维护计算机系统的稳定具有重要作用。例如，Windows 操作系统中有以“. sys”和“. ini”为扩展名的文件。

②库文件。

该类文件允许用户对其进行读取、执行，但不允许对其进行修改。库文件主要由各种标准子程序库组成。例如，扩展名为 . dll 的文件为动态链接库文件。

③用户文件。

这类文件只能由文件夹的所有者或所有者授权的用户才能使用。主要由源程序、目标程序、用户数据库等组成，文件名由用户命名。

(3) 文件属性

文件包括两部分内容，一是文件所包含的数据，称为文件数据；二是关于文件本身的说明信息或属性信息，称为文件属性。文件的属性主要包含文件名、文件类型、文件拥有者、文件权限、文件长度、文件时间和文件物理位置等，Windows 操作系统下的文件属性如图 3-8 所示。

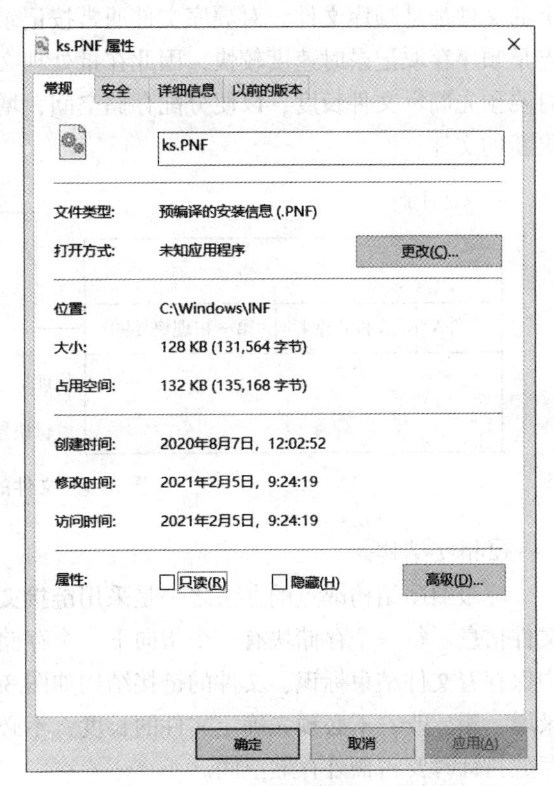

图 3-8 Windows 操作系统下的文件属性

(4) 文件操作

文件系统提供的文件操作主要有建立、撤销、打开、关闭、对文件的读、写、修改、复制、转储、重命名等操作。一般通过右击打开相应操作的快捷菜单，并可以进行操作。

2. 文件的结构和存储

文件的结构是指文件的构造方式，实际上用户和设计人员往往从不同的角度来看待同一个文件。文件的逻辑结构是按照文件内容的逻辑关系而组织的文件结构，从用户使用的角度来看，与存储设备无关。文件的物理结构是指文件在存储设备上的存放方法，它是设计人员从文件的存储和检索的角度来组织文件的，文件信息的逻辑地址到物理地址的变换也由文件的物理结构决定。

(1) 文件的逻辑结构

文件的逻辑结构可以分为流式的无结构文件和记录式的有结构文件。

流式文件是指对文件内的信息不再划分单位，依次由一串信息组成，字符数就是文件的长度。也可以认为没有结构，如源程序、库函数等。这种文件通常按字符数或特殊字符来读取所需信息。

记录式文件由若干逻辑记录组成，每条记录又由相同的数据项组成，数据项的长度可以是确定的，也可以是不确定的。记录是描述一个实体的属性集，是具有特定意义的信息单位。

(2) 文件的物理结构

文件系统往往根据存储设备类型、存取要求、使用频度和存储空间容量等因素提供若干种文件存储结构。它涉及块的划分，记录的排列、索引的组织、信息的检索等许多问题，因而，其优劣直接影响文件系统的性能。文件的物理结构分为3种结构，即顺序结构、链接结构和索引结构。

①顺序结构。

将一个文件中逻辑上连续的信息存放到存储介质的依次相邻的块上，便形成顺序结构。这类文件称为顺序文件，又称连续文件，文件的顺序结构如图3-9所示。显然，这是一种逻辑记录顺序和物理记录顺序完全一致的文件。磁带机文件、卡片机、打印机、纸带机介质上的文件都是顺序文件。对顺序文件通常按记录出现的顺序进行访问和更新。这种结构的优点是顺序存取记录时速度较快，因此在批处理文件、系统文件中用得最多。缺点是建立文件时要预先确定文件长度，以便分配存储空间；增、删、改文件记录困难，因此，适用于很少更新的文件。

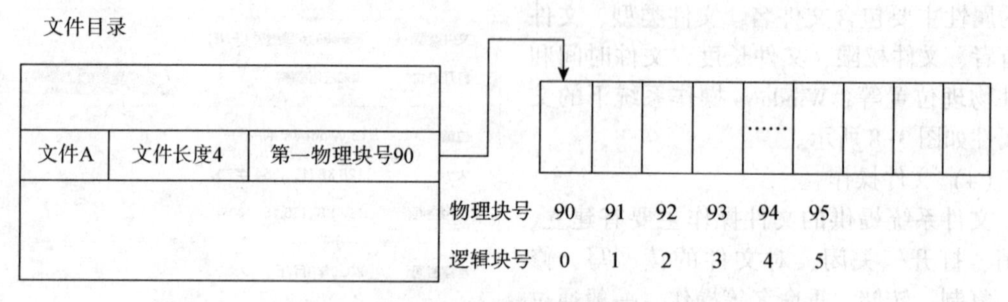

图3-9　文件的顺序结构

②链接结构。

克服顺序结构缺点的办法之一是采用链接文件结构。链接结构用非连续的物理块来存放文件信息。每一个存储块有一个指向下一个存储块首地址的指针，在最后一个存储块的指针中保存着文件结束标识，文件的链接结构如图3-10所示。这种结构的优点是易于对文件记录增、删、改；不必预先确定文件的长度；不必连续分配，从而存储空间利用率高。缺点是存放指针时要占额外存储空间。

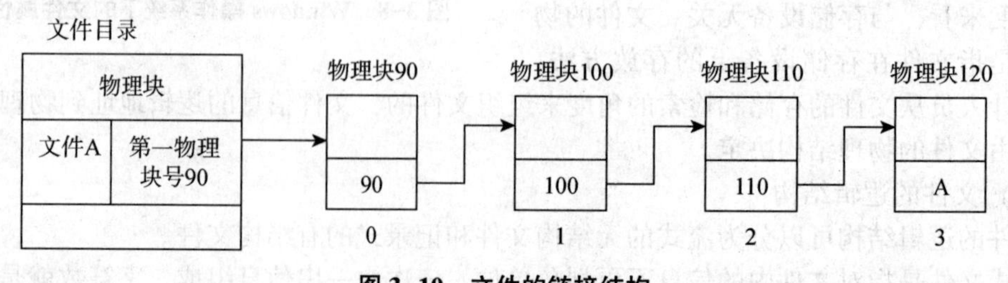

图3-10　文件的链接结构

③索引结构。

索引结构是实现非连续存取的另一种方法，适用于数据记录存放在随机存取存储设备上的文件。它使用一张索引表，其中一个表目包含一个记录键及其记录的存储地址，存储地址可以是记录的物理地址，也可以是符号地址，这类文件称为索引文件。通常，索引表地址可由文件目录给出，查找索引表先找到相应记录键，然后获得数据存储地址，文件的索引结构如图 3-11 所示。

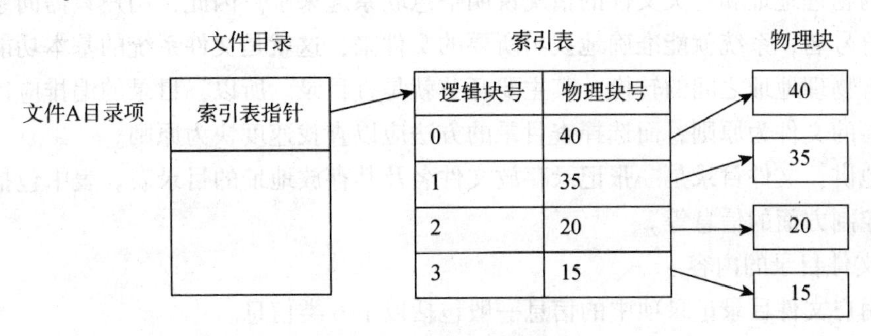

图 3-11　文件的索引结构

（3）存取方法

从用户使用的观点来看，数据的逻辑结构仅涉及记录及其逻辑关系，数据独立于物理环境；从系统实现的观点来看，数据则被排列和存放在物理存储介质上。那么，输入的数据如何存储？处理的数据如何检索？数据的逻辑结构和数据的物理结构之间需要有怎样的接口？这些都是存取方法的任务。存取方法是操作系统为用户程序提供的使用文件的技术和手段。

文件类型和存取方法之间存在密切关系，因为设备的物理特性和文件类型决定了数据的组织，从而在很大程度上决定了能够施加于文件的存取方法。文件的存取方法不仅与文件的性质有关，还与用户如何使用文件有关，文件的存取方法有以下 3 种。

①顺序存取。

按记录顺序进行读/写的存取方法称顺序存取。顺序存取主要适用于磁带文件，也适用于磁盘上的顺序文件。对顺序存取，可以组织成顺序文件或链接文件。

②直接存取。

直接存取是指不一定要按文件中记录的顺序，而是要按任意的次序随机地读/写文件中的记录，也称为随机存取，通常用于磁盘文件。

为了实现直接存取，一个文件可以看作由顺序编号的物理块组成，这些块常常划分成等长，作为定位和存取的一个最小单位，如一块为 1 KB～32 KB。用户读写用逻辑块号，由系统换算为物理块号。

③索引存取。

这是基于索引文件的索引存取方法。由于文件中的记录不按它在文件中的位置，而按它的记录键来编址，因此用户提供给操作系统记录键后就可找到所需记录。

通常记录按记录键的某种顺序存放，如按键的字母先后次序来排列。这种文件称为索引顺序文件，既可按键存取，又可顺序存取或直接存取。在实际的系统中，大都采用多级索引，以加快查找速度。

3. 文件目录

(1) 文件目录概述

文件系统是用户和外围设备之间的接口和界面。用户可通过文件系统去管理和使用各种设备介质上的信息。文件系统的大部分工作是为了解决“用户所需的信息结构及操作”与“设备介质的实际结构和 I/O 指令”之间的差异。文件目录就将每个文件的符号名和它们在辅存空间的物理地址和有关文件的情况说明信息联系起来了。因此，用户只需向系统提供一个文件的符号名，系统就能准确地找出所要的文件来，这就是文件系统的基本功能。实现符号名和具有物理地址之间的转换，其主要环节就是查目录。所以，目录的编排应以如何准确地找出所要的文件为原则，而选择查目录的方法应以查找速度快为原则。

通俗地讲，文件目录是一张记录存放文件名及其存放地址的目录表。表中包括关于文件的说明和控制方面的信息等。

(2) 文件目录的内容

每个用户文件目录记录项中的信息一般包括以下 6 类信息。

①文件名。

②文件逻辑结构：说明该文件的记录是否定长、记录长度及记录个数等。

③文件在辅助存储器中的物理位置：记录文件物理位置的形式主要取决于存储文件的方式。文件的物理结构可能是连续文件、链接文件或随机文件等结构形式。例如，若为连续文件，则此项即指出文件的第一块的物理地址，以及文件所占块数；若为链接文件，则此项即指出该文件的第一块的物理地址，但以后各块则由块中链接指针指示；若为索引文件，则此项将指出索引表地址。

④存取控制信息：登记文件主人具有的存取权限、核准的其他用户及其存取权限。

⑤管理信息：如文件建立日期、时间，上次存取时间，要求的文件保留时间。

⑥文件类型：指明文件的类型，如可分为数据文件、目录文件、块存储设备文件、字符设备文件等。

3.2.5 设备管理

文件系统为用户提供了“按名存取”的功能，用户只要把信息组织成逻辑文件，提出存取要求后，文件系统就能够按用户要求和外围设备特性实现逻辑文件与物理文件之间的映射。但在实现这种映射时，必须要有对外围设备进行启动和控制的功能，这一功能是由操作系统中的设备管理来完成的。所以，设备管理和文件系统是密切相关的，它们共同为用户使用文件提供方便；设备管理是负责数据传输控制和对计算机系统中除中央处理器、内存储器之外的所有其他设备的管理。

1. 外围设备

外围设备一般分为两类：一类是存储设备（也称为块设备、文件设备），另一类是输入/输出设备（也称为字符设备）。存储设备是计算机用来存储信息的设备（如 U 盘、硬盘、光盘等），它和内存按物理块为单位交换信息，所以又称为块设备。输入/输出设备包括输入设备和输出设备两大类。输入设备是计算机用来“感受”或“接触”外部的设备，它将从外部来的信息输入给计算机。例如，键盘、鼠标、摄像头、扫描仪、光笔、手写输入板、游戏杆和扫描仪等。输出设备是计算机用来“影响”或“控制”外部的设备。它将计算机加工好的信息输出给外部。例如，显示器、打印机、绘图仪、影像输出系统、语音输出系统和绘图仪等。有的设备既可作输入设备又可作输出设备，如磁盘驱动器。

2. 设备管理的任务和基本功能

设备管理要达到的主要目标是提供统一界面、方便用户使用、发挥系统的并行性、提高外围设备的利用率。设备管理还需处理外围设备的一些故障，防止用户错误地使用外围设备，从而提高外围设备和系统的可靠性和安全性。

设备管理的主要功能如下。

（1）实现对外围设备的分配和回收

现代计算机系统拥有种类繁多的外围设备，价格较贵，因此必须有效地管理这些设备，提高其使用效率。根据设备的特性，有些设备是不能为若干个用户同时共享的。当有多个用户都提出要使用某台设备时怎么办？设备管理必须考虑如何将设备合理分配，既能满足用户要求又能提高系统效率。当用户不再使用这些设备时应及时收回。

（2）实现外围设备的启动

现代计算机系统不允许用户直接启动外围设备，一方面是为了减轻用户负担，另一方面是防止用户错误使用而影响系统的可靠性。所以，外围设备的启动工作都由系统统一来做。

（3）实现对磁盘的驱动调度

对磁盘来说，若干个用户可以同时把信息存放在磁盘上，但每一时刻只能为一个用户服务，这就必须考虑先为谁服务的问题。这好比只有一个管理员的图书馆，图书馆中的书是供大家借阅的，但每一时刻管理员只能为一个读者办理借书或还书的工作。所以，当有若干用户都要求读写磁盘上的信息时，必须按一定的策略决定先为谁服务，这项工作称为驱动调度。

（4）处理外围设备的中断事件

现代计算机系统都有自成独立系统的通道结构，它能完成内存和外围设备之间的信息传送。有了通道后，只要 CPU 发出启动通道工作的命令，通道接受后就自行控制外围设备与内存之间的信息传送，CPU 继续执行程序，直到通道发出信息传送结束或传送中出现某些事件的信号，才会中断程序的执行，请求 CPU 的帮助。设备管理程序负责处理来自通道的 I/O 中断事件。

（5）实现虚拟设备

为了提高只能独占使用的设备利用率，用快速的可共享型设备来模拟较慢速的独占型设备，于是，独占使用的设备就可成为共享设备。模拟的独占型设备称为虚拟设备，它的存取速度比相应的物理设备的存取速度高得多，有利于提高作业的执行速度。

3. 数据传输（输入/输出）控制方式

（1）查询方式

在查询方式下，输入/输出指令或查询指令会循环测试一台设备的忙闲标志位（I/O 部件状态寄存器中的某一位），以决定内存和外围设备之间是否需要交换一个字节或一个字（16 bit、32 bit或 64 bit），这种控制方式又称为程序直接控制方式。早期计算机系统和单用户微机系统往往采用这种方式，中央处理器的大量时间都用在等待输入/输出的循环检测上。

主机和外围设备无法并行工作，主机不能充分发挥效率，外围设备也不能得到合理使用，整个系统的效率很低。

（2）中断方式

程序直接控制 I/O 方式的问题在于，CPU 必须花费大量时间等待 I/O 部件去准备接收或发送数据。解决办法是 CPU 向 I/O 部件发出命令后继续去做其他工作，当 I/O 部件准备好与 CPU 交换数据时，I/O 部件即中断 CPU，要求服务。CPU 被中断后，执行与 I/O 部件之间的数据传输，然后恢复被中断的工作。

中断机构引入后，外围设备有了反映其状态的能力，仅当操作正常或异常结束时才中断 CPU。实现了主机和外围设备一定程度的并行操作，这称为程序中断方式。由于输入/输出操作直接由 CPU 控制，每传送一个字节或一个字，都要发生一次中断，因此仍然消耗大量的 CPU 时间。例如，输入机每秒传送 1 000 个字符，若每次中断处理平均花 100 μs，为了传输 1 000 个字符就要发生 1 000 次中断，所以每秒内的中断处理就要花去 0.1 s。

（3）直接存储访问方式

在直接存储访问（Direct Memory Access，DMA）方式中，I/O 控制器有更强的功能。它除了具有上述的中断功能外，还有一个 DMA 控制机构。在 DMA 控制器的控制下，它采用“偷窃”总线控制权的方法，让设备和内存之间可成批地进行数据交换，而不用 CPU 干预。这样既大大减轻了 CPU 的负担，也使 I/O 的数据传送速度大大提高。

在 DMA 方式下，允许 DMA 控制器“接管”总线的控制权，直接控制 DMA 控制器与内存的数据交换。目前，在小型、微型机中的快速设备均采用这种方式，DMA 的操作全部由硬件实现，不影响 CPU 寄存器的状态。

（4）通道方式

在中、大型计算机系统中，一般采用 I/O 通道方式控制外围设备的操作。I/O 通道是一种用来控制外围设备和内存之间进行成批数据传输的部件，与 CPU 并行地执行操作。每个 I/O 通道可以连接多台外围设备，并控制它们的 I/O 操作。通道有着自己一套简单的指令系统和执行通道程序，通道既接收 CPU 的委托，而又独立于 CPU 工作。因此，可以把通道看作是一台小型的输入/输出处理器，或称 I/O 处理器。

通道有 3 种不同的类型：字节多路通道、选择通道、数组多路通道。

①字节多路通道：以字节为单位传输信息，它可以分时地执行多个通道程序。当一个通道程序控制某台设备传送一个字节后，通道硬件就将控制转去执行另一个通道程序，控制另一台设备的数据传送。字节多路通道主要用来连接大量低速设备，如终端、串行打印机等。

②选择通道：一次从头到尾执行一个通道程序，只有执行完一个通道程序之后才能再执行另一个通道程序，所以它一次只能控制一台设备进行 I/O 操作。由于选择通道能控制外围设备高速连续地传送一批数据，因此常用它来连接高速外围设备，如磁盘机等。

③数组多路通道：以分时的方式执行几个通道程序，它每执行一个通道程序的一条通道指令之后就转向另一通道程序。因为每条通道指令可以控制传送一组数据，所以数组多路通道既具有选择通道传输速率高的优点，又具有字节多路通道分时操作，并且同时管理多台设备 I/O 操作的优点。数组多路通道一般用于连接中速设备，如磁带机等。

典型的操作系统简介

小　结

计算机系统由计算机硬件系统和软件系统组成。计算机软件分为系统软件和应用软件。系统软件包括操作系统、语言处理程序和编译程序等。

操作系统是为了填补人与机器之间的鸿沟，而为裸机配置的一种系统软件，为用户建立了一个最基本的工作环境，所有其他软件都是建立在操作系统基础之上的。操作系统具有并发、共享、虚拟和异步性 4 个特征。其主要功能有处理器管理、存储管理、文件管理、设备管理和作业管理等。

最常用的操作系统是 Windows、UNIX 和 Linux。UNIX 具有简洁、易于移植等特点，很快就能得到发展和应用。Linux 是一个自由软件，具有免费、源代码开放、高稳定性和高速度等优点。

习　题

一、选择题

1. 计算机的软件系统一般分为（　　）两大部分。

A. 系统软件和应用软件　　B. 操作系统和计算机语言

C. 程序和数据　　D. DOS 和 Windows

2. 计算机操作系统的功能有作业管理、文件管理、设备管理、进程管理和（　　）。

A. 打印管理　　B. 磁盘管理　　C. 存储管理　　D. A 和 B

3. 系统软件包括（　　）。

A. 文件系统、WPS、DOS

B. 操作系统、语言处理系统、数据库管理系统

C. WPS、UNIX、DOS

D. 操作系统、数据库文件、文件系统

4. 系统软件中最重要的是（　　）。

A. 操作系统　　B. 语言处理程序　　C. 工具软件　　D. 数据库管理系统

5. 把逻辑地址转变为内存的物理地址的过程称作（　　）。

A. 编译　　B. 连接　　C. 运行　　D. 重定位

6. CPU 输出数据的速度远远高于打印机的打印速度，为解决这一矛盾，可采用（　　）。

A. 并行技术　　B. 缓冲技术　　C. 虚拟存储器技术　D. 覆盖技术

7. 应用软件是指（　　）。

A. 所有能够使用的软件　　B. 能被各应用单位同时使用的软件

C. 所有微机上都应使用的基本软件　　D. 专门为某一应用目的而编写的软件

8. 某公司的工资管理程序属于（　　）。

A. 系统程序　　B. 应用程序　　C. 工具软件　　D. 文字处理软件

9. 计算机能直接执行的程序是（　　）。

A. 命令文件　　B. 汇编语言程序　　C. 机器语言程序　　D. 源程序

10. 现代操作系统中引入了（　　），从而使并发和共享成为可能。

A. 单道程序　　B. 磁盘　　C. 对象　　D. 多道程序

11. 能够把用高级程序设计语言编写的源程序翻译为目标程序的系统软件称为（　　）。

A. 解释程序　　B. 编译程序　　C. 汇编程序　　D. 操作系统

12. 以下著名的操作系统中，属于多用户、分时系统的是（　　）。

A. DOS　　B. UNIX　　C. Windows NT　　D. OS/2

13. 批处理系统的主要缺点是（　　）。

A. 系统吞吐量小　　B. CPU 利用率不高　　C. 资源利用率低　　D. 无交互能力

14.（　　）是指将一个以上的作业放入内存储器，并且同时处于运行状态，这些作业共享处理机的时间和外围设备等资源。

A. 多重处理　　B. 多道程序设计

C. 实时处理　　D. 并行执行

15. 作业进入内存后，则所属该作业的进程初始时处于（　　）态。

A. 运行　　B. 等待　　C. 就绪　　D. 收容

16. 实时操作系统追求的目标是（　　）。

A、高吞吐率　　B. 充分利用内存　　C. 快速响应　　D. 减少系统开销

17. 虚拟内存的容量只受（　　）的限制。

A. 物理内存的大小　　B. 磁盘空间的大小

C. 数据存放的实际地址　　D. 计算机地址位数

18. 一个文件被多个用户或程序使用，称为（　　）。

A. 文件共享　　B. 文件链接　　C. 文件建立　　D. 文件删除

19. 处理器执行的指令被分成两类，其中有一类称为特权指令，它只允许（　　）使用。

A. 操作员　　B. 联机用户　　C. 操作系统　　D. 目标程序

20. 进程所请求的一次打印输出结束后，将使进程状态从（　　）。

A. 运行态变为就绪态　　B. 运行态变为等待态

C. 就绪态变为运行态　　D. 等待态变为就绪态

二、判断题

1. 操作系统的所有程序都必须常驻内存。（　　）

2. 通过任何手段都无法实现计算机系统资源之间的互换。（　　）

3. 用户程序有时也可以在核心态下运行。（　　）

4. 在虚存系统中，只要磁盘空间无限大，作业就能拥有任意大的编址空间。 (   )
5. 文件目录必须常驻内存。 (   )
6. 磁盘上物理结构为链接结构的文件只能顺序存取。 (   )
7. 进程状态的转换是由操作系统完成的，对用户是透明的。 (   )
8. 文件目录一般存放在外存。 (   )
9. 系统启动后，最先运行的是引导程序。 (   )
10. 文件系统是指管理文件的软件及数据结构的总体。 (   )

三、填空题

1. 主存储器与外围设备之间的数据传送控制方式有程序直接控制、__________、__________和__________。

2. 文件的物理结构分为__________、__________和__________。

3. 按照操作系统所提供的功能进行分类，可以分为__________、__________、实时操作系统、__________、__________和嵌入式操作系统。

4. 在存储管理中常用方式来__________摆脱主存容量的限制。

5. 地址变换机构的基本任务是将虚地址空间中的________变换为内存中的物理地址。

6. I/O 控制的方式有__________、__________、__________和通道方式

7. 操作系统的五大功能是________、存储管理、________、文件管理和________。

8. 一个作业从进入系统到运行结束，一般要经历________、________和________。

9. 操作系统的4个特征是并发性、__________、__________和不确定性。

10. 在操作系统中常常把作业的生命周期划分成若干个不同的阶段，每个阶段对应着一种状态，一般分为进入、__________、__________、__________状态。

四、写出下面英文专业术语的中文解释

1. OS__________　　2. GUI__________

3. MMU__________　　4. DMA__________

五、简答题

1. 请简述操作系统的概念。从资源管理的角度看，操作系统应具有哪些功能。
2. 请简述操作系统的基本类型，以及它们各自的特点。
3. 请简述多道程序设计技术，以及多道程序设计技术的特点。
4. 请简述目前主流的操作系统，以及它们的特点。

第4章

办公软件介绍及应用

学习目标 

➤ 了解办公自动化的应用。
➤ 掌握 Word 2016 排版的各种技术，并能对具有较复杂结构的文档进行排版。
➤ 能够熟练运用 Excel 2016 进行较复杂的数据分析处理。
➤ 能够熟练运用 PowerPoint 2016 制作艺术性较高的演示文稿。

办公软件是指可以进行文字处理、表格制作、幻灯片制作、图形图像处理、简单数据库处理等方面工作的软件。办公软件的应用范围很广，大到社会统计，小到会议记录，数字化的办公都离不开办公软件的鼎力协助。本章主要介绍 Microsoft Office 2016 中的文档编辑软件 Word、表格处理软件 Excel 和演示文稿制作软件 PowerPoint 三部分的内容，使读者能胜任办公自动化在生活和工作中的应用。

4.1 文档编辑软件 Word 2016

Word 2016 是 Microsoft Office 2016 系列办公软件的重要组件之一，它的功能十分强大，可以用于日常办公文档处理、文字排版、数据处理、表格管理、办公软件开发等。Word 2016 可以编辑文字图形、图像、声音、动画，还可以插入其他软件制作的信息，也可以用 Word 软件提供的绘图工具进行图形制作，编辑艺术字，编辑数学公式，是能够满足用户的各种文档处理要求的软件。

4.1.1 Word 2016 简介

1. Word 2016 的启动和退出

单击"开始"→"所有程序"→"Microsoft Office"→"Microsoft Word 2016"，即可启动 Word 2016。启动 Word 2016 后，打开操作界面，扩展名为".docx"表示系统已进入

Word 工作环境，如图 4-1 所示。当文件编辑完毕后，单击应用程序标题栏的最右侧的“关闭”按钮，即可关闭 Word 2016 应用程序。

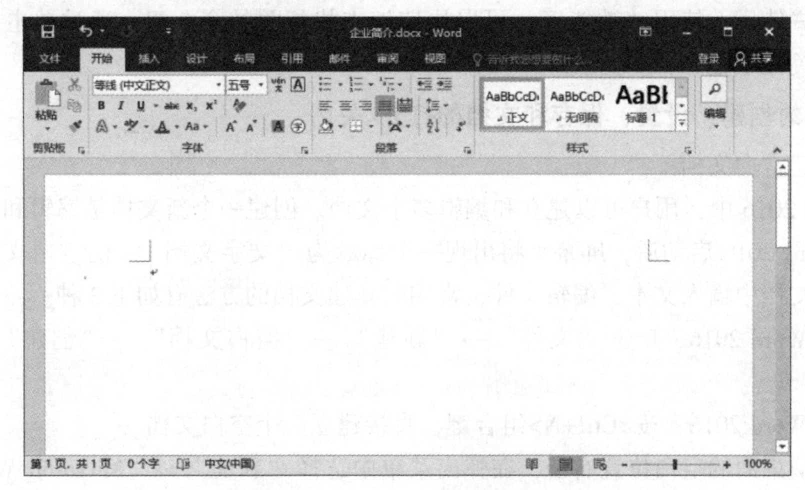

图 4-1　Word 2016 操作界面

如果文档在此之前做了修改而未存盘，则系统会出现保存文件对话框，如图 4-2 所示，提示用户是否对所修改的文档进行存盘。根据需要选择“保存”或“不保存”，“取消”表示不退出 Word 2016。

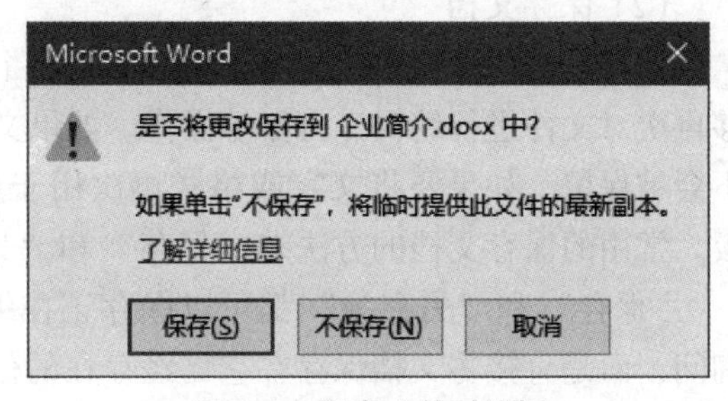

图 4-2　保存文件对话框

2. Word 2016 的工作界面

Word 2016 的工作界面由多种元素组成，这些元素定义了用户与产品的交互方式，不仅能帮助用户方便地使用 Word 2016，还有助于快速查找到所需的命令。Word 2016 启动成功后的工作界面如图 4-3 所示。

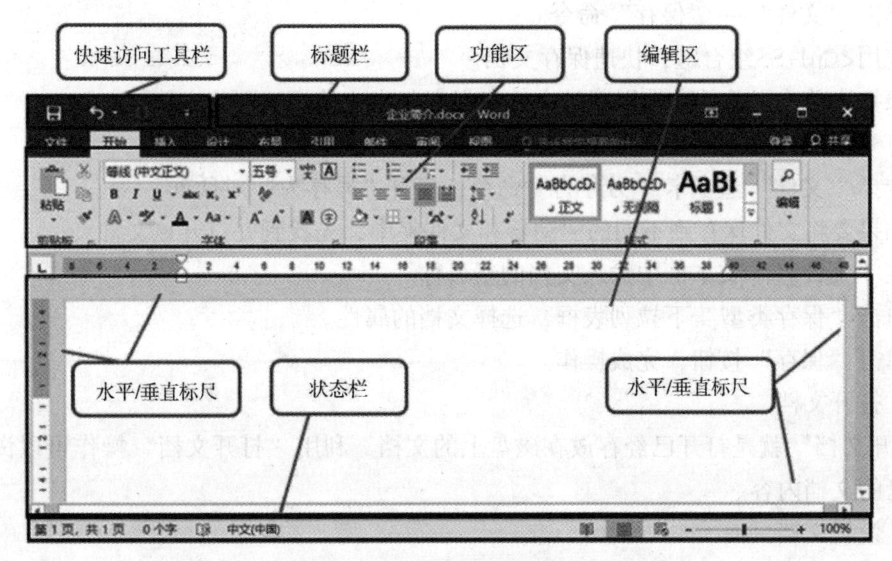

图 4-3　Word 2016 启动成功后的工作界面

Word 2016 操作窗口由上至下主要由标题栏、功能区、编辑区和状态栏 4 部分组成，“功能区”以选项卡的形式将各相关的命令分组显示在一起，使各种功能按钮直观地显示出来，方便用户使用。使用“功能区”可以快速地查找相关的命令组。通过单击选项卡来切换显示的相关命令集。

3. 文档的创建、设置、保存和文档的打开/关闭

(1) 新建空白文档

在 Word 2016 中，用户可以建立和编辑多个文档。创建一个新文档是编辑和处理文档的第一步。Word 2016 启动后，屏幕上将出现一个标题为“文字文档 1”的空白文档，用户可以立即在此文档中输入文本，编辑文件，常用的新建文档的方法有如下 3 种。

①启动 Word 2016，单击“文件”→“新建”→“空白文档”→“创建”，建立空白文档。

②启动 Word 2016，按<Ctrl+N>组合键，直接建立一个空白文档。

③在电脑桌面的空白位置右击，在弹出菜单中选择“新建”→“Microsoft Word 文档”，在当前位置建立一个空白 Word 文档。

(2) 保存文档

保存文档的作用是将用 Word 编辑的文档以磁盘文件的形式存放到磁盘上，以便将来能够再次对文件进行编辑、打印等操作。如果文档不存盘，则本次对文档所进行的各种操作将不会被保留。如果要将文字或格式再次用于创建的其他文档，则可将文档保存为 Word 模板。常用的保存文档的方法有“保存”和“另存为”两种。

“保存”和“另存为”都可以保存正在编辑的文档或者模板。区别是“保存”不进行询问，而是直接将文档保存在它已经存在的位置；“另存为”则须永远提问要把文档保存在何处。如果新建的文档还没有保存过，那么单击“保存”命令也会显示“另存为”对话框。

在 Word 2016 中，对于新建的或修改的文档应使用的保存方法有如下几种。

①单击“快速访问工具栏”上面的“保存”按钮。

②单击“文件”→“保存”命令。

③使用<Ctrl+S>组合键，快速保存文档。

如果把当前或以前的文档以新的文件名保存起来应使用如下的方法。

①打开要另行保存的文档。

②选择“文件”选项卡“另存为”命令，打开“另存为”对话框。

③如果要将文件保存到不同的驱动器和文件夹中，先找到并打开该文件夹。

④在“文件名”文本框中输入文档的新名称。

⑤单击“保存类型”下拉列表框，选择文档的属性。

⑥单击“保存”按钮，完成操作。

(3) 打开文档

“打开文档”就是打开已经存放在磁盘上的文档。利用“打开文档”操作可以浏览与编辑已存盘的文档内容。

(4) 设置文档页面

在默认情况下，Word 文档使用的是 A4 纸张，纸张方向为“纵向”，可根据需要改变纸张的大小、方向和页边距等。

(5) 关闭文档

关闭文档的常用方法有以下几种。

①选择“文件”→“关闭”命令。

②单击窗口左上角 Word 图标，在下拉菜单中单击“关闭”命令。

③单击窗口右上角的“关闭”按钮。

④双击窗口左上角 Word 图标。

4.1.2 制作企业招聘方案

招聘启事是用人单位面向社会公开招聘有关人员使用的一种应用文书，招聘启事会直接影响招聘效果和招聘单位的形象。一般招聘文案包含招聘启事和个人简历表格两个部分。

1. 案例效果

制作好的企业招聘方案和个人简历表格如图 4-4 所示。

新创科技有限责任公司招聘

新创科技有限责任公司是以数字业务为龙头，集电子商务、系统集成、自主研发为一体的高科技公司。公司集中了大批高素质的、专业性强的人才，立足于数字信息产业，提供专业的信息系统集成服务。在当今数字信息化高速发展的时机下，公司正虚席以待，诚聘天下英才。

招聘岗位：

销售总监　1人

招聘部门：销售部

要求学历：本科以上

薪酬待遇：面议

工作地点：上海

岗位职责：

1. 负责营销团队的建设、管理、培训及考核；
2. 负责部门日常工作的计划、布置、检查、监督；
3. 负责客户的中层关系拓展和维护，监督销售报价，标书制作及合同签订工作；
4. 制定市场开发及推广实施计划，制定并实施公司市场及销售策略及预算；
5. 完成公司季度和年度销售指标。

职位要求：

1. 计算机或营销相关专业本科以上学历；
2. 四年以上国内 IT、市场综合营销管理经验；
3. 熟悉电子商务，具有良好的行业资源背景；
4. 具有大中型项目开发、策划、推进、销售的完整运作管理经验；
5. 具有敏感的市场意识和商业素质；
6. 极强的市场开拓能力、沟通和协调能力，敬业，有良好的职业操守。

有意者请将自荐信、简历等以正文形式发送至 xinchuang88@126.com。联系人：王女士，联系电话：021-5378×××，截止时间 2021 年 1 月 31 日。

(a)

个人简历表格

<table>
<tr><td rowspan="7">基本信息</td><td>姓名</td><td>xx</td><td>性别</td><td>女</td><td rowspan="4"></td></tr>
<tr><td>出生日期</td><td>1996-03-21</td><td>民族</td><td>汉</td></tr>
<tr><td>身高</td><td>161cm</td><td>政治面貌</td><td>团员</td></tr>
<tr><td>户口所在</td><td>河南省郑州市</td><td>毕业院校</td><td>xx 大学</td></tr>
<tr><td>目前所在</td><td colspan="2">河南省郑州市</td><td>最高学历</td><td>本科学士</td></tr>
<tr><td>所修专业</td><td colspan="2">计算机科学与技术专业</td><td>人才类型</td><td>应届毕业生</td></tr>
<tr><td>联系电话</td><td colspan="2">1551882××××</td><td>电子邮件地址</td><td>××email@163.com</td></tr>
<tr><td>求职意向</td><td colspan="5">求职类型：全职
应聘职位：销售总监
希望地点：上海
希望工资：面议</td></tr>
<tr><td>教育培训经历</td><td colspan="5">2018 年 9 月～2021 年 6 月 ××大学 计算机科学与技术专业 本科</td></tr>
<tr><td>参加社会实践经历</td><td colspan="5">2020 年 10 月～12 月，实习于××科技公司；
2019 年 7 月，实习于××有限公司；</td></tr>
<tr><td>所获奖励</td><td colspan="5">1. 在 2019 年 10 月获得系级“优秀实习生”称号
2. 在 2017 年 5 月获得“党校学习积极分子”的称号。</td></tr>
<tr><td>语言水平</td><td colspan="5">1. 英语 熟悉 级别:四级
2. 普通话 精通</td></tr>
<tr><td>计算机能力</td><td colspan="5">国家计算机等级二级；Word、Excel 等能熟练运用
会使用 Photoshop，Flash 等软件</td></tr>
<tr><td>自我评价</td><td colspan="5">1. 具有良好的团队合作能力，拥有责任心并具有敬业精神；
2. 能够承受工作压力，敢于接受挑战。
3. 业务能力较强，能认真完成上司交给的任务，做好本职工作。</td></tr>
</table>

(b)

图 4-4 制作好的企业招聘方案和个人简历表格

(a) 企业招聘方案；(b) 个人简历表格

2. 制作招聘方案

建立一个新的空白文档，在文档中输入“招聘”的内容，并把文件保存到 E 盘招聘文件夹中，文件名为“招聘方案”。

①在开始菜单的所有程序中选择 Word 2016，新建一个名称为“文档 1”的文件，光标将定位在首行第一个字符处。

②选择熟悉的汉字输入法，在文档中按照要求输入招聘的内容。

③单击快速访问工具栏上的“保存”按钮，打开“另存为”对话框。

④在“保存位置”下拉列表框中，选择磁盘驱动器 E。

⑤单击保存位置右边的“新建文件夹”按钮，在 E 盘根目录下新建“招聘方案”文件夹。

⑥在“文件名”文本框中输入文档的名称“招聘方案”。

⑦在“保存类型”下拉列表框中选择 Word 文档（＊.docx）的类型。

⑧单击“保存”按钮，完成操作。

3. 对“招聘方案”原文进行编排

①选择要设置的标题文本，在“开始”选项卡“字体”组的“字体”下拉列表框中选择字体为“黑体”，字号为“三号”，单击“加粗”按钮，将文本设置为加粗效果。

②选择正文文本，单击“开始”选项卡上“字体”组右下角的对话框启动器按钮，弹出“字体”对话框，进行中西文字体的不同设置，中文字体为“宋体”，西文字体为“Times New Roman”；字号为“小四”，然后单击“确定”按钮，如图 4-5 所示。

③选中除标题外的正文，单击“开始”选项卡“段落”组右下角的对话框启动器按钮，打开“段落”对话框，设置特殊格式为“首行缩进，2 字符”，间距中的行距设置为“固定值，23 磅”，然后单击“确定”按钮，如图 4-6 所示。

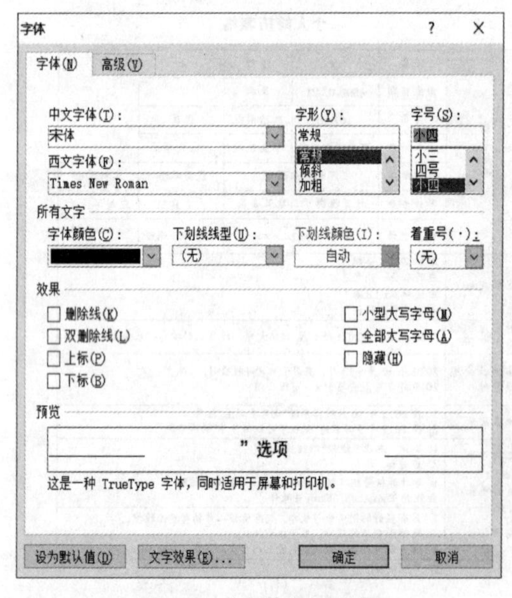

图 4-5 “字体”对话框

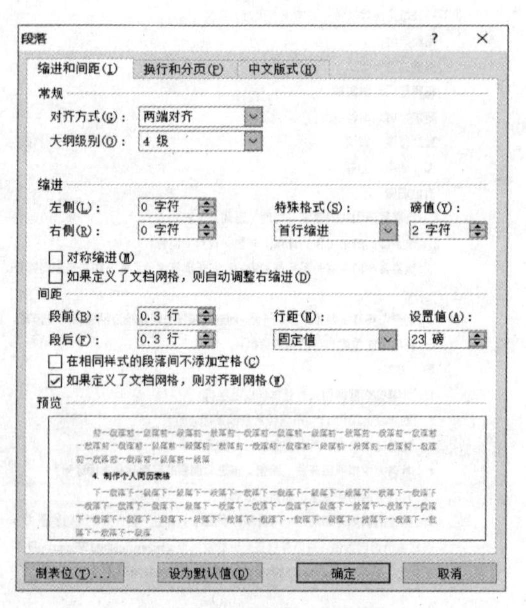

图 4-6 “段落”对话框

④选中要添加项目编号的段落，如“招聘方案”中的“岗位职责”和“职位要求”，单击“开始”选项卡“段落”组“项目编号”右侧的三角按钮，在展开的列表中选择数字 1、2 项目编号，即可为选中的段落添加该项目编号。

4. 制作个人简历表格

①建立一个新的空白文档，选择“插入”功能区中“表格”下方的“插入表格”，弹

出“插入表格”对话框如图 4-7 所示，在列数中填入“5”，行数中填入“14”，将生成单元格大小相同的表格，如图 4-8 所示。

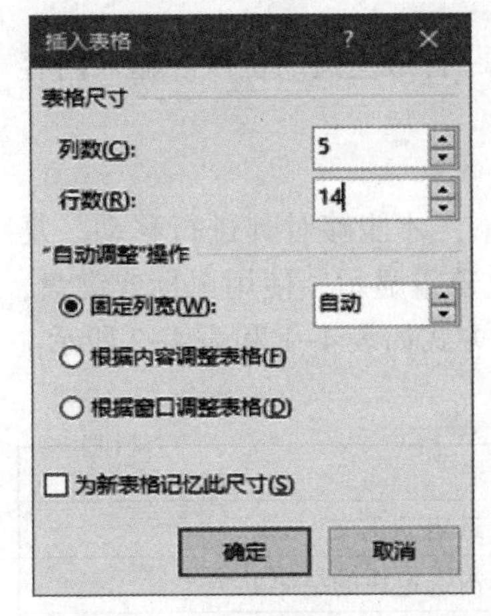

图 4-7 “插入表格”对话框

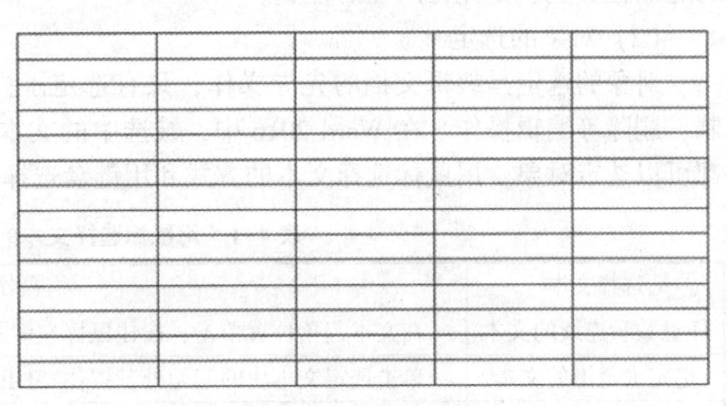

图 4-8 创建表格

②对创建好的表格进行框架调整，选择待合并的单元格，在功能区中切换到“表格工具#布局”选项卡，单击“合并”组中的“合并单元格”按钮，将所选单元格合并，如图 4-9 所示。

③对创建好的表格，进行行高和列宽的设置。最简单的方法是将光标移至表格的行/列分界线处，待光标变为“≑”形状后按住鼠标左键上下拖到位即可；如需进行行高的精确调整，可先将光标置于该行任意单元格中，或同时选中要调整行高的多行，然后在“表格工具#布局”选项卡“单元格大小”组中的“高度”编辑框中输入行高值，按下<Enter>键确认即可。

④进行表格内容的输入。输入内容后，将文本设置为“水平居中”对齐方式；选中放置证件照的单元格，单击“插入”选项卡中的“图片”按钮，在打开的对话框中选择相应的图片即可。选中“基本信息”单元格，把其文字方向设置为纵向，中部居中，如图 4-10 所示。

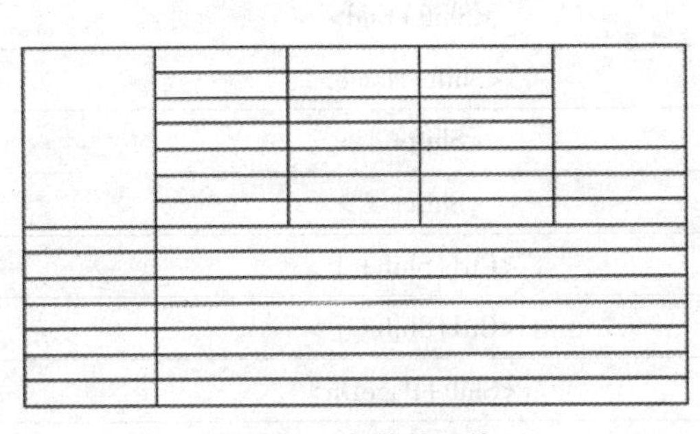

图 4-9 合并单元格

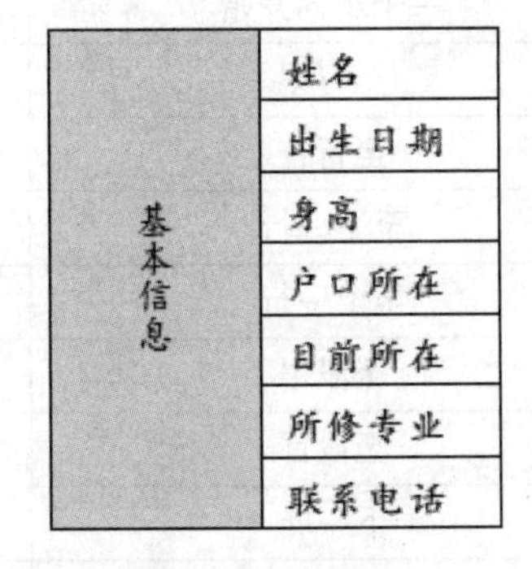

图 4-10 文字方向

5. 知识拓展

在进行自荐信和个人简历表格的制作过程中，需要对文本和表格进行编辑和设定，需要使用文本的输入与编辑、文本的排版和表格的创建与美化等。

（1）文本的输入与编辑

使用一个文字处理软件的最基本操作就是输入文本，并对它们进行必要的编辑操作，以保证所输入的文本内容与用户所要求的文稿相一致。

新建一个空白文档后，光标一般自动停留在文档窗口的第一行最左边的位置。输入内容的起始位置也就是光标所在的位置。

（2）对象的选定

对象的选定是编辑文档的先导操作，只有选定了操作对象，才能够对其进行移动、复制、删除等编辑操作。在 Word 2016 中，被选中的文本将反色着重显示。使用鼠标或键盘，都可以选定对象。用鼠标选择文本的方式和用键盘选择文本的方式如表 4-1 和表 4-2 所示。

表 4-1　用鼠标选择文本的方式

选择文本	操作方法
任意数量连续的文本	在文本起拾位置单击，按住鼠标左键并拖过要选定的正文
选定大范围的文本	单击选定文本块的起始处，按住<Shift>键，单击选定块的结尾处
一个单词	双击该单词
一个句子	按住<Ctrl>键，然后在该句中任何位置单击鼠标
一行文本	在该行左侧的选定区（鼠标形状呈↗状的区域）单击
一个段落	在该段左侧的选定区双击，或在该段内任意位置三击鼠标
多个段落	在选定区双击首段或末段，按住鼠标左键并向下或向上拖动
整个文档	在选定区三击

表 4-2　用键盘选择文本的方式

选择文本	操作方法（组合键）
插入点右侧一个字符	<Shift+ →>
插入点左侧一个字符	<Shift+ ←>
一个单词结尾	<Ctrl+Shift+ →>
一个单词开始	<Ctrl+Shift+ ←>
至行尾	<Shift+End>
至行首	<Shift+Home>
至下一行	<Shift+↓>
至上一行	<Shift+↑>
至段尾	<Ctrl+Shift+↓>
至段首	<Ctrl+Shift+↑>
下一屏	<Shift+PageDn>
上一屏	<Shift+PageUp>
文档开始处	<Ctrl+Shift+Home>
文档结尾处	<Ctrl+Shift+End>
整篇文档	<Ctrl+A、Ctrl+小键盘上数字键 5>
矩形文本块	<Ctrl+Shift+F8>，再用箭头选择，按<Esc>键取消选定模式

（3）输入特殊符号

输入文本时，经常遇到一些需要插入的特殊符号，如希腊字母、数学运算符 π 等，Word 2016 提供了非常完善的特殊符号列表，可以通过下面的方法输入。

①选择“插入”选项卡，在“符号”命令中单击“符号”按钮，打开“符号”对话框，如图 4-11 所示。

②在菜单中上部显示的是最近常用的“特殊符号”。如果上面有要插入的符号，直接单击插入即可，如果没有，单击菜单最下面的“其他符号（M）”命令，如图 4-12 所示。

图 4-11 插入“符号”对话框

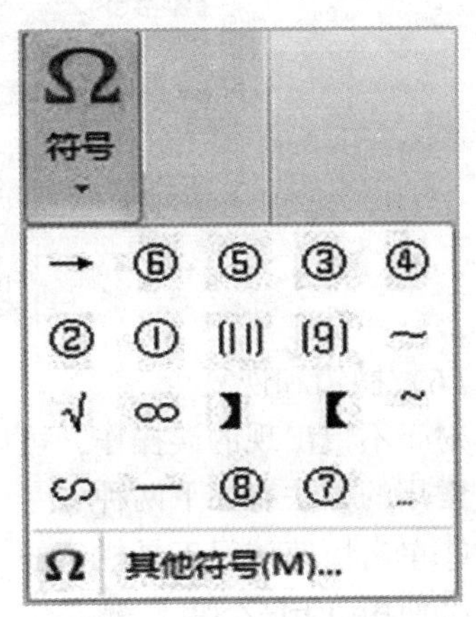

图 4-12 “符号”下拉菜单

③在“符号”选项卡中拖动垂直滚动条查找需要的字符，然后单击“插入”按钮即可将字符插入文档中。也可以改变“字体”列表框中的字体类型和“子集”列表框中的子集来快速定位到所需符号。

（4）文本的复制与粘贴

复制与粘贴是编辑文档最常用的操作之一，是一种利用剪贴板完成的操作。对于需要重复出现的文本，使用复制与粘贴可减少重复劳动，提高效率。

一般包括以下 4 个步骤。

①选定被复制的文本。

②选择文本，单击“开始”选项卡中“剪贴板”上的“复制”按钮或者按<Ctrl+C>组合键，复制到剪贴板。

③定位插入点。

④单击“开始”选项卡中“剪贴板”上的“粘贴”按钮或者按<Ctrl+V>组合键。

（5）文本的查找与替换

当用户对文档进行修订及校对时，利用 Word 2016 的查找、替换和定位功能，可以极大地提高工作效率。

①使用“导航”窗格查找。单击“开始”选项卡“编辑”组上的“查找”按钮，选择“查找”（或按<Ctrl+F>组合键），在搜索框中输入内容来进行查找搜索。

②高级查找。利用 Word 2016 提供的“高级查找”功能，能够快速地在文档中查找到指定格式的内容和其他特殊字符，并且支持利用通配符进行模糊查找。

③替换。替换和高级查找的操作方法基本相同，具体操作步骤如下：在“开始”选项卡的“编辑”组中选择“替换”命令（或按<Ctrl+H>组合键），或单击工具栏上的“查找”按钮，选择“高级查找”中的“替换”选项卡，弹出“查找和替换”对话框，如图4-13所示。单击“查找下一处”按钮，忽略替换当前查找到的内容继续查找。单击“替换”按钮则将查找到的内容替换掉，并继续查找下一匹配内容。单击“全部替换”按钮则将一次全部替换文档中所有找到的文本。

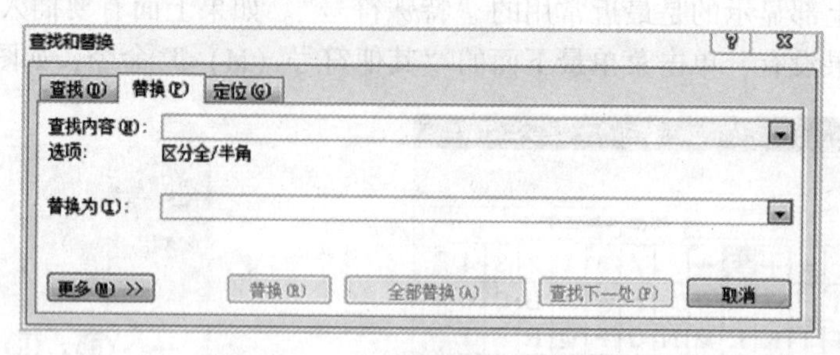

图4-13 “查找和替换”对话框

（6）撤销和恢复

对于不慎出现的误操作，可以使用Word撤销和恢复功能取消误操作。

常用的方法有如下两种。

①单击快速访问工具栏上的“撤销”按钮。

②使用<Ctrl+Z>组合键。

在撤销某项操作的同时，也将撤销列表中该项操作之上的所有操作。如果连续单击“撤销”按钮，Word将依次撤销从最近一次操作往前的各次操作。

如果事后认为不应撤销该操作，可单击快速访问工具栏上的“恢复”按钮。

（7）拼写和语法检查

Word 2016可以自动监测所输入的文字类型，并根据相应的词典自动进行拼写和语法检查。在系统认为错误的字词下面出现彩色的波浪线，其中红色波浪线代表拼写错误，蓝色波浪线代表语法错误。用户可以在这些单词或词组上右击获得相关的帮助和提示。此功能能够对输入的英文、中文词句进行语法检查，从而提醒用户进行更改，降低输入文档的错误率。拼写和语法检查的方法有如下两种。

①按<F7>键，Word就开始自动检查文档。

②单击“审阅”选项卡“校对”命令组，然后单击“拼写和语法”按钮，Word就开始进行检查。

Word只能查出文档中一些比较简单或者低级的错误，一些逻辑上和语气上的错误还需要用户自己去检查。

（8）使用不同视图浏览和编辑文档

Word 2016提供了5种视图模式，分别为页面视图、阅读版式视图、Web版式视图、大纲视图和草稿视图。打开文档后，默认是页面视图模式，切换到“视图”选项卡或者在状态栏中单击某一视图按钮即可切换到相应的视图模式。

（9）文本的编排

Word 2016提供了强大的编辑功能，可以很方便地完成内容的修改和格式的设置，如字符格式、段落格式、格式刷等设置。

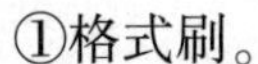

①格式刷。

在 Word 2016 中，可以利用格式刷复制字符或段落格式。若只需要复制段落格式而不复制字符格式，则只需将光标定位在源段落中，然后选择开始选项卡—剪贴板中的“格式刷”按钮，再在目标段落中单击即可；若只希望复制字符格式，则在选择文本时，不要选中段落标记即可。

若要将所选格式应用于文档中的多处内容，可双击“格式刷”按钮，然后依次选择要应用该格式的文本或段落；再次单击“格式刷”按钮可取消其选择。

②项目符号和编号。

添加项目符号。将光标置于要添加项目符号的段落中或选中要添加项目符号的段落，在“开始”→“段落”命令组中，单击“项目符号”按钮直接添加项目符号。

添加编号。将光标置于要添加项目编号的段落中或选中要添加项目编号的段落，在“开始”→“段落”命令组中，单击“编号”按钮直接添加编号。

(10) 表格的编辑与美化

表格是由水平的行和垂直的列组成的，行与列交叉形成的方框称为单元格。在单元格中可以添加文字和图像等对象，表格在文档处理中有着十分重要的地位，在日常办公中常常需要制作各种各样的表格，如课程表、个人简历和校历等。

根据创建表格需要的行、列数来创建表格，通过合并和拆分单元格，设置表格的行高或列宽等操作来对表格进行调整，输入内容后设置文本的对齐方式即可。

①表格的编辑。创建好表格后，将光标放置在表格的任意一个单元格中，在 Word 2016 的功能区中将出现“表格工具—设计”和“表格工具—布局”选项卡，对表格的大多数编辑和美化操作都是利用这两个选项卡来实现的，如图 4-14 和图 4-15 所示。

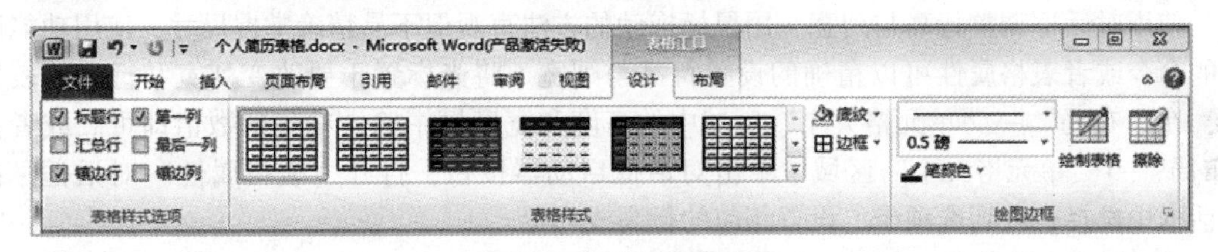

图 4-14 “设计”选项卡

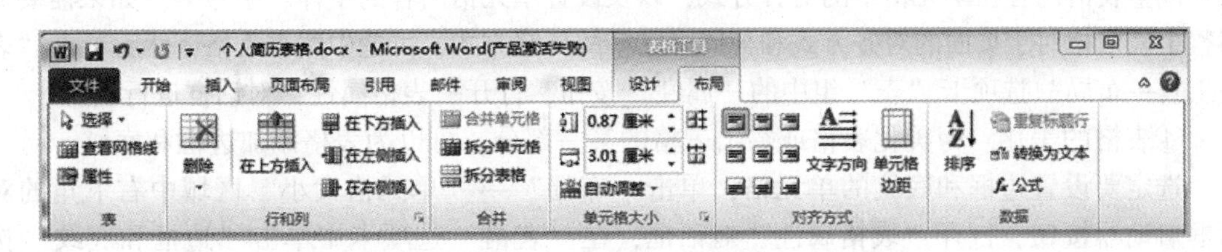

图 4-15 “布局”选项卡

②若要对表格进行编辑，首先需要选中要修改的单元格、行、列或者整个表格。

选择整个表格。单击表格左上角的控制柄，即可选中整个表格。

选择单行。将鼠标指针移到所选行的选定栏，单击鼠标左键，即可选中单行。

选择列。将鼠标指针移到所选列的顶端，即可选择单列。

选择连续的单元格区域。选择第一个单元格，然后按下<Shift>键的同时单击所选单元格区域中的最后一个单元格即可。

选择不连续的单元格区域。选择第一个单元格，然后按下<Ctrl>键的同时依次选择单元格即可。

在编辑过程中可能有误操作或设计失误，因此需要进行插入或删除行、列、单元格等操作。

插入行和列。将光标置于表格中，选择“布局”→“行和列”命令组，若要插入行，则选择“在上方插入”或“在下方插入”按钮；若要插入列，则选择“在左侧插入”或“在右侧插入”按钮；若想在表格末尾快速添加一行，则单击最后一行的最后一个单元格，按<Tab>键即可插入，或将光标置于末行行尾的段落标记前，直接按<Enter>键插入一行。

插入单元格。将光标置于要插入单元格的位置，选择“布局”→“行和列”区域中右下角的对话框启动器按钮，弹出“插入单元格”对话框，选择相应的插入方式后，单击“确定”按钮即可。

删除行和列。把光标定位到要删除的行或列所在的单元格中，或者选定要删除的行或列，选择“布局”→“行和列”→“删除”按钮→“删除行”或“删除列”菜单命令即可。

删除单元格。把光标移动到要删除的单元格中或选定要删除的单元格，选择“布局”→“行和列”→“删除”按钮→“删除单元格”命令，弹出“删除单元格”对话框，选择相应的删除方式，单击“确定”按钮即可。

创建表格后，可以根据表格内容的需要调整表格的列宽与行高。

使用鼠标调整表格的列宽与行高。若要改变列宽或行高，可以将指针停留在要更改其宽度或高度的列或行的边框线上，直到鼠标指针变为“+||+”形状时，按住左键拖动，达到所需列宽或行高时，松开鼠标即可。

使用对话框调整行高与列宽。用鼠标拖动的方法直观但不易精确掌握尺寸，使用功能区中的命令或者表格属性可以精确的设置行高与列宽。将光标置于要改变列宽和行高的表格中，在“布局”→“单元格大小”区域中的高度和宽度框中输入精确的数值即可。或者在“布局”→“单元格大小”区域中单击对话框启动器按钮，打开“表格属性”对话框，在对话框中选择行或列选项卡，设置相应的行高或列宽。

③表格内容的输入。创建好表格框架后，就可以根据需要在表格中输入文字，还可以根据需要调整表格内容在单元格中的对齐方式，以及设置单元格内容的字体、字号等。如果需要调整整个表格相对于页面的对齐方式和与周围文字的环绕方式，可选中整个表格，然后单击“表格工具—布局”选项卡“表”组中的“属性”按钮，打开“表格属性”对话框进行设置。

④表格的美化。为美化表格或突出表格的某一部分，可以为表格添加边框和底纹。

选定要设置边框和底纹的单元格，单击“布局”→“单元格大小”区域中右下角的对话框启动器按钮，打开“表格属性”对话框，在“表格”选项卡中单击“边框和底纹”按钮，弹出“边框和底纹”对话框，如图4-16所示。在“边框”选项卡中可以设置边框的样式，选择边框线的类型、颜色和宽度，在“底纹”选项卡中可以设置填充色、底纹的图案和颜色，若是只应用于所选单元格，则在“应用于”框中选择“单元格”。

另外，也可以使用功能区中的命令按钮设置边框和底纹。选定要设置边框和底纹的单元格，选择“设计”→“表格样式”区域中的“边框”按钮右边的下拉箭头，在打开的下拉菜单中选择相关的边框命令来设置边框。单击“表格样式”区域中“底纹”按钮右边的下拉箭头，在打开的下拉菜单中设置底纹。

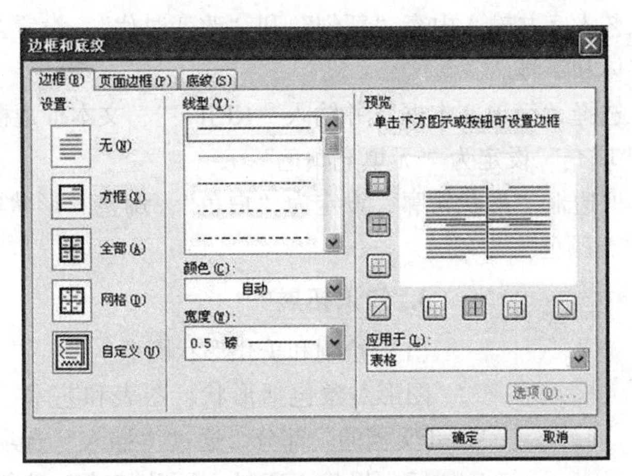

图 4-16 “边框和底纹”对话框

4.1.3 制作企业宣传海报

为了更好地进行产品宣传，达到形象直观效果，更加引人入胜，有时需要在文章中插入图形、图像、艺术字等。Word 2016 中能针对图像、图形和艺术字等对象进行插入和样式设置。样式包括渐变效果、颜色、边框、形状和底纹等多种效果，可以帮助用户快速设置对象的格式。

1. 案例效果

制作好的企业宣传海报效果如图 4-17 所示。

图 4-17 制作好的企业宣传海报效果

2. 制作方案

①建立一个新的空白文档，单击“页面布局”选项卡下“纸张方向”按钮，设置为“横向”并把文件保存到 E 盘的招聘文件夹中，文件名为“宣传海报”。

②插入本地磁盘上的图片，调整好大小和位置后，“环绕文字”设置为“衬于文字下方”。

③在文档中插入艺术字并输入内容“新创”和“改变时代”，设置艺术字样式填充色和轮廓，设置艺术字字体和字号。

④插入文本框，选择“简单文本框”并输入“KEJI…”，文本框边框“形状轮廓”设定为“无轮廓”，“形状填充”设定为“无填充颜色”。

⑤插入 4 个文本框边框“形状轮廓”设定为“白色”，调整“形状轮廓”粗细，“形状填充”设定为“无填充颜色”。

3. 知识拓展

（1）绘制和美化形状图形

图形对象包括形状、图表和艺术字等，这些对象都是 Word 文档的一部分。通过“插入”选项卡的“插图”命令完成插入操作，通过“图片格式”功能区更改和增强这些图形的颜色、图案、边框和其他效果。切换到“插入”选项卡，在“插图”命令组中单击“形状”按钮，出现“形状”面板，如图 4-18 所示。在面板中选择线条、矩形、基本形状、流程图、箭头总汇、星与旗帜、标注等图形中的一种，然后在绘图起始位置按住左键，拖动至结束位置就能完成所选图形的绘制。

图 4-18 “形状”面板

另外，有关绘图的注意事项如下。

拖动鼠标的同时按住<Shift>键，可绘制等比例图形，如圆形、正方形等。

拖动鼠标的同时按住<Alt>键，可平滑地绘制和所选图形的尺寸大小一样的图形。

图形编辑主要包括更改图形位置、图形大小、向图形中添加文字、形状填充、形状轮廓、颜色设置、阴影效果、三维效果、旋转和排列等基本操作。

设置图形大小和位置，首先是选定要编辑的图形对象，在非“嵌入型”版式下，直接拖动图形对象，即可改变图形的位置；将鼠标指针置于所选图形的四周的编辑点上，拖动鼠标可缩放图形；然后右击图片，从弹出的快捷菜单中选择“添加文字”命令，输入文字即可。

如果需要多个图形组合成一个图形，选择要组合的多张图形，右击，从弹出的快捷菜单中选择“组合”菜单下的“组合”命令即可。

（2）美化图形

如果需要设置形状填充和轮廓、阴影效果、三维效果、旋转和排列等基本操作，可先选定要编辑的图形对象，出现“绘图工具/格式”功能区，选择相应功能按钮来实现，如图 4-19 所示。

（3）插入和编辑图片

可以将内嵌的剪贴画或者本地磁盘的图片插入文档中，并进行编辑和美化，从而使 Word 2016 的图片功能更加强大。

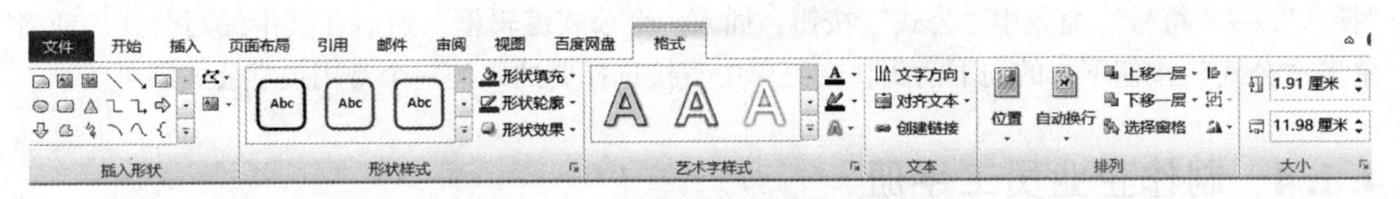

图 4-19 “绘图工具/格式”功能区

插入图片。定位好插入点位置，选择“插入”选项卡“插图”功能区的“图片”按钮，将弹出“插入图片”对话框，选择要插入图片所在的路径、类型和文件名，即可插入图片。

修改图片大小。选定图片对象后，手动拖拉调整大小，也可切换到“图片工具/格式”功能区，在“大小”命令组中的“高度”和“宽度”编辑框中设置图片的大小值，如图 4-20 所示。

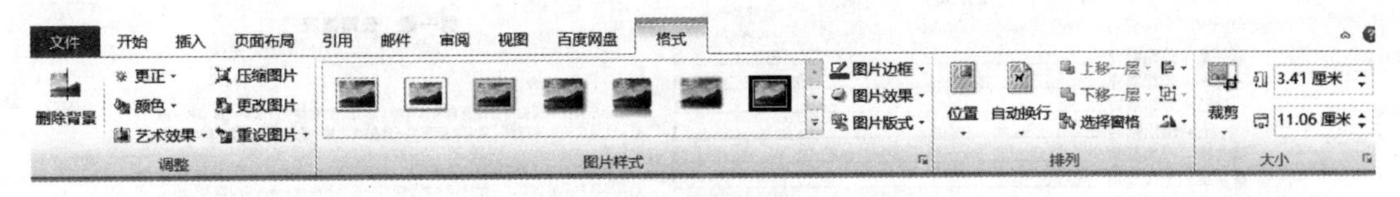

图 4-20 “图片工具/格式”功能区

设置图片环绕方式。在图文混排时，需要对图片与文本进行排版，这些文字环绕方式包括“顶端居左”“四周型文字环绕”等 9 种方式。默认情况下，图片作为字符插入 Word 2016 文档中，用户不能自由移动图片。而通过为图片设置文字环绕方式，则可以自由移动图片的位置。

也可在“图片工具/格式”功能区“排列”组“位置”或“自动换行”面板中选择“其他布局选项”命令，在打开的“布局”对话框中设置图片的位置、文字环绕方式和大小。

（4）插入艺术字

Word 2016 中的艺术字结合了文本和图形的特点，能够使文本具有图形的某些属性，如设置旋转、三维、映像等效果，在 Word、Excel、PowerPoint 等 Office 组件中都可以使用艺术字功能。

将点光标移动到准备插入艺术字的位置，选择“插入”→“文本”命令组中的“艺术字”按钮，在面板中选择合适的艺术字样式，会插入艺术字文字编辑框。

（5）插入文本框

通过使用文本框，用户可以将文本放置到 Word 2016 文档中的指定位置，而不必受到段落格式、页面设置等因素的影响。文本框有两种，一种是横排文本框，另一种是竖排文本框。Word 2016 内置有多种样式的文本框供用户选择使用。

单击“插入”功能区“文本”命令组中“文本框”按钮，打开文本框面板，选择合适的文本框类型，在文档窗口中会插入文本框，拖动鼠标调整文本框的大小和位置即可完成空文本框的插入，然后输入文本内容或者插入图片。

右击文本框边框，选择“设置形状格式”命令，将弹出“设置文本框格式”对话框，可以设置文本框的线条颜色、填充、阴影等。

（6）插入公式

Word 2016 中内置了公式编辑器，可以非常方便地进行公式的插入和编辑。在文档中单击

“插入”→“符号”命令中“公式”按钮，插入一个公式编辑框，然后在其中编写公式，或者单击“公式”按钮下方的向下箭头，在菜单中直接选择要插入的一个常用数学公式即可。

4.1.4 制作企业员工手册

Word 2016 除了具有强大的图文混排功能，还具有强大的排版功能，通过样式的应用，插入分页符和分节符，设置页眉、页脚和页码以及插入目录等操作来实现。

1. 案例效果

制作好的企业员工手册效果如图 4-21 所示。

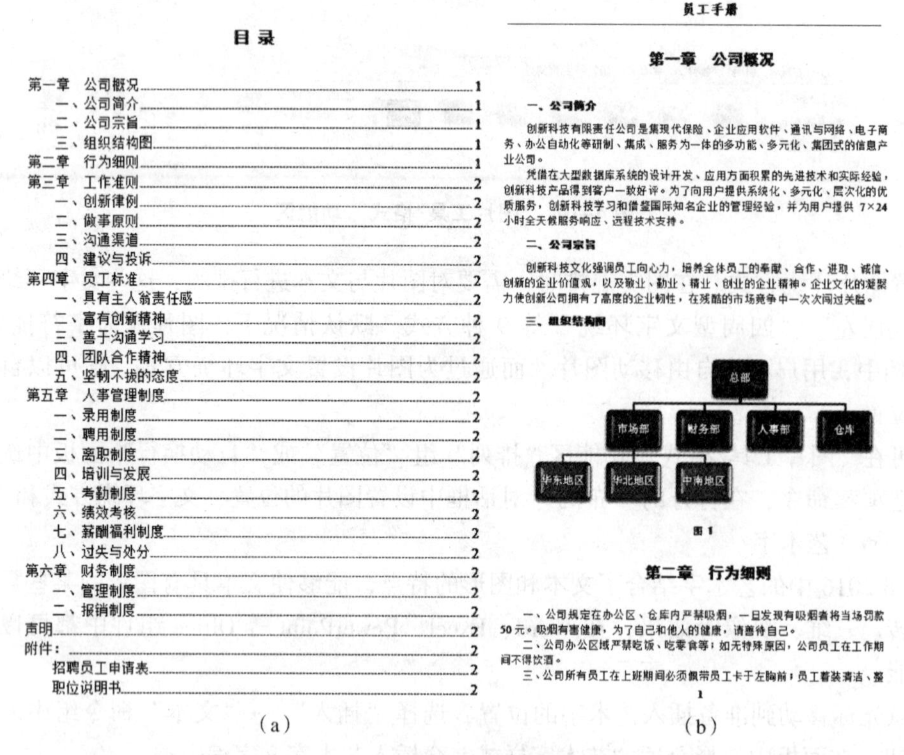

目 录

第一章 公司概况 1
一、公司简介 1
二、公司宗旨 1
三、组织结构图 1
第二章 行为细则 1
第三章 工作准则 2
一、创新律例 2
二、做事原则 2
三、沟通渠道 2
四、建议与投诉 2
第四章 员工标准 2
一、具有主人翁责任感 2
二、富有创新精神 2
三、善于沟通学习 2
四、团队合作精神 2
五、坚韧不拔的态度 2
第五章 人事管理制度 2
一、录用制度 2
二、聘用制度 2
三、离职制度 2
四、培训与发展 2
五、考勤制度 2
六、绩效考核 2
七、薪酬福利制度 2
八、过失与处分 2
第六章 财务制度 2
一、管理制度 2
二、报销制度 2
声明 2
附件： 2
招聘员工申请表 2
职位说明书 2

员工手册

第一章 公司概况

一、公司简介

创新科技有限责任公司是集现代保险、企业应用软件、通讯与网络、电子商务、办公自动化等研制、集成、服务为一体的多功能、多元化、集团式的信息产业公司。

凭借在大型数据库系统的设计开发、应用方面积累的先进技术和实际经验，创新科技产品得到客户一致好评。为了向用户提供系统化、多元化、层次化的优质服务，创新科技学习和借鉴国际知名企业的管理经验，并为用户提供 7×24 小时全天候服务响应、远程技术支持。

二、公司宗旨

创新科技文化强调员工向心力，培养全体员工的奉献、合作、进取、诚信、创新的企业价值观，以及敬业、勤业、精业、创业的企业精神。企业文化的凝聚力使创新公司拥有了高度的企业韧性，在残酷的市场竞争中一次次闯过关隘。

三、组织结构图

图 1

第二章 行为细则

一、公司规定在办公区、仓库内严禁吸烟，一旦发现有吸烟者将当场罚款 50 元。吸烟有害健康，为了自己和他人的健康，请善待自己。

二、公司办公区域严禁吃饭、吃零食等；如无特殊原因，公司员工在工作期间不得饮酒。

三、公司所有员工在上班期间必须佩带员工卡于左胸前；员工着装清洁、整

1

（a） （b）

图 4-21 制作好的企业员工手册效果

（a）目录；（b）正文

2. 制作企业员工手册

①建立一个新的空白文档，输入企业员工手册内容。

②将光标定位到标题前，单击“页面布局”选项卡“页面设置”组中的“分隔符”，选择“下一页”，将生成 一个新的页面，用来放置目录。

③进行标题和正文样式设定。选中第一个一级标题，如“一、内容”后，在“开始”选项卡“样式”组中选择“标题 1”，右击选择“修改”，弹出“修改样式”对话框，如图 4-22 所示。在左下角点击“格式”，分别设置“字体”对话框为“黑体”，“加粗”“三号”，“段落”对话框为“多倍行距 2.41”。

标题 2 和正文的修改样式的方法类似。标题 2 样式的“字体”对话框为“宋体”“加粗”“三号”，“段落”对话框为“首行缩进 2 字符”“1.5 倍行距”。正文样式的“字体”

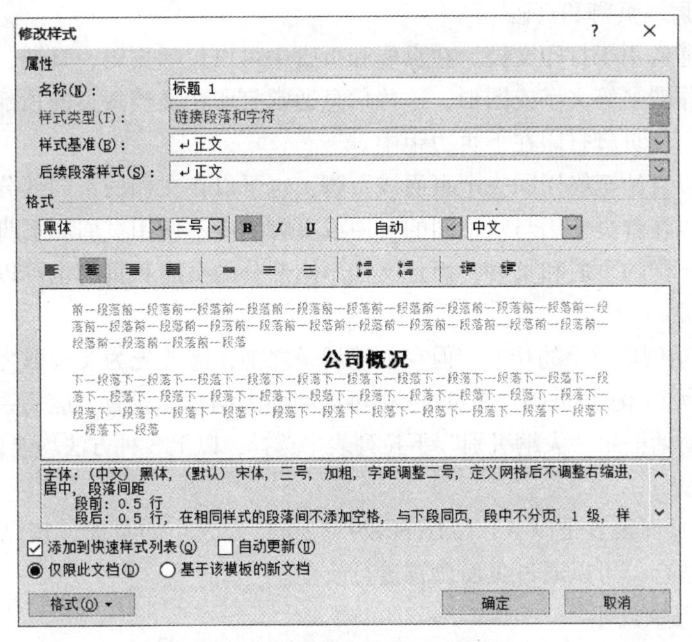

图 4-22 “修改样式”对话框

对话框为“宋体”“四号”，“段落”对话框为“首行缩进 2 字符”“1.5 倍行距”。

④把光标定位到标题“第一章 公司概况”前，单击“页面布局”选项卡，“页面设置”组中“分隔符”“下一页”，将生成一个新的页面。

⑤插入页码，单击“插入”选项卡“页眉页脚”组中“页码”，选择“页面底端”“普通数字 2”，设置页码格式，正文第一页“页码编号”选择“起始页码”为 1。

在文档中的第一页，插入目录。将光标定位到页面顶端第一行，选择“引用”选项卡“目录”组中“插入目录”。目录的基本格式生成，设置目录字体对话框为“宋体”“小四号”，一级标题加粗；“段落”对话框为“首行缩进 2 字符”“单倍行距”。

最终，企业员工手册排版完成。

3. 知识拓展

(1) 使用样式

使用 Word 中的字符和段落格式选项，可以创建外观变化多端的文档。若文档很长，如果每次设置文档格式时都逐一进行选择，将重复花很多时间。样式可以避免文档修饰中的重复性操作，并且提供快速、规范化的行文编辑功能。

在 Word 2016 中的样式有 3 类：一是字符样式，二是段落样式，三是链接段落和字符样式。

字符样式：只包含字符格式，如字体、字号、字形等，用来控制字符的外观。要应用字符样式，需要先选中要应用样式的文本。

段落样式：即可包含字符格式，也可包含段落格式，用来控制段落的外观。段落样式可应用于一个或多个段落。当需要对一个段落应用段落样式时，只需将光标置于该段落中即可。

链接段落和字符样式：这类样式包含了字符格式和段落格式设置，它既可用于段落，也可用于选定字符。

（2）设置页眉、页脚和页码

页眉和页脚通常用于打印文档。在页眉和页脚中可以包括页码、日期、公司徽标、文档标题、文件名或作者名等文字或图形，这些信息通常打印在文档每页的顶部或底部。页眉打印在上页边距中，而页脚打印在下页边距中。

在文档中可以自始至终用同一个页眉或页脚，也可以在文档的不同部分用不同的页眉和页脚。例如，可以在首页使用与众不同的页眉或页脚或者不使用页眉和页脚，还可以在奇数页和偶数页使用不同的页眉和页脚，而且文档不同部分的页眉和页脚也可以不同。

（3）创建目录

Word 具有自动创建目录的功能，但在创建目录之前，需要先为要提取为目录的标题设置标题级别，并且为文档添加页码。在 Word 中可以利用大纲视图设置、应用系统内置的标题样式和在“段落”对话框的“大纲级别”下拉列表中选择，以上 3 种方法均能设置标题级别。

（4）页面设置

Word 默认的页面设置是以 A4（21 cm×29.7 cm）为大小的页面，按纵向格式编排与打印文档。如果不适合，可以通过页面设置进行改变。

（5）打印预览及打印

在新建文档时，Word 对纸型、方向、页边距以及其他选项应用默认的设置，但用户还可以随时改变这些设置，以排出丰富多彩的版面格式。

4.2 表格处理软件 Excel 2016

4.2.1 Excel 2016 简介

Excel 2016 是一种电子表格软件，使用它可以简便、快速地对表格数据进行记录、计算、统计和分析，简化人们在工作生活中处理大量数据时的繁杂任务，并且还可以将数据绘制成统计图表以便直观地分析数据趋势。Excel 2016 电子表格软件依仗其强大的计算功能和友善的界面，使其在办公软件领域中占据了重要角色。

1. Excel 2016 的启动和退出

单击“开始”→“所有程序”→“Microsoft Office”→“Microsoft Excel 2016”，即可启动 Excel 2016。启动 Excel 2016 后，打开操作界面，扩展名为“.xlsx”，表示系统已进入 Excel 工作环境。当文件编辑完毕，单击应用程序标题栏的最右侧有一个“关闭”按钮，即可关闭 Excel 2016 应用程序。

2. Excel 2016 的工作界面

Excel 2016 的工作界面元素组成和 Word 类似，能帮助用户方便使用 Excel，启动成功后显示的工作界面如图 4-23 所示。

名称框：用来显示当前单元格或单元格区域的名称。

编辑栏：用于输入和编辑当前单元格中的数据、公式等。

列标和行号：用于标识单元格的地址，即所在行、列的位置。

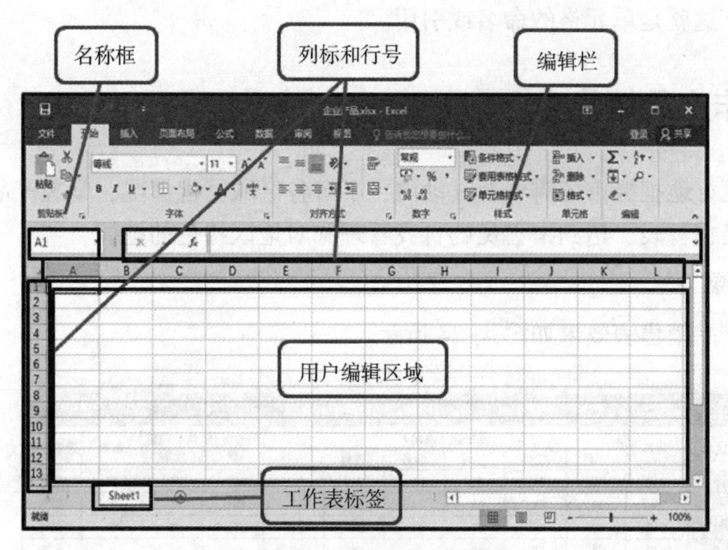

图 4-23 Excel 2016 启动成功后显示的工作界面

用户编辑区域：编辑内容的区域，由多个单元格组成。

工作表标签：用于显示工作表的名称，单击标签可切换工作表。

3. Excel 2016 的工作表

（1）工作表

一个 Excel 文件也称为一个工作簿，一个工作簿又由多张工作表组成，新建的 Excel 文件即新建的一个工作簿中默认有 3 张工作表，默认名称为 Sheet1、Sheet2、Sheet3。可以将工作簿想象成一个笔记本，工作表是这个笔记本里面的页面。一个工作簿至少有一张表，也可以有多张工作表。工作簿的名字显示在标题栏上，工作表的名字显示在标签上，可以通过单击工作表的标签来切换。在使用工作表时，只有一个工作表是当前活动的，在工作表标签处显示白色，其余工作表标签显示灰色。

（2）工作表中的行和列

每张工作表都由行和列组成，通常称作电子表格。在工作表中我们看到的横向称之为“行”，纵向称之为“列”。每一行都有“行号”，用阿拉伯数字 1、2、3……表示；每一列都有“列号”，用大写英文字母 A、B…Z、AA…AZ、…、AAA…XFD 表示。

（3）单元格

行列交叉构成的工作表中的小方格称为“单元格”，单元格是工作表的基本元素，也是 Excel 独立操作的最小单位，在单元格中输入数据，并对其进行各种设置。

单元格的名称称为单元格的地址，地址是由单元格所处的行号和列号组成，如第 3 行和第 2 列交叉处的单元格地址为 B3，该地址会在地址栏中显示。

（4）单元格区域

单元格区域是一组被选中的相邻或分离的单元格。单元格区域被选中后，所选范围内的单元格都会高亮度显示，取消时又恢复原样。对一个单元格区域的操作是对该区域内的所有单元格执行相同的操作。要取消单元格区域的选择，只需在所选区域外单击即可。单元格或单元格区域可以以一个变量的形式引入公式参与计算。为便于使用，需要给单元格或单元格区域起个名称，这就是单元格的命名或引用。

4.2.2 制作产品销售表

企业为了更好地把握市场需要及其动向，了解各区域销售情况，掌握产品销售动态，可以通过制作产品销售表，达到销售员的自我管理和对地区特色的把握。

1. 案例效果

制作好的产品销售表效果如图 4-24 所示。

	A	B	C	D	E	F	G	H	I	J	K	L
1	上半年产品销售表											
2	区域	店名	营业额（万元）						月营业总额	月平均营业额	名次	是否优秀
3			一月	二月	三月	四月	五月	六月				
4	华东区	A店	95	85	85	90	89	84	528	88	1	优秀
5	华北区	B店	92	84	85	85	88	90	524	87	2	优秀
6	华北区	D店	85	88	87	84	84	83	511	85	4	优秀
7	华东区	E店	80	82	86	88	81	80	497	83	6	合格
8	华北区	F店	87	89	86	84	83	88	517	86	3	优秀
9	中南地区	G店	86	84	85	81	80	82	498	83	5	合格
10	华东区	H店	71	73	69	74	69	77	433	72	11	合格
11	中南地区	I店	69	74	76	72	76	65	432	72	12	合格
12	华东区	J店	76	72	72	77	72	80	449	75	9	合格
13	华东区	K店	72	77	80	82	86	88	485	81	7	合格
14	中南地区	L店	88	70	80	79	77	75	469	78	8	合格
15	中南地区	M店	74	65	78	77	68	73	435	73	10	合格
16		月最高营业额	95	89	87	90	89	90	528	88		
17		月最低营业额	69	65	69	72	68	65	432	72		

产品销售表　Sheet2

图 4-24　制作好的产品销售表效果

2. 制作产品销售表

建立一个新的工作表，在 Sheet1 工作表中录入如图 4-24 所示“销售表”的内容，并把文件保存到 E 盘招聘文件夹中，文件名为“产品销售表”。

①在开始菜单所有程序中选择 Excel 2016，将新建一个名称为“工作簿 1”的文件，光标将定位在第一个单元格。

②选中区域“A1：L1”，单击开始选项卡上的“合并后居中”按钮，再录入标题。按照相同方法，实现表头的制作。

③录入表格中的数据，并选中区域“A1：L17”，实现居中对齐。

④将光标定位在“I4”单元格，单击编辑栏中的 fx 按钮，选择 SUM 函数，在弹出的对话框中，正确填写参数，实现计算。然后采用公式的复制实现“I5：I15”区域的计算。采用相同方式使用 AVERAGE 函数计算月平均营业额；使用 RANK 函数实现排名；使用 IF 函数判断优秀，最后使用 MAX 函数和 MIN 函数计算月最高营业额和月最低营业额。

⑤进行表格的美化。选中区域“A1：L17”，单击开始选项卡上的“边框”按钮，实现外边框粗线，内边框细线的设定。选中区域“A4：A15”，单击开始选项卡上的“填充颜色”按钮，选择合适的颜色，实现底纹设定。采用相同方法实现“月最高营业额”和“月最低营业额”的底纹设定。

3. 知识拓展

（1）数据类型

Excel 里的数字主要有常规、数值、货币、会计专用、日期、时间等，如图 4-25 所示。

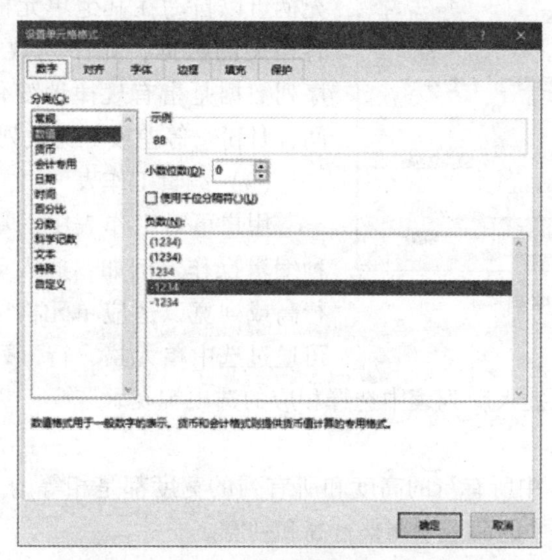

图 4-25　设置单元格格式（数字）

文本型数据是指字母、汉字，或由任何字母、汉字、数字和其他符号组成的字符串，如“季度 1”“AK47”等。文本型数据不能进行数学运算。每个单元格最多可容纳 32 000 个字符。默认情况下，字符数据自动沿单元格左边对齐。

数值型数据用来表示某个数值或币值等，一般由数字 0~9、正号、负号、小数点、分数号“/”、百分号“%”、指数符号“E”或“e”、货币符号“$”或“¥”和千位分隔符“,”等组成。默认情况下，数值自动沿单元格右边对齐。

在输入过程中，有以下两种比较特殊的情况要注意。

①负数：在数值前加一个“-”号或把数值放在括号里，都可以输入负数，例如要在单元格中输入“-666”，可以输入“( )”英文小括号后，在其中输入“(6666)”，然后就可以在单元格中出现“ -66666”。

②分数：要在单元格中输入分数形式的数据，应先在编辑框中输入“0”和一个空格，然后再输入分数，否则 Excel 会把分数当作日期处理。例如，要在单元格中输入分数“2/3”，在编辑框中输入“0”和一个空格，然后接着输入“2/3”，敲一下回车键，单元格中就会出现分数“2/3”。

日期和时间数据属于数字，用来表示一个日期或时间。日期格式为“mm/dd/yy”或“mm-dd-yy”；时间格式为“hh：mm（am/pm）”。

在录入过程中要注意以下几点。

①输入日期时，年、月、日之间要用“/”号或“-”号隔开，如“2008-8-16”“2008/8/8”。

②输入时间时，时、分、秒之间要用冒号隔开，如“12：00：00”。

③若要在单元格中同时输入日期和时间，日期和时间之间应该用空格隔开。

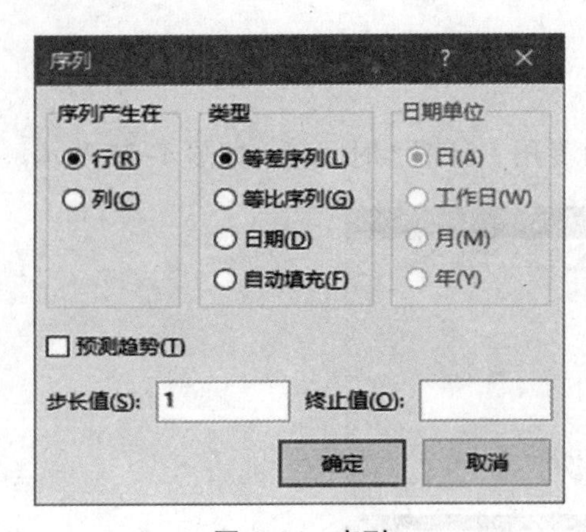

图 4-26　序列

(2) 数据填充

在 Excel 工作表的活动单元格的右下角有一个小黑方块，称为填充柄，通过上下或左右拖动填充柄可以自动在其他单元格填充与活动单元格内容相关的数据，如序列数据或相同数据。其中，序列数据是指有规律地变化的数据，如日期、时间、月份、等差或等比数列，如图 4-26 所示。

(3) 编辑工作表

用户可对工作表中的单元格、行与列进行各种编辑操作。例如，插入单元格、行或列；调整行高或列宽以适应单元格中的数据。这些操作都可通过选中单元格、行、列后，在“开始”选项卡“单元格”组中的“插入”列表中选择相应的选项实现。

①调整行高和列宽。

默认情况下，Excel 中所有行的高度和所有列的宽度都是相等的。用户可以利用鼠标拖动方式和“格式”列表中的命令来调整行高和列宽。

使用拖动方法：将鼠标指针移至要调整行高的行号的下框线处，待指针变成黑色的双向垂直箭头，按下左键上下拖动（此时在工作表中将显示出一个提示行高的信息框），到合适位置后释放左键，即可调整所选行的行高。列宽的调整方法与之类似。

要精确调整行高，可先选中要调整行高的单元格或单元格区域，然后单击“开始”选项卡“单元格”组中的“格式”按钮，在展开的列表中选择“行高”选项，在打开的“行高”对话框中设置行高值，单击“确定”按钮。用同样的方法，可精确调整列宽。

②插入或删除单元格、行、列。

在制作表格时，可能会遇到需要在有数据的区域插入或删除单元格、行、列的情况。要在工作表某行上方插入一行或多行，可首先在要插入的位置选中与要插入的行数相同数量的行，或选中单元格，然后单击“开始”选项卡上“单元格”组中“插入”按钮下方的三角按钮，在展开的列表中选择“插入工作表行”选项。

(4) 设置边框和底纹

在 Excel 工作表中，虽然从屏幕上看每个单元格都带有浅灰色的边框线，但是实际打印时不会出现任何线条。为了使表格中的内容更为清晰明了，可以为表格添加边框。此外，通过为某些单元格添加底纹，可以衬托或强调这些单元格中的数据，同时使表格显得更美观，如图 4-27 所示。

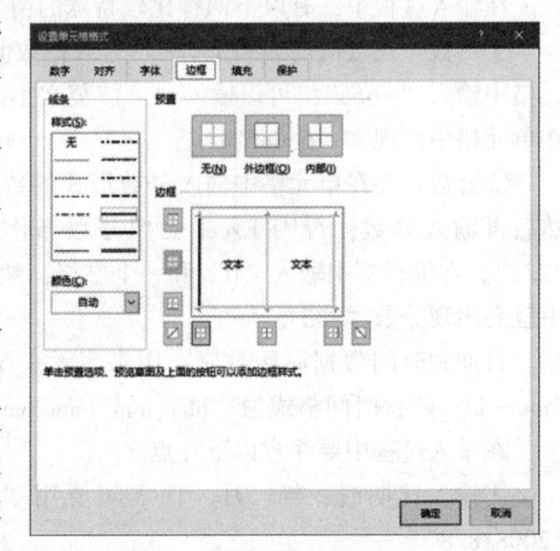

图 4-27　设置单元格格式(边框)

（5）单元格引用

引用的作用是通过标识工作表中的单元格或单元格区域，来指明公式中所使用的数据的位置。通过单元格的引用，可以在一个公式中使用工作表不同部分的数据，或者在多个公式中使用一个单元格中的数据，还可以引用同一个工作簿中不同工作表中的数据。当公式中引用的单元格数值发生变化时，公式的计算结果也会自动更新，单元格引用分为以下两种。

相对引用：相对引用指的是单元格的相对地址，其引用形式为直接用列标和行号表示单元格。例如，B5，或用引用运算符表示单元格区域，如“B5：D15”。如果公式所在单元格的位置改变，引用也随之改变。默认情况下，公式使用相对引用。

绝对引用：绝对引用是指引用单元格的精确地址，与包含公式的单元格位置无关，即不论将公式复制或移动到什么位置，引用的单元格地址的行和列都不会改变。绝对引用的引用形式为在列标和行号的前面都加上“ $ ”符号，如“ $B$5：$D$15”。

（6）使用公式和函数

要创建公式，可以直接在单元格中输入，也可以在编辑栏中输入，输入方法与输入普通数据相似。也可在输入等号后单击要引用的单元格，然后输入运算符，再单击要引用的单元格。

函数是预先定义好的表达式，它必须包含在公式中。每个函数都由函数名和参数组成，其中函数名表示将执行的操作，参数表示函数将作用的值的单元格地址，通常是一个单元格区域（如“A2：B7”单元格区域），也可以是更为复杂的内容。在公式中合理地使用函数，可以完成诸如求和、逻辑判断和财务分析等众多数据处理功能。

4.2.3 制作产品销售分析表

1. 案例效果

制作好的产品销售分析表如图 4-28 所示。

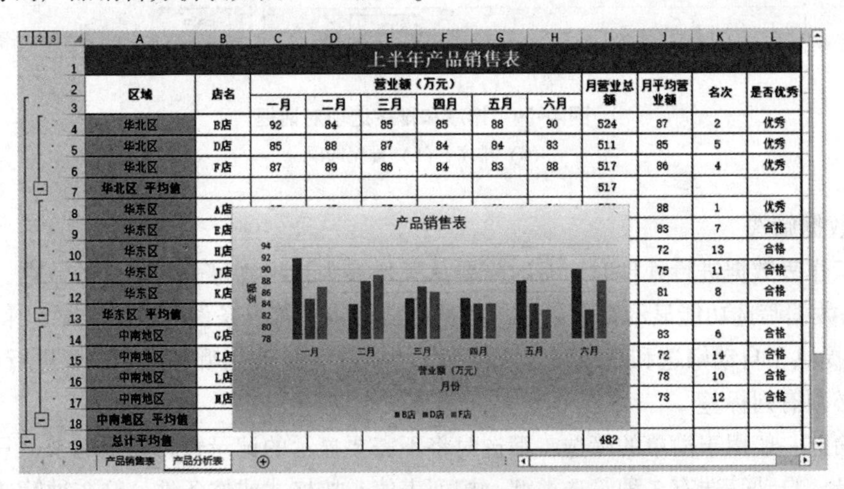

图 4-28 制作好的产品销售分析表

2. 制作产品销售表

在产品销售表上添加新工作表 Sheet2，把产品销售表的内容复制粘贴在 Sheet2 工作表中，并将工作表重命名为“产品分析表”，并把文件保存到 E 盘招聘文件夹中。

①选中区域“A4：L15”，单击“数据”选项卡上的“排序”按钮，选择排序列 A 和升序方式，单击“确定”按钮。

②选中区域“A2：L15”，单击“数据”选项卡上的“分类汇总”按钮，分类字段选择“区域”，汇总方式选择“平均值”，选定汇总项选择“月平均营业额”，下面复选框保持默认，单击“确定”按钮。

③选中区域“B2：H6”，单击“插入”选项卡上的“柱形图”按钮，插入图表，设置标题和图例，设置图表渐变色。

3. 知识拓展

（1）数据排序

对数据表中的单列数据按照 Excel 默认的升序或降序的方式排列。单击要排序的列中的任一单元格，再单击“数据”选项卡上“排序和筛选”组中“升序”按钮或“降序”按钮，所选列即按升序或降序方式进行排序。

对多个关键字进行排序时，在主要关键字完全相同的情况下，会根据指定的次要关键字进行排序；在次要关键字完全相同的情况下，会根据指定的下一个次要关键字进行排序，依次类推，如图 4-29 所示。

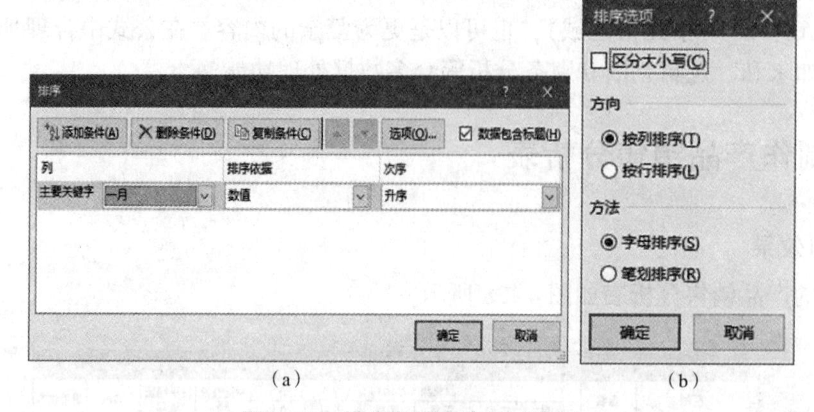

（a）　　　　　　　　　　　（b）

图 4-29　排序和排序选项对话框

（a）排序；（b）排序选项

（2）数据筛选

在对工作表数据进行处理时，有时需要从工作表中找出满足一定条件的数据，这时可以用 Excel 的数据筛选功能显示符合条件的数据，从而将不符合条件的数据隐藏起来。

Excel 提供了自动筛选和高级筛选两种筛选方式，无论使用哪种方式，要进行筛选操作，数据表中必须有列标签。

自动筛选一般用于简单的筛选，筛选时将不需要显示的记录暂时隐藏起来，只显示符合条件的记录。自动筛选有 3 种筛选类型：按列表值、按格式或按条件。这 3 种筛选类型是互斥的，用户只能选择其中的一种进行数据筛选，如图 4-30 所示。

高级筛选用于条件较复杂的筛选操作，其筛选结果可显示在原数据表格中。不符合条件的记录被隐藏起来，但也可以在新的位置显示筛选结果。不符合条件的记录同时保留在数据表中，从而便于进行数据的对比。

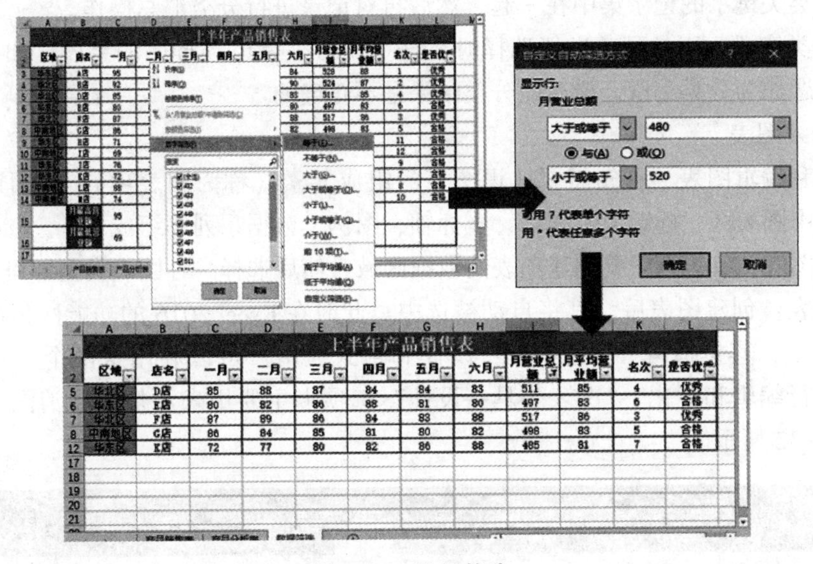

上半年产品销售表

区域	店名	一月	二月	三月	四月	五月	六月	月营业总额	月平均营业额	名次	是否优秀
华北区	D店	85	88	87	84	84	83	511	85	4	优秀
华东区	E店	80	82	86	88	81	80	497	83	6	合格
华北区	F店	87	89	86	84	83	88	517	86	3	优秀
中南地区	G店	86	84	85	81	80	82	498	83	5	合格
华东区	K店	72	77	80	82	86	88	485	81	7	合格

图 4-30 数据筛选

要通过多个条件来筛选单元格区域，应首先在选定工作表中的指定区域创建筛选条件，然后单击数据区域中任一单元格。也可先选中要进行高级筛选的数据区域，再单击“数据”选项卡上“排序和筛选”组中的“高级”按钮，打开“高级筛选”对话框，接下来分别选择要筛选的单元格区域、筛选条件区域和保存筛选结果的目标区域，如图 4-31 所示。

上半年产品销售表

区域	二月	五月
华北区	>=89	
华东区		>=83

条件区域

方式
将筛选结果复制到其他位置(O)
列表区域(L): $A$2:$L$14
条件区域(C): !$C$19:$E$21
复制到(T): !$A$23:$L$33
确定 取消
数据筛选 高级筛选

图 4-31 排序和排序选项对话框

(3) 分类汇总

分类汇总是把数据表中的数据分门别类地进行统计处理，无须建立公式，Excel 将会自动对各类别的数据进行求和、求平均值、统计个数、求最大值（最小值）和求总体方差等多种计算，并且分级显示汇总的结果，从而增加了工作表的可读性，使用户能更快捷地获得需要的数据并做出判断。

分类汇总分为简单分类汇总和嵌套分类汇总两种方式。无论哪种方式，要进行分类汇总的数据表的第一行必须有列标签，而且在分类汇总之前必须先对数据进行排序，以使得数据中拥有同一类关键字的记录集中在一起，然后再对记录进行分类汇总操作。

在“分类字段”下拉列表进行选择时，该字段必须是已经排序的字段，如果选择没有排序的列标题作为分类字段，最后的分类结果是不正确的。

（4）插入图表

要创建和编辑图表，首先需要认识图表的组成元素（称为图表项）。下面以柱形图为例，它主要由图表区、标题、绘图区、坐标轴、图例、数据系列等组成。

要创建图表，首先选中要创建图表的数据区域，然后选择一种图表类型即可。

编辑图表：创建图表后，其将自动被选中，此时在 Excel 2016 的功能区将出现“图表工具”选项卡，其包括两个子选项卡：设计和格式。用户可以利用这两个子选项卡对创建的图表进行编辑和美化。“图表工具—设计”选项卡主要用来添加或取消图表的组成元素，如图 4-32 所示。

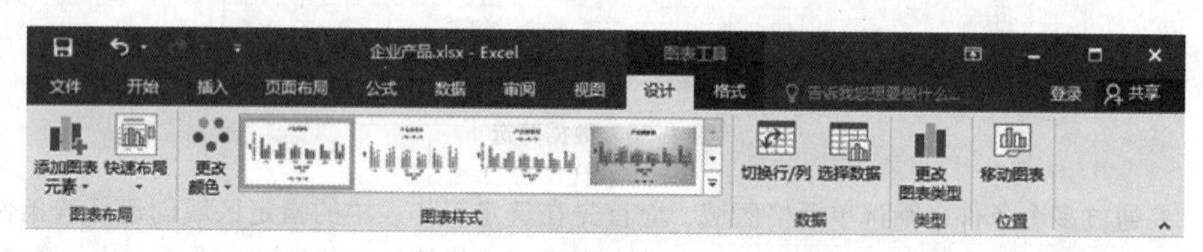

图 4-32　图表工具（设计）

美化图表：利用“图表工具—格式”选项卡可分别对图表的图表区、绘图区、标题、坐标轴、图例项、数据系列等组成元素进行格式设置，如使用系统提供的形状样式快速设置，或单独设置填充颜色、边框颜色和字体等，从而美化图表，如图 4-33 所示。

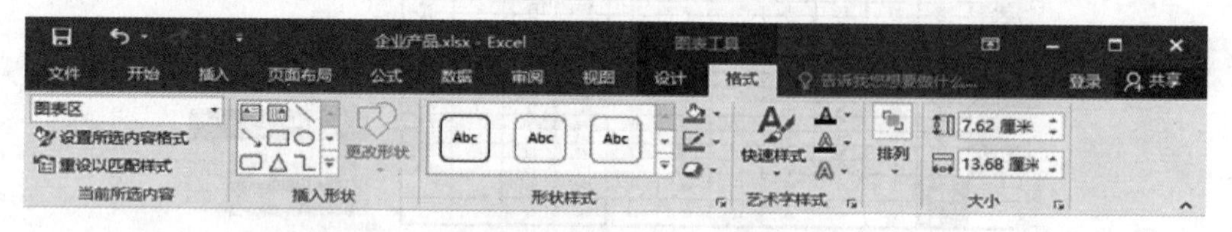

图 4-33　图表工具（格式）

（5）拆分和冻结窗格

在对大型表格进行编辑时，由于屏幕所能查看的范围有限而无法做到数据的上下、左右对照，此时就可利用 Excel 提供的拆分功能，对表格进行“横向”或“纵向”分割，以便同时观察或编辑表格的不同部分。

水平拆分：将鼠标指针移到窗口右上角的水平拆分框上，当鼠标指针变为拆分形状时，按住左键向下拖动，至适当的位置松开左键，即可在该位置生成一条拆分条，将窗格一分为二。

垂直拆分：将鼠标指针移至窗口右下角的垂直拆分框上然后按住左键并向左拖动，至适当的位置松开左键，即可将窗格左右拆分。

拆分窗格后，单击某个窗格中的任意单元格，然后滚动鼠标滚轮，可上下查看该窗格中隐藏的数据，其他窗格不受影响。

利用冻结窗格功能，可以保持工作表的某一部分数据在其他部分滚动时始终可见。如在查看过长的表格时保持首行可见，在查看过宽的表格时保持首列可见。

冻结窗格：选中表格行中的任意单元格，然后单击“视图”选项卡上“窗口”组中的“冻结窗格”按钮，在展开的列表中选择“冻结拆分窗格”选项。此时，所选行以上的行被冻结，当拖动垂直滚动条向下查看工作表内容时，这些行始终显示。

取消冻结窗格：单击工作表中的任意单元格，然后在“冻结窗格”下拉列表中选择“取消冻结窗格”选项即可。

（6）设置页面、页眉和页脚

在 Excel 中设置纸张大小、方向和页边距的方法与在 Word 中的设置是相同的，都是利用“页面布局”选项卡上“页面设置”组中的相关按钮进行设置，或单击“页面设置”组右下角的对话框启动器按钮，在打开的“页面设置”对话框中进行设置。

在“页边距”选项卡中选择“水平”和“垂直”复选框，可使打印的表格在打印纸上水平和垂直居中。在设置打印方向时，当要打印的表格高度大于宽度时，通常选择“纵向”；当要打印的表格宽度大于高度时，通常选择“横向”。

页眉和页脚分别位于打印页的顶端和底端，通常用来打印表格名称、页号、作者名称或时间等。如果工作表有多页，可为其设置页眉和页脚方便用户查看。用户可为工作表添加系统预定义的页眉或页脚，也可以添加自定义的页眉或页脚。

（7）设置打印区域和打印标题

默认情况下，Excel 会自动选择有文字的最大行和列作为打印区域，而通过设置打印区域可以只打印工作表中的部分数据。此外，如果工作表有多页，正常情况下，只有第一页能打印出标题行或标题列，为方便查看表格，通常需要为工作表的每页都加上标题行或标题列。

选中要设置为打印区域的单元格区域，然后在“打印区域”列表中选择“设置打印区域”项即可。

4.3 演示文稿制作软件 PowerPoint 2016

4.3.1 PowerPoint 2016 简介

PowerPoint 2016 是一款专业的演示文稿制作工具，是把静态文件制作成动态文件，把复杂的问题变得通俗易懂，使之更生动形象，给人留下更深刻印象。做好演示文稿，可以通过不同的方式进行播放，也可将演示文稿打印成一页一页的幻灯片，使用幻灯片机或投影仪播放，可以将演示文稿保存到光盘中进行分布，并在幻灯片放映过程中播放音频流或视频流。

1. PowerPoint 2016 的启动和退出

单击“开始”→“所有程序”→“Microsoft Office”→“Microsoft PowerPoint 2016”，即可启动。启动 PowerPoint 2016 后，打开操作界面，扩展名为“.pptx”，表示系统已进入工作环境。当文件编辑完毕，单击应用程序标题栏的最右侧的“关闭”按钮，即可关闭 PowerPoint 2016 应用程序。

2. PowerPoint 2016 的工作界面

PowerPoint 2016 的工作界面元素组成和 Word 类似，能帮助用户方便使用 PowerPoint 2016，PowerPoint 2016 启动成功后的工作界面如图 4-34 所示。

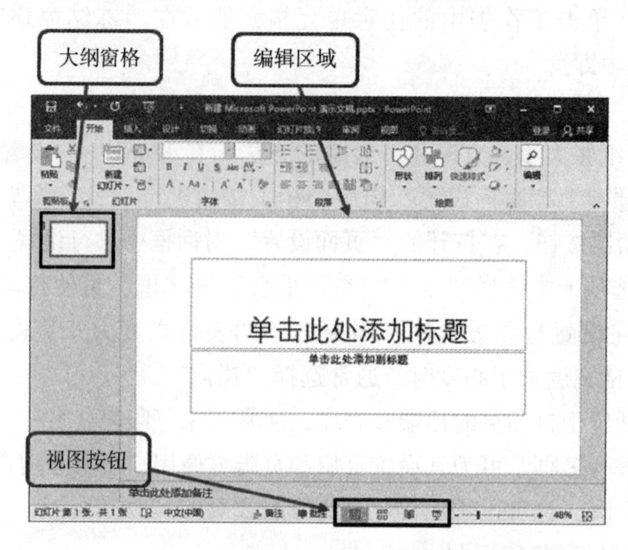

图 4-34　PowerPoint 启动成功后的工作界面

默认情况下，PowerPoint 会创建一个演示文稿，其中会有一张包含标题占位符和副标题占位符的空白幻灯片。

幻灯片/大纲窗格：利用“幻灯片”窗格或“大纲”窗格（单击窗格上方的标签可在这两个窗格之间切换）可以快速查看和选择演示文稿中的幻灯片。其中，“幻灯片”窗格显示了幻灯片的缩略图，单击某张幻灯片的缩略图可选中该幻灯片，此时即可在右侧的幻灯片编辑区编辑该幻灯片内容；“大纲”窗格显示了幻灯片的文本大纲。

幻灯片编辑区：是编辑幻灯片的主要区域，在其中可以为当前幻灯片添加文本、图片、图形、声音和影片等，还可以创建超链接或设置动画。

备注栏：用于为幻灯片添加一些备注信息，放映幻灯片时，观众无法看到这些信息。

视图切换按钮：单击不同的按钮，可切换到不同的视图模式。

在 PowerPoint 中，我们可以创建空白演示文稿，或者根据模板或主题来创建演示文稿，操作方法与 Word 相似。单击“文件”选项卡标签，在打开的界面中单击“新建”按钮，然后单击要创建的演示文稿类型。如果是根据“主题”或模板创建演示文稿，则还需要在打开的界面中选择具体的主题或模板，然后单击“创建”或“下载”按钮。

3. PowerPoint 2016 的视图

一个演示文稿由若干张幻灯片组成，一张幻灯片通常又包含多个信息对象。幻灯片的信息对象有不同的类型，常见的有标题、文本、图形、表格、声音等。由于幻灯片中各信息对象的布局不同，每张幻灯片都采用了某种排版格式，称之为幻灯片版式。常用的版式有标题幻灯片、标题和文本、节标题、两栏内容、比较、空白等。

Microsoft PowerPoint 2016 有 4 种主要视图：普通视图、幻灯片浏览视图、阅读视图和幻灯片放映视图。每种视图都有其特定的显示方式，因此在编辑文档时选用不同的视图可以使文档的浏览或编辑更加方便。

(1) 普通视图

普通视图是幻灯片主要的编辑视图，可用于插入新幻灯片、插入和编辑信息对象、设置信息对象的格式、设置幻灯片外观、设置幻灯片动画、设置超链接等操作。普通视图是PowerPoint 2016默认的视图方式。在普通视图方式下的PowerPoint窗口工作区由大纲与幻灯片缩略图区、幻灯片编辑区和备注区3个部分组成。大纲与幻灯片缩略图区又包括“大纲”和“幻灯片”两个选项标签。

(2) 幻灯片浏览视图

幻灯片浏览视图是缩略图形式的幻灯片的专有视图。幻灯片浏览视图用于将幻灯片缩小、多页并列显示，便于对幻灯片进行移动、复制、删除、调整顺序等操作。

(3) 阅读视图

通过阅读视图可以使用户看到演示文稿中所有的演示效果，如图片、形状、动画效果以及切换效果的状态等内容。

(4) 幻灯片放映视图

幻灯片放映视图占据整个计算机显示屏幕，就像一个实际的幻灯片全屏幕放映。在这种全屏幕视图中，用户所看到的演示文稿就是将来观众所看到的，如用户可以看到图形、时间、影片、动画元素以及将在实际放映中看到的切换效果。

PowerPoint 2016的4种视图方式的切换可通过视图工具栏上的切换按钮进行，也可以通过选择“视图”选项卡演示文稿视图来实现。

4.3.2 制作产品宣传片

虽然古语云：“酒香不怕巷子深”，但有了出色的产品，我们还是希望能以声色并茂的方式，将它们更精彩地呈现于人前，艳惊四座，而不是默默无闻地“养在深闺人不识”。制作产品宣传片，无疑是现在流行的方式。

1. 案例效果

制作好的产品宣传片如图4-35所示。

2. 制作产品宣传片

建立一个新的演示文稿，并把文件保存到E盘招聘文件夹中，文件名为“产品宣传片”。

①收集公司素材，包含文字、图片等。

②在开始菜单所有程序中选择PowerPoint 2016，将新建一个名称为“演示文稿1”的文件，单击空白演示文稿。

③新建幻灯片，插入文字与图片，并绘制SmartArt图形。

④选中“设计”选项卡，选择合适的主题。

3. 美化产品宣传片

①为幻灯片上的对象设置动画。选中幻灯片上的一个或多个对象，选择“动画”选项卡上的具体动画，可设置开始方式、动画持续时间等，从而合理设置动画效果。

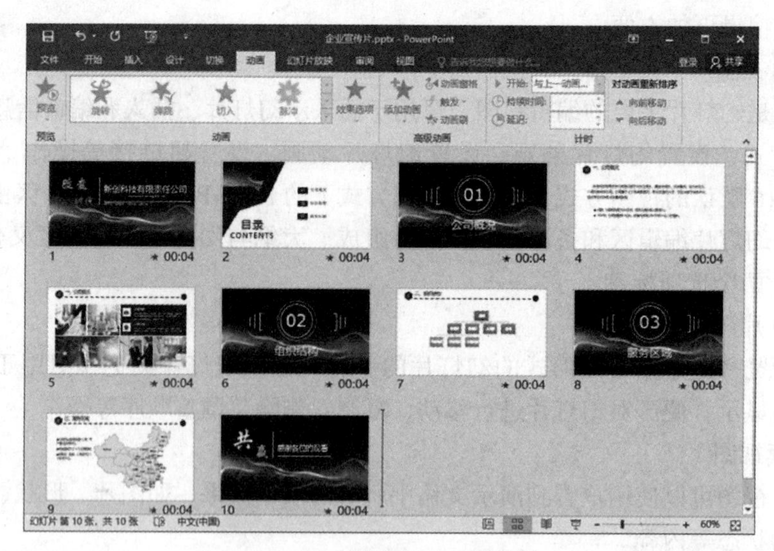

图 4-35　制作好的产品宣传片

②为幻灯片设置动画。选中幻灯片，选择“切换”选项卡上的具体动画效果，可设置换片方式和声音等。

③为目录设置超链接，实现自由播放。

④对演示文稿进行排练计时，并设置放映方式。

4. 知识拓展

（1）编辑演示文稿

在“幻灯片”窗格中对要插入幻灯片的位置单击，然后单击“开始”选项卡上“幻灯片”组中“新建幻灯片”按钮或单击按钮下方的三角按钮，在展开的幻灯片版式列表中选择新建幻灯片的版式即可。也可在选择幻灯片后，按<Enter>键或<Ctrl+M>组合键，按默认版式在所选幻灯片的后面添加一张幻灯片。

如果要添加的幻灯片与前面的某张幻灯片相似，可利用复制幻灯片的方法来添加幻灯片。在“幻灯片”窗格中右击要复制的幻灯片，在弹出的快捷菜单中选择“复制”项，然后在“幻灯片”窗格中对要插入复制的幻灯片的位置右击鼠标，从弹出的快捷菜单中选择“粘贴”项，即可将复制的幻灯片插入该位置。

要调整幻灯片的排列顺序，可在“幻灯片”窗格中单击选中要调整顺序的幻灯片，然后按住左键将其拖到需要的位置即可。

要删除幻灯片，可首先在“幻灯片”窗格中单击选中要删除的幻灯片，然后按<Delete>键，或右击要删除的幻灯片，在弹出的快捷菜单中选择“删除幻灯片”项。删除幻灯片后，系统将自动调整幻灯片的编号。

（2）编辑幻灯片母版

在制作演示文稿时，通常需要为每张幻灯片都设置一些相同的内容或格式以使演示文稿主题统一。例如，在每张幻灯片中都加入公司的 Logo，且每张幻灯片标题占位符和文本占位符的字符格式和段落格式都要一致。如果在每张幻灯片中重复设置这些内容，无疑会浪费时间，此时可在 PowerPoint 的母版中设置这些内容，如图 4-36 所示。

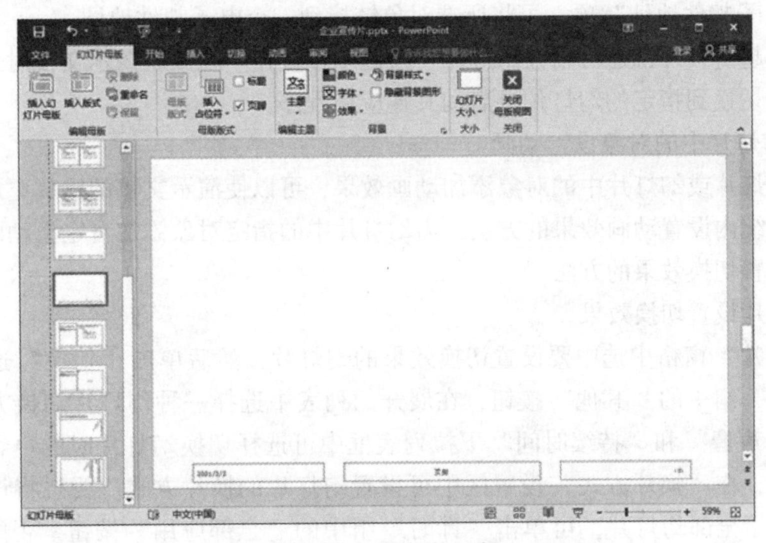

图 4-36 幻灯片母版

(3) 在幻灯片中插入图片和声音等对象

利用“插入”选项卡中提供的选项，用户可在演示文稿中方便地插入图片、图形、艺术字、图表、声音和影片等多媒体元素，以使幻灯片更加美观或增强演示文稿的演示效果。

在幻灯片中插入和编辑图片、图形、艺术字和表格的方法与在 Word 文档中插入相似。单击要插入图片的幻灯片，然后单击“插入”选项卡上“插图”组中的“图片”按钮，或单击应用版式后的“图片占位符”，在打开的对话框中选择要插入的图片单击“插入”按钮即可。插入图片后，可利用图片工具“格式”选项卡对其进行编辑美化操作。

在演示文稿中插入声音，如背景音乐或演示解说等，可以使单调、乏味的演示文稿变得生动。方法是在“幻灯片”窗口中单击要插入声音的幻灯片，然后单击“插入”选项卡“媒体”组中“音频”按钮下方的三角按钮，在展开的列表中单击“文件中的音频”选项，在打开的“插入声音”对话框中选择声音所在的文件夹，然后选择所需的声音文件，单击“插入”按钮。插入声音文件后，系统将在幻灯片中间位置添加一个声音图标，用户可以用操作图片的方法调整该图标的位置及尺寸。

插入声音后，可对声音文件进行编辑操作：选择“声音”图标后，自动出现它所包括的“格式”和“播放”两个子选项卡。单击“播放”选项卡上“预览”组中的“播放”按钮可以试听声音；在“音频选项”组中可设置放映时声音的开始方式，还可设置播放时的音量高低及是否循环播放声音等；在“格式”选项卡中可以对声音图标进行美化。

(4) 为对象设置超链接

通过为幻灯片中的对象设置超链接和动作可以制作出交互式的演示文稿。例如，单击设置了超链接或动作的对象，便跳转到该超链接指向的幻灯片、文件或网页。可以为幻灯片中的任何对象，包括文本、图片、图形和图表等设置超链接。

选择“原有文件或网页”项，然后在“地址”编辑框中输入要链接到的网址，可将所选对象链接到网页。

选择“新建文档”项，可新建一个演示文稿文档并将所选对象链接到该文档。

选择“电子邮件地址”项，可将所选对象链接到一个电子邮件地址。

除了使用超链接外，还可以在幻灯片中绘制动作按钮。在放映演示文稿时，单击相应的按钮，就可以切换到指定的幻灯片或启动其他应用程序。

（5）为幻灯片中的对象设置动画

通过为幻灯片或幻灯片中的对象添加动画效果，可以使演示文稿的播放更加精彩。如为幻灯片应用系统内设置动画效果的方法，为幻灯片中的指定对象添加自定义动画的方法，以及为幻灯片设置切换效果的方法。

①为幻灯片设置切换效果。

在“幻灯片”窗格中选中要设置切换效果的幻灯片，然后单击“切换”选项卡上“切换到此幻灯片”组中的“其他”按钮，在展开的列表中选择一种幻灯片切换方式。在“计时”组中的“声音”和“持续时间”下拉列表框中可选择切换幻灯片时的声音效果和幻灯片的切换速度，在“换片方式”设置区中可设置幻灯片的换片方式。要想将设置的幻灯片切换效果应用于全部幻灯片，可单击“计时”组中的“全部应用”按钮。否则，当前的设置将只应用于当前所选的幻灯片。

②为幻灯片中的对象设置动画效果。

选中要添加动画效果的对象，单击“动画”选项卡中的“其他”按钮，在展开的动画列表中选择一种动画类型，以及该动画类型下的效果。

单击时：在放映幻灯片时，需单击才能开始播放动画。

之前：在放映幻灯片时，自动与上一动画效果同时播放。

之后：在放映幻灯片时，播放完上一动画效果后自动播放该动画效果。

在动画效果列表底部单击相应选项，可在打开的对话框中设置更多动画效果。

与利用“动画”组中的动画列表添加动画效果不同的是，利用“添加动画”列表可以为同一对象添加多个动画效果；而利用“动画”组只能为同一对象添加一个动画效果，后添加的效果将替换前面添加的效果。在“动画窗格”中可以查看为当前幻灯片中的对象添加的所有动画效果，并对动画效果进行更多设置。

（6）放映和打包演示文稿

创建好演示文稿后，便可以在本机播放演示文稿，观察播放效果了。对效果满意后，还可将演示文稿打包成 CD，以便在其他计算机中播放。

①自定义放映。

利用 PowerPoint 提供的“自定义放映”功能，可以利用已有演示文稿中的幻灯片组成一个新的演示文稿。可以将演示文稿中第 1、2、5、6 张幻灯片，组成一个新的演示文稿。

②设置放映方式。

单击“幻灯片放映”选项卡中的“设置幻灯片放映”按钮，打开“设置放映方式”对话框，在该对话框中设置放映类型、放映选项和要放映的幻灯片、换片方式等参数，单击“确定”按钮。

演讲者放映：这是最常用的放映类型。放映时幻灯片将全屏显示，演讲者对课件的播放具有完全的控制权。例如，切换幻灯片，播放动画，添加注释等。

观众自行浏览：放映时在标准窗口中显示幻灯片，显示菜单栏和 Web 工具栏，方便用户对换片进行切换、编辑、复制和打印等操作。

在展台浏览：该放映方式不需要专人来控制幻灯片的播放，适合在展览会等场所全屏放映演示文稿。

在“放映选项”设置区选择是否循环播放幻灯片，是否不播放动画效果等；在“放映幻灯片”设置区选择放映演示文稿中的哪些幻灯片。用户可根据需要选择是放映演示文稿中的全部幻灯片，还是只放映其中的一部分幻灯片，或者只放映自定义放映中的幻灯片；在“换片方式”设置区选择切换幻灯片的方式。如果设置了间隔一定的时间自动切换幻灯片，则应选择上面的第2种方式。该方式同时也适用于单击鼠标切换幻灯片。

③放映演示文稿。

要播放演示文稿，可单击“幻灯片放映”选项卡“开始放映幻灯片”组中的按钮。例如，单击“从头开始”按钮或按<F5>键，此时屏幕会以满屏方式由第一张幻灯片开始播放。

在播放演示文稿过程中，每单击一下鼠标左键则显示下一张幻灯片，直到所有幻灯片播放完毕为止。如果想在中途终止幻灯片的播放，可以在幻灯片上右击鼠标，在弹出的快捷菜单中选择“结束放映”项即可。

④打包演示文稿。

当用户将演示文稿拿到其他计算机中播放时，如果该计算机没有安装PowerPoint程序，或者没有演示文稿中所链接的文件以及所采用的字体，那么演示文稿将不能正常放映。此时，可利用PowerPoint提供的“打包成CD”功能，将演示文稿和所有支持的文件打包，这样即使计算机中没有安装PowerPoint程序也可以播放演示文稿。

小　结

本章简要介绍了办公自动化的应用，重点介绍了Word 2016排版的文字排版、表格制作、图文混排和复杂排版等技术，使学生能对具有较复杂结构的文档进行排版。介绍了运用Excel 2016进行数据计算，处理较复杂的数据分析等技术，使学生能有效进行数据处理和分析。介绍了运用PowerPoint 2016制作艺术性较高的专业演示文稿，使学生能较好地进行个人展示。

习　题

一、选择题

1. 在Word 2016中，给每位家长发送一份“期末成绩通知单”，用（　　）命令最简便。

A. 复制　　B. 信封　　C. 标签　　D. 邮件合并

2. 在Word中，将鼠标光标移到文本左侧的选定栏，（　　），则选择整个文档。

A. 单击左键　　B. 单击右键　　C. 双击左键　　D. 三击左键

3. Word中（　　）视图方式使显示效果与打印预览基本相同。

A. 普通　　B. 大纲　　C. 页面　　D. 主控文档

4. 在 Word 文档中插入图形的第一步操作是（　　）。

A. 执行“插入”菜单中的“图片”命令

B. 将插入点置于图形预期出现的位置

C. 在图片对话框中选择要输入的图片文件名

D. 单击“确定”按钮，插入图片

5. 在使用 Word 编辑软件时，插入点位置是很重要的，因为文字的增删都将在此处进行。请问插入点的形状是（　　）。

A. 手形　　B. 箭头形　　C. 闪烁的竖条形　　D. 沙漏形

6. 在 Word 的菜单中，经常有一些命令是暗淡的，这表示（　　）。

A. 这些命令在当前状态不起作用　　B. 系统运行故障

C. 这些命令在当前状态下有特殊效果　　D. 应用程序本身有故障

7. 在文档中每一页都要出现的基本相同的内容通常都应放在（　　）中。

A. 页眉页脚　　B. 文本　　C. 文本框　　D. 表格

8. 在 Word 中，如果当前光标在表格中某行最后一个单元格外框线上，按<Enter>键后，（　　）。

A. 光标所在列加宽　　B. 对表格不起作用

C. 在光标所在行下增加一行　　D. 光标所在行加高

9. 在 Excel 中，选定单元格后，单击<Delete>键，将（　　）。

A. 清除选中单元格中的格式　　B. 清除选中单格中的内容

C. 清除选中单元格中的内容和格式　　D. 删除选中单元格

10. 在 Excel 工作表中，每个单元格都有唯一的编号称为地址，地址的使用方法是（　　）。

A. 字母+数字　　B. 列标+行号　　C. 数字+字母　　D. 行号+列标

11. 在 Excel 操作中，假设 A1、B1、C1、D1 单元分别为 2、3、7、3，则 SUM（A1:C1）/D1 的值为（　　）。

A. 15　　B. 18　　C. 3　　D. 4

12. Excel 中有多个常用的简单函数，其中函数 AVERAGE（区域）的功能是（　　）。

A. 求区域内数据的个数　　B. 求区域内所有数字的平均值

C. 求区域内数字的和　　D. 返回函数的最大值

13. 在 Excel 的编辑栏中，显示的公式或内容是（　　）。

A. 上一单元格的　　B. 当前行的　　C. 当前列的　　D. 活动单元格的

14. 在 Excel 中，如果我们只需要数据列表中记录的一部分时，可以使用 Excel 提供的（　　）功能。

A. 排序　　B. 自动筛选　　C. 分类汇总　　D. 以上全部

15. 在 Excel 中，公式输入完后应按（　　）组合键。

A. <Enter>　　B. <Ctrl+Enter>　　C. <Shift+Enter>　　D. <Ctrl+Shift+Enter>

16. PowerPoint 是一种（　　）软件。

A. 文字处理　　B. 电子表格　　C. 演示文稿　　D. 系统

17. PowerPoint 演示文稿默认的文件扩展名是（　　）。

A. . pptx　　B. . pot　　C. . dot　　D. . ppz

18. 为所有幻灯片设置统一、特有外观风格，应使用（　　）。

A. 母版　　B. 放映方式　　C. 自动版式　　D. 幻灯片切换

19. 如要终止幻灯片放映，可直接按（　　）键。

A. <Ctrl +C>　　B. <Esc>　　C. <End>　　D. <Ctrl+F4>

20. 下面（　　）视图最适合移动、复制幻灯片。

A. 普通　　B. 幻灯片浏览　　C. 备注页　　D. 大纲

二、判断题

1. 按一次<Tab>键就右移一个制表位，按一次<Delete>键就左移一个制表位。（　　）

2. 分页符、分节符等编辑标记只能在草稿视图中查看。（　　）

3. Excel 中使用分类汇总，必须先对数据区域进行排序。（　　）

4. 文档右侧的批注框只用于显示批注。（　　）

5. COUNT 函数用于计算区域中单元格个数。（　　）

6. 分类汇总只能按一个字段分类。（　　）

7. 在幻灯片母版设置中，可以起到统一标题内容的作用。（　　）

8. PowerPoint 中，文本框的大小和位置是确定的。（　　）

9. 幻灯片中不能设置页眉/页脚。（　　）

10. 在普通视图中，选择要插入声音的幻灯片，选择“插入”菜单中的“影片和声音”命令选择“文件中的声音”，便可以选择所需的声音。（　　）

三、操作题

1. Word 操作题。

请仿照下图进行练习。

网络时代

网站

网站是企业的宣传窗口，几乎所有的企业都意识到Internet是宣传企业的一个好窗口，在对已经建站的10家企业的电话采访中，大家都谈到了当前企业建设网站的主要目的是起到企业的形象宣传作用。

既然是宣传，网站的设计应该是十分关键的，它一方面代表了一个企业的文化，也代表了企业的形象；另一方面它应该给浏览网页的人带来一种美的享受。

通常，Internet为商家提供了以下两种显著的商业机会。第一、企业通过Internet可直接与顾客（也可以与重要的供货商、销售商）建立联系，简捷、方便地完成交易或传递信息，并在商业活动“价值链”中超越一些不必要的中间环节；第二、企业可Internet为新客户提供新产品及各种服务。

计算机

①打开 word 文档，按照“最终的效果图”输入文章。

②给文章加一个标题，“网站”；标题格式为居中，特殊格式无，黑体，小三号；标题加着重号。

③正文小四号，宋体，行距为 20 磅；段落格式为每段首行缩进 2 字符；首字下沉 2 行；本篇文章段前 0.5 行，段后 0.5 行。

④“网站的设计应该是十分关键的”一句加黑色底纹；“大家都谈到了当前企业建设网站的主要目的是起到企业的形象宣传作用”一句加阴影边框，并设置成红色字；“但是它的网站流露出来的一种企业文化给人留下了很深的印象。”一句为加粗的斜体；“还有电子贺卡、指南针等服务性栏目”一句加下划线，并设置文本效果为“渐变填充，蓝色”。

⑤第 3 段“海尔集团”突出显示，显示红色；文章中所有的“Internet”写成：网站。

⑥第 3 段实现分栏；“心形”，并“衬于文字”下方。

⑦设置页眉和页脚：文章页眉为“网络时代”，页脚为“计算机”。在文章的第 3 段插入图片，图片居中，设置“衬于文字的下方”。在文章末插入一个“云形标注”的形状，内容为“网络的时代”，填充为绿色。

2. Excel 操作题。

①新建工作簿并把工作表 sheet1 重命名为高二一班成绩表，设置标题为学生成绩统计表，标题中部居中，并输入下图中的数据。

	A	B	C	D	E	F	G	H	I
1	学生成绩统计表								
2	学号	姓名	性别	数学	物理	外语	计算机	总分	平均分
3	1263040101001	李亚洲	男	78	81	74	84		
4		张　红	女	89	91	93	96		
5		周天文	男	95	89	90	88		
6		王　凡	男	72	75	80	77		
7		赵　亮	男	86	85	88	81		
8		张明珠	女	95	93	94	90		
9		高晓华	女	88	85	90	86		
10		赵小磊	男	86	90	85	90		
11		孙爱敏	女	85	86	93	87		
12		周志杰	男	91	92	95	88		

②给表格边框设置为红色，内部为黑色线，标题部分填充为红色。

③计算每个学生 4 门课程的平均分、总成绩，保留两小数。

④在平均分后的单元格用函数计算所有学生“平均分”和成绩的“总分”。

⑤用函数在右下角表格的最后一行插入制表日期即当天的日期。

⑥根据平均分为每个学生写出评语：平均分在 85 分及以上为“优秀”，60 分及以上为“及格”，60 分以下为“不及格”。

⑦根据各学生的评语计算奖学金：“优秀”为 500 元，其余都没有奖学金（对应无奖学金）。

⑧按要求生成图表，以学生姓名和平均分两列生成饼状图，要求显示数据并带指引线，

设置图表区边框宽度 3.75 磅，边框颜色为红色，绘图区填充为蓝色渐变，并给图表区域设置阴影。

3. PowerPoint 演示文稿操作题。

①下载素材。

②幻灯片不能少于 10 张。

③第一张幻灯片是“标题幻灯片”，其中副标题中的内容必须是本人的信息，包括“姓名、专业、年级、班级、学号”。

④设置目录页，采用超链接技术进行快速定位。

⑤设置母版，每页显示艺术字“美丽的水仙”。

⑥其他幻灯片中要包含有文字、图片或艺术字且这些对象都要通过“自定义动画”进行设置，4 种动画效果（进入、强调、退出、动作路径）至少应用 3 种。

⑦除“标题幻灯片”之外，每张幻灯片上都要显示页眉，其中页眉为“美丽的水仙”。

⑧选择一种“主题”对文件进行设置。

⑨设置每张幻灯片的切入方法。

⑩设置放映方式为“观众自行浏览（窗口）”，保存文件类型为“PowerPoint 放映，.ppsx 格式”。

第5章

计算机软件开发

学习目标 

- 了解程序设计处理过程，掌握程序设计步骤。
- 掌握结构化程序设计和面向对象程序设计的特点。
- 了解算法与数据结构的概念及在程序设计中的作用。
- 理解软件开发的全过程及软件开发的基本方法。

我们知道一个完整的计算机系统是由硬件和软件两部分组成的。硬件是组成计算机的物质基础。软件是指挥计算机实现各种动作的“思想”，是整个计算机系统的“灵魂”。计算机只有在配备了一定的软件之后，才能发挥其作用。人们通过使用软件来运用计算机解决各种问题。在计算机硬件条件确定之后，不断拓展计算机功能和应用、提高计算机工作效率和方便用户使用计算机等就要由软件来实现。计算机软件是什么？软件开发技术有哪些？如何进行软件开发？这些问题是计算机学习人员必须了解的问题。本章将简要介绍计算机软件的概念、程序设计语言、算法与数据结构、软件工程等，以便大家对计算机软件开发有一个最基本的了解。

5.1　计算机程序设计

程序设计语言是为描述计算过程而设计的一种具有语法语义描述的记号的集合。对计算机使用者而言，程序设计语言是除计算机本身之外的所有工具中最重要的工具，是其他所有工具的基础。由于程序设计语言的这种重要性，从计算机问世至今的半个多世纪中，人们一直都在为研制更新更好的程序设计语言而努力着。程序设计语言的数量在不断增加，目前已出现的各种程序设计语言有多种，但这其中只有极少数得到了广泛应用。本节将对程序设计做一个简要的介绍。

5.1.1　计算机软件与程序设计概述

1. 软件概述

计算机系统由硬件和软件两大部分组成，其功能的实现须由硬件和软件协同完成。任何一个计算机系统的运行都是软件设计思想的体现，人们通过设计的软件来指挥和控制计算机的运行。软件的设计或生产过程称为软件开发。

程序是在数据的某些特定结构和表示方式的基础上对抽象算法的描述。如何选择算法和数据结构是程序设计中两个相互联系的不可分割的问题。

程序是一种信息，它的存储与传播需要借助某种介质。程序作为商品以有形介质（如磁盘）为载体进行交易，就称为软件（Software）。准确地说，软件是指为运行、维护、管理及应用计算机所编制的所有程序及其文档资料的总和。文档分为两大类：软件开发文档和用户文档。软件开发文档主要包括需求分析、方案设计、编程方法及原代码、测试方案与调试、维护等文档；用户文档主要包括使用说明书、用户手册、操作手册、维护手册等。软件具有下列 4 种特性。

（1）软件是功能、性能相对完备的程序系统

程序是软件，但软件不仅是程序，还包括说明其功能、性能的说明性信息，如使用维护说明、指南、培训教材等。

（2）软件是具有使用性能的软设备

能解决某一问题的应用程序，只有在使用良好并转让给他人的时候才称为应用软件。

（3）软件是信息商品

软件作为商品，不仅要有功能、性能要求，而且还要有质量、成本、交货期等要求。软件开发者一般不是使用者，软件的开发、生产、销售形成了市场前景广阔的信息产业。软件是极具有竞争性的商品，投入的资金主要是人工费。

（4）软件是一种只有过时而无“磨损”的商品

硬件和一般产品都有使用寿命，长时间使用会“磨损”，因此就会变得不可靠。软件与硬件不同，用得越多的软件其内部的错误将被发现并清除得越干净。所以软件只有过时，而无用坏之说。所谓过时往往是指它所在的硬件环境升级，导致软件也要相应升级。

2. 程序与程序设计语言

计算机能处理复杂问题是硬件和软件协同工作的结果，人们可以编写满足需求的程序，并在计算机上运行来完成预定的任务。同样的硬件配置，装载不同的程序就可以完成不同的工作。

计算机“程序”是指为完成某个任务或解决某个特定问题而采用某种计算机程序设计语言编写的有序指令集合。

任何一个计算机程序都具有以下共同的性质。

目的性：为了实现某个特定目标或完成某个功能，程序的每条指令都是确定的。

有序性：执行步骤是有序的，程序有确定的执行顺序。

有穷性：程序应是有限的指令序列，包含有限的操作步骤，能在一定时间范围内完成。

程序设计语言是人与计算机交流的工具，是用来编写计算机程序的工具，它可以用不同的形式来描述。目前经过标准化组织认可产生的程序设计语言有很多，但常用的只有十几种。适宜的程序设计语言可以使编程人员在编码时遇到的困难少，并且编写出的源程序代码容易阅读、测试和维护。因此，在选择编程语言解决特定问题时，必须综合考虑系统要求和其规模、运行环境、用户水平、程序员对语言的熟悉程度及所选取语言的适用领域等因素。

3. 程序设计语言的发展

计算机程序设计语言经历了从机器语言、汇编语言到高级语言的发展历程。而高级语言又经历了结构化语言、结构化查询语言和面向对象语言的发展。由于程序设计语言的不断发展和完善，程序设计也变得越来越简单、标准和工程化。

(1) 机器语言

机器语言是计算机诞生和发展初期使用的语言。机器语言程序是由 0 和 1 的二进制代码按一定规则组成的，并能被机器直接理解和执行的指令集合。

例如，计算 A=5+10 的机器语言程序如下：

10110000 00000101：把 5 放入累加器 A 中；

00101100 00001010：10 与累加器 A 中的值相加，结果仍放入 A 中；

11110100：结束，停机。

机器语言编写的程序不仅难读、难懂、难修改，而且不同机器使用的指令系统也不尽相同，所以现在已经没有人使用机器语言直接编程了。当然，机器语言也有其优点，编写的程序代码不需要翻译，占用空间小，执行速度快。

(2) 汇编语言

汇编语言开始于 20 世纪 50 年代初。为了克服机器语言的缺点，人们将机器指令的代码用英文助记符来表示，如用 ADD 表示加、JMP 表示程序跳转等。

A=5+10 的汇编语言程序如下：

MOV　A，5：把 5 放入累加器 A 中；

ADD　A，10：10 与累加器 A 中的值相加，结果仍放入 A 中；

HLT　：结束，停机。

汇编语言克服了机器语言难读、难懂的缺点，同时保持了其编程质量高、占用空间小、执行速度快的优点。故在编写系统软件和过程控制软件时，仍采用汇编语言。

汇编语言编写的程序（源程序），必须经过一种称为汇编程序的语言处理程序翻译成计算机所能识别的机器语言，才能被计算机执行，如图 5-1 所示。

(3) 高级语言

在与计算机交流的经历中，人们意识到，应该设计一种这样的语言，它既接近于数学语言或自然语言，又不依赖计算机硬件，编出的程序能在所有计算机上通用。1954 年，第一个完全脱离机器硬件的高级语言 FORTRAN 语言问世了。高级语言的表示形式近似于自然语言，对各种计算公式的表示近似于数学公式。而且，一条高级语言语句的功能往往相当于十几条甚至几十条汇编语言指令，程序编写相对比较简单。因此，在工程计算、数据处理等方面，人们常用高级语言来编写程序。

用高级语言编写的程序称为高级语言源程序，不能直接执行，必须经过语言处理程序的解释或编译后才能执行，如图 5-2 所示。

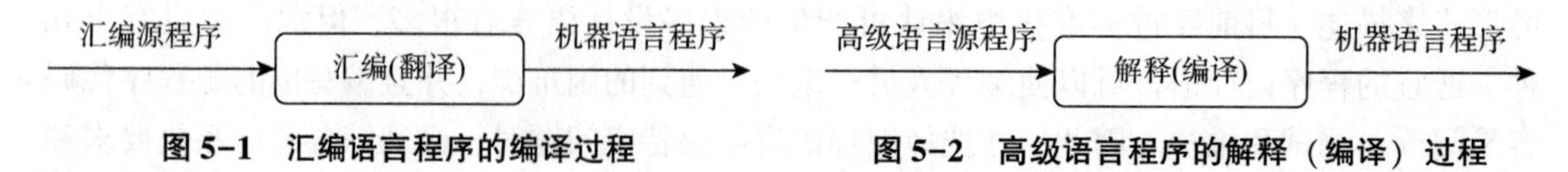

图 5-1　汇编语言程序的编译过程　　**图 5-2　高级语言程序的解释（编译）过程**

4. 程序的编译与解释

计算机将高级语言代码转化为机器码指令的方式一般有编译和解释两种。源程序转换为机器代码的处理过程，如图 5-3 所示。

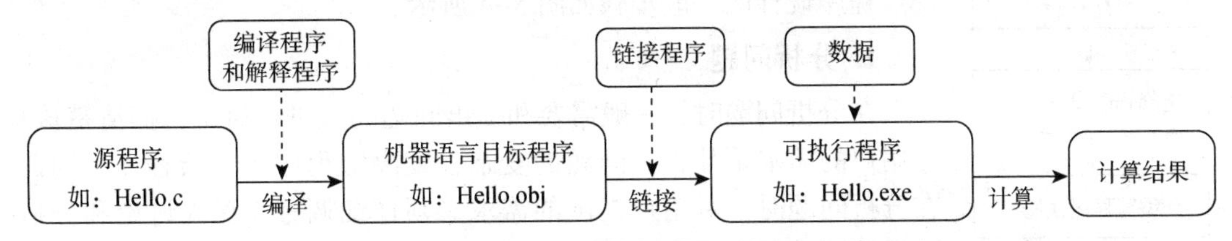

图 5-3　高级语言的源代码转换为机器代码的处理过程

(1) 源程序

用编程语言（如汇编语言或者高级语言）编写的程序称为源程序，也称为源代码。源程序必须经过“翻译”处理（汇编语言源程序需要经过汇编，高级语言源程序要经过编译或解释），成为计算机能够“识别”的机器语言程序，才能在计算机上执行。

(2) 编译程序和解释程序

编译程序是把高级语言编写的源程序翻译成目标代码的程序，也称为编译器。常用的高级语言，如 C、Fortran、Pascal 等都是编译型的高级语言。用它们编写的高级语言源程序，必须由该语言的编译程序（编译系统）先翻译成二进制代码，然后才能执行。

编译程序读取源程序（字符流），是对它进行词法和语法的分析，将高级语言指令转换为功能等效的汇编代码，再由汇编程序转换为机器语言。编译器处理过程可以划分为词法分析、语法分析、语义分析、中间代码生成、代码优化（非必需）、目标代码生成等阶段。

解释程序与编译程序不同，其执行方式类似于我们日常生活中的“同声翻译”，程序源代码一边由相应语言的解释器“翻译”成目标代码，一边执行，因此效率比较低。而且不能生成独立的可执行文件，程序不能脱离其解释器。但这种方式比较灵活，可以动态调整、修改应用程序。

(3) 机器语言目标程序

编译器对源代码编译后生成的代码称为“机器代码程序”或者“机器语言目标程序”，是计算机能够直接识别的代码。但目标代码仅包含有关程序各部分要载入何处及如何与其他程序合并的信息，无法直接载入内存执行，但可以为链接程序所使用。

(4) 链接程序

链接程序使用编译器生成的目标文件与库文件链接，生成可以装载入内存中运行的可执行文件。应用程序开发工具往往提供各种各样的库，这些库是为了支持程序的运行，称为运行库；或者是支持一些通常使用的功能，如把支持操作系统功能调用或者把数学处理、图形处理的功能做成函数库，供程序员调用。使用库中的函数就像使用程序员自己编写的函数一样，程序员不必每项功能都从头开发，加快了开发的速度，也避免了可能产生的错误。这些库可以由程序设计工具提供，也可以由操作系统提供。

经过正确的链接就生成了可在计算机上执行的代码程序。

5.1.2　程序设计的步骤

随着计算机应用领域的扩大，软件规模越来越大，参与人员日益增多。开发一个程序，

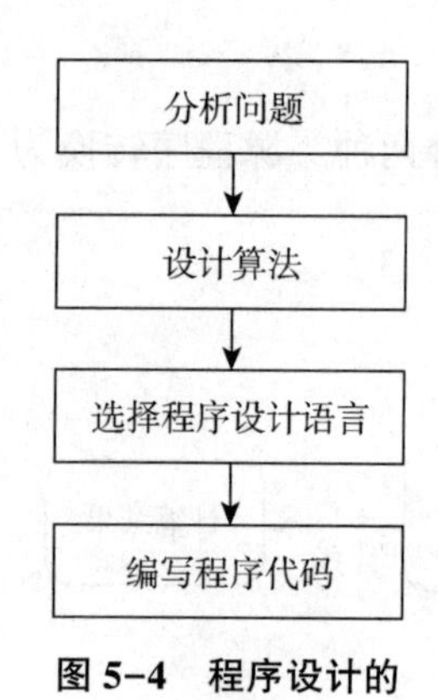

图 5-4　程序设计的一般步骤

特别是一个软件系统，是一项非常复杂的工程。广义的程序设计并不是简单的编写程序，它是一个过程，包含了一系列的步骤。而对于一个功能相对简单的计算任务来说，编写程序的过程可以称为程序设计。程序设计的一般步骤如图 5-4 所示。

1. 分析问题

在分析问题时，一般需要和提出问题的人进行讨论，搞清楚该程序用户的需求是什么。问题的复杂程度决定程序的复杂程度。因此，在分析问题时，对用户提出的需求必须详细调查，深入讨论和分析，这样编写的程序才能满足用户要求。

2. 设计算法

问题分析清楚之后，就要考虑如何用计算机解决这些问题，也就是要设计算法。针对用户提出的问题，设计出合适的步骤来解决。

3. 选择程序设计语言

算法设计完成后，编写程序之前需要选择程序设计语言。一般来说，不同的语言都可以完成同样的任务。但是，在实际工作中，人们往往会综合各种要求从而选择最适合的语言。例如，如果时间紧迫，可能就会选择开发效率高或自己熟悉的语言（如 C#）；如果对程序响应要求高，可能就会选择运行效率高的语言（如 C）；如果要求程序在多种平台上使用，可能就会选择移植性好的语言（如 Java）等。

4. 编写程序代码

选定程序设计语言后，就可以按算法步骤编写程序代码，实现程序要求的功能。编写程序代码就是根据所选语言规定的词汇、语法规则、构词语句来逐行编写代码，最后得到的就是源代码程序。

5.1.3　结构化程序设计

1. 结构化程序设计思想

结构化程序设计（Structured Programing，SP）思想最早是由 E. W. Dijikstra 在 1965 年提出的。结构化程序设计将软件系统划分为若干功能模块，各模块按要求单独编程，再由各模块连接，组合构成相应的软件系统。结构化程序设计主要的观点是自顶向下、逐步求精和模块化，各个模块通过“顺序、选择、循环”的控制结构进行连接，并且只有一个入口和一个出口。

（1）自顶向下

程序设计时，应先考虑总体，后考虑细节；先考虑全局目标，后考虑局部目标。不要一开始就过多追求局部细节，而应该先从顶层总目标开始，自顶向下逐步使问题具体化。

（2）逐步求精

对复杂问题，应设计出若干简单的子问题作为过渡，逐步细化。

（3）模块化

模块化就是把程序要解决的总目标分解为多个子目标，而每个子目标又进一步分解为更具体的小目标，把每一个小目标的程序作为一个模块来进行设计。

2. 结构化程序设计的过程

结构化程序设计主要是面向过程的，它从接受任务、分析问题开始，到最后通过计算机运行得到正确的结果，一般包括下面的5个过程。

（1）分析问题，构造模型

在接受任务时必须确切地弄清楚问题的性质、任务和要求，如给出什么样的数据，要求得到什么样的结果，输出打印有什么样的格式要求等，然后需要抽象和简化问题的现象，建立描述问题的模型，给出合适的数据结构。

（2）确定算法

算法就是解决某一个问题而采用的正确有限的步骤，即如何让计算机理解和解决问题。一般情况下，算法要设计到所用程序设计语言都能够支持的程度，也就是说，算法的每一步操作都要能够转化为用程序设计语言描述的代码。

（3）编制源程序

用程序设计语言把算法准确地表述出来，以便计算机执行。我们可以把程序看成是用程序设计语言对算法进行的表达。

（4）调试和修改程序

一个程序尤其是比较复杂的程序是不可能一次就编写成功的，需要经过多次试运行，发现并排除程序中存在的语法错误或逻辑错误，并且需要根据试运行的结果来验证程序的正确性。

（5）整理资料，编写文档

任何一个问题的解决都有一定的使用范围，所以在调试完成一段程序以后，我们都需要进行整理，将程序的目的、运行环境、调试用的测试数据等信息编写成报告，以便今后阅读和修改。

3. 结构化程序的基本结构

结构化程序设计的概念最早是由荷兰科学家E. W. Dijikstra提出的。早在1966年，他就指出：可以从高级语言中取消goto语句，任何程序都可以用顺序、选择和循环3种基本控制结构组成，并且程序具有模块化特征，每个程序模块具有唯一的入口和出口。这为结构化程序设计的技术奠定了理论基础，如图5-5所示。

采用结构化的程序结构简单、清晰，可读性好、模块化强，描述方式符合人们解决复杂问题的普遍规律，结构化程序设计方法在应用软件开发中发挥着重要的作用。

（1）顺序结构

顺序结构表示程序中的各操作是按照它们出现的先后顺序执行的，其流程如图5-5（a）所示。图中的A、B、C表示3个顺序的处理步骤，这种结构的特点是程序从入口点开始，按顺序执行所有操作，直到出口点结束。事实上，不论程序中包含了什么样的结构，程序的总流程都是顺序结构，都是按自上而下的顺序执行的。

（2）选择结构

选择结构表示程序的处理步骤出现了分支，它需要根据某一特定的条件选择其中的一个分支来执行。选择结构有单分支、双分支和多分支3种形式。

双分支是典型的选择结构形式，在结构的入口点处是一个判断框，表示程序流程出现了两个可供选择的分支，如果条件满足就执行A，否则就执行B。值得注意的是，在这两个分支中只能选择一条且必须选择一条执行，但不论选择了哪一条分支执行，最后流程都一定会到达结构的出口点处，如图 5-5（b）所示。

单分支选择结构中只有一个可供选择的分支，如果条件满足就执行 A，否则按顺序向下执行到出口处。也就是说，当条件不满足时，什么也没执行，所以称为单分支结构，如图 5-5（c）所示。

多分支选择结构是指程序流程中遇到多个分支，程序执行方向将根据条件的各种可能情况来确定。不论选择了哪一条分支，最后流程都要到达同一个出口处。如果所有分支的条件都不满足，则直接到达出口处。C 语言是面向过程的结构化程序设计语言，它可以非常简便地实现这一功能，可以用 if 嵌套语句和 switch 语句来完成多分支选择，if 嵌套语句和 switch 语句结构如图 5-6 所示。

（3）循环结构

循环结构表示程序反复执行某个或某些操作，直到某条件为假（或为真）时才终止循环。在循环结构中最主要的是：什么情况下执行循环（即循环的条件是什么）？哪些操作需要循环执行（即循环体包含什么操作）？循环结构的基本形式有两种：当型循环和直到型循环。当型循环表示先判断条件，当满足给定的条件时执行循环体，并且在循环终端处流程自动返回到循环入口；如果条件不满足，则退出循环体直接到达流程出口处。因为是“当条件满足时执行循环”，即先判断后执行，所以称为当型循环，如图 5-5（d）所示。直到型循环表示从结构入口处直接执行循环体，在循环终端处判断条件，如果条件满足，返回入口处继续执行循环体，直到条件为假时再退出循环到达流程出口处，它是先执行后判断。因为是“直到条件为假时为止”，所以称为直到型循环，如图 5-5（e）所示。

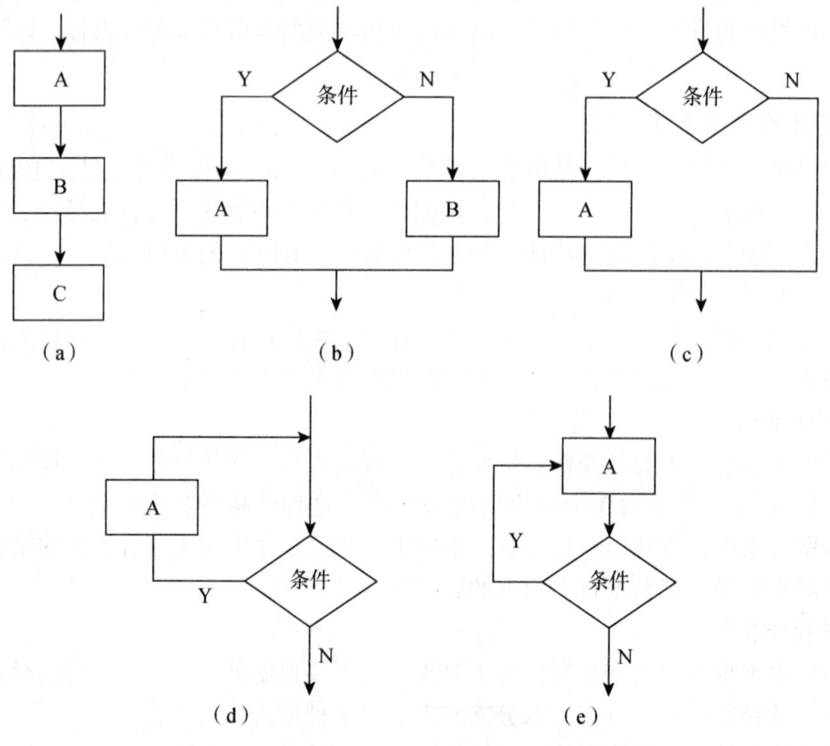

图 5-5　基本控制结构

（a）顺序结构；（b）选择结构（双分支）；（c）选择结构（单分支）；（d）循环结构（当型）；（e）循环结构（直到型）

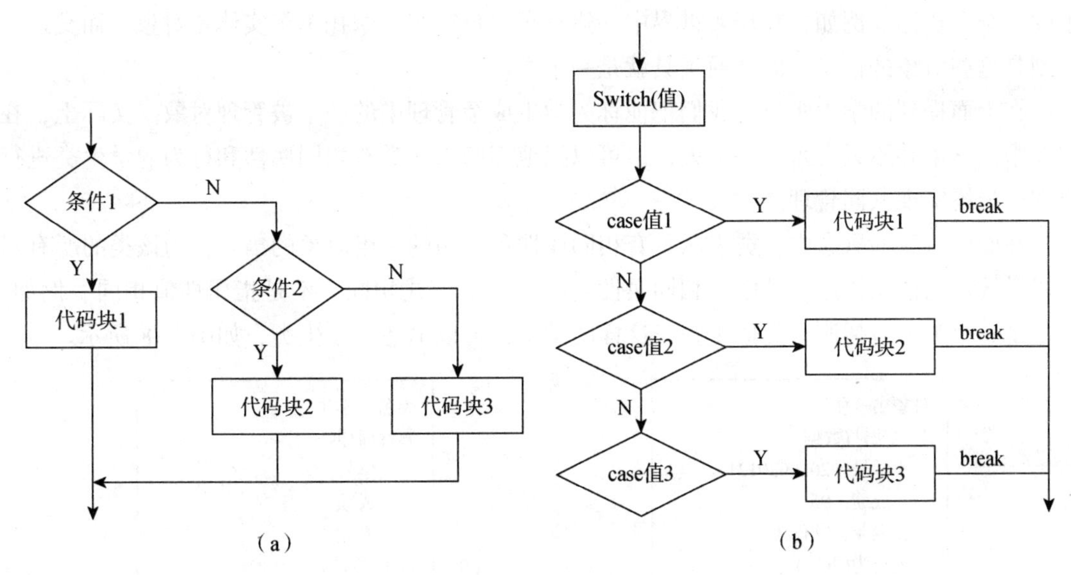

图 5-6 多分支选择结构

（a）if 嵌套语句；（b）switch 语句结构

5.1.4 面向对象程序设计

1. 面向对象程序设计的基本概念

（1）对象

客观世界中任何一个事物都可以看成一个对象（Object），对象可以是自然物体，如一辆汽车、一间房屋、一个人，也可以是社会生活中的一种逻辑结构，如一个班级、一个部门、一个组织，甚至一个图形、一项计划等都可以作为对象。对象是构成系统的基本单位，在实际社会生活中，人们都是在不同的对象中活动。任何一个对象都应当具有两个要素，即属性（Attribute）和行为（Behavior）。一个对象往往由一组属性和一组行为构成，一辆汽车是一个对象，它的属性包括生产厂家、颜色、品牌、型号、价格等，它的行为就是它的功能，如发动、停止、加速等。一般来说，凡是具备属性和行为这两个要素的，都可以作为对象。

对象是问题域中某些事物的一个抽象，反映事物在系统中需要保存的必要信息和发挥的作用，是包含一些特殊属性（数据）和服务（行为方法）的一个封装实体。具体来说，它应有唯一的名称，应有一个系统状态（表示为数据）以及表示对象的行为。简而言之，对象可以表示为

对象=属性（数据)+行为（方法、操作）

例如，有一个学生名叫张三，在学生成绩管理系统中，可以描述学生这个对象，如图 5-7所示。

（2）类与对象

普通逻辑意义上的类（Class）是现实世界中各种实体的抽象概念，而对象是现实生活

中的一个个实体。例如，在现实世界中一辆汽车、自行车、摩托车等实体是对象，而交通工具则是这些对象的抽象，即交通工具就是一个类。

在上面提到的学生张三，我们把他称为学生成绩管理中的一个被管理对象。实际上，在学校中，学生并不只有张三一个人，但可以把他们归为一类有相同属性和行为的学生类进行研究，最终实现共同管理。

在面向对象的概念中，类表示具有相同属性和行为的一组对象的集合，为该类的所有对象提供统一的抽象描述。其中，相同属性是指定义的形式相同，不是指属性值相同。例如，学生是一个类，包括所有类似于张三这样的学生，可以描述为学生类，如图 5-8 所示。

对象名：张三
对象属性(数据)： 学号：2019030121 成绩：95 专业：软件工程
对象行为(方法)： 参加考试 回答问题 完成作业

图 5-7　对象的描述

类名：学生
属性(数据)： 学号 成绩 专业
行为(方法)： 参加考试 回答问题 完成作业

图 5-8　类的描述

类是对相似对象的抽象，而对象是该类的一个实例，类与对象的关系是抽象与具体的关系。例如，张三是学生，学生是一个类，张三作为学生的一个具体对象，是学生类的一个实例。

（3）方法和属性

方法就是对象所能执行的操作，也就是类中所定义的服务，描述的是对象执行操作的算法、响应消息的方式。

属性，即类中所定义的数据，它是对客观世界实体所具有的性质的抽象。类的每个实例都有自己特定的属性值。

（4）消息与方法

一个对象向另一个对象发出的请求称为消息（Message），也称为事件（Event），它是一个对象要求另一个对象执行某个操作的规格说明，通过消息传递才能完成对象之间的相互请求和协作。例如，学生对象请求教师对象辅导，学生对象向教师对象发出消息，教师对象接收到这个消息后，才决定做什么辅导并执行辅导。通常把发送消息的对象称为消息的发送者或请求者，而把接收消息的对象称为消息的接受者或目标对象。接受者只有在接收到消息时，才能被激活，之后才能根据消息的要求调用某个方法完成相应的操作。所以，消息传递的实质是方法的调用。

2. 面向对象程序设计的特征

面向对象技术的基本特征是抽象、封装、继承和多态。

（1）抽象（Abstraction）

抽象是处理事物复杂性的方法，只关注与当前目标有关的方面，而忽略与当前目标无关的那些方面。例如，在学生成绩管理中，张三、李四、王五作为学生，我们只关心他们和成绩管理有关的属性和行为，如学号、姓名、成绩、专业等特性。抽象的过程是将有关事物的共性归纳、集中的过程。例如，凡是有轮子、能滚动并且能前进的陆地交通工具统称为“车子”，把其中用汽油发动机驱动的交通工具抽象为“汽车”，把用马拉的交通工具抽象为“马车”。

抽象能表示同一类事物的本质，如果你会使用自己家里的电视机，在别人家里看到即便是不同的牌子的电视机，你也能对它进行操作，因为它具有所有电视机共有的特征。再如，要设计绘制圆的图形的程序，通过分析可知，圆是这个问题中的唯一事物。对于具体的圆，有的大些，有的小些，圆的位置也不尽相同，但可用圆心的横、纵坐标和圆的半径 3 个数据就可以描述圆的位置和大小，这就是对圆这个事物的数据抽象。由于抽象后没有具体的数据，它不能是一个具体的圆，只能代表一类事物——圆类。要能画出圆，该程序还应有设置圆的位置、半径大小和绘制圆形的功能，这就是对圆这个事物的行为抽象。

（2）封装（Encapsulation）

封装是指把一个事物包装起来，使外界不了解它的内部的具体情况。在面向对象的程序设计中，封装就是把相关的数据和代码结合成一个有机的整体，形成数据和操作代码的封装体，对外只提供一个可以控制的接口，内部大部分的实现细节对外隐蔽，达到对数据访问权的合理控制。封装使程序中各部分之间的相互联系达到最小，提高了程序的安全性，简化了程序代码的编写工作，是面向对象程序设计的重要原则。例如，一台电视机就是一个封装体。从设计者的角度来讲，不仅需要考虑内部的各种元件，还要考虑主机板、显像管等元件的连接与组装；从使用者的角度来讲，只需关心其型号、颜色、重量，只需关心电源开关按钮、音量开关、调频按钮等用起来是否方便，根本不需要关心其内部构造。

因此，封装的目的在于将对象的使用者与设计者分开，使用者不必了解对象行为的具体实现，只需要用设计者提供的消息接口来访问该对象。

（3）继承（Inheritance）

在面向对象程序设计中，继承表达的是类与类之间的关系，这种关系使一类对象可以继承另一类对象的属性（数据）和行为（操作）。汽车制造厂要生产新型号的汽车，如果全部从头开始设计，将耗费大量的人力、物力和财力。但如果选择已有的某一型号的汽车作为基础，再增加一些新的功能，就能快速研发出新型号的汽车。这是提高生产效率的常用方法。

同样，在面向对象程序设计中，如果在软件开发中已建立了一个名为 A 的类，又想建立一个名为 B 的类，而后者与前者内容基本相同，只是在前者基础上增加一些新的属性和行为，显然不必再从头设计一个新类，只需在 A 类的基础上增加一些新的内容即可，而 B 类的对象拥有 A 类的全部属性与方法，称为 B 类对 A 类的继承。在 B 类中不必重新定义已在 A 类中定义过的属性和方法，这种特性在面向对象中称为对象的继承性。继承在 C++和 Java 语言中称为继承，在 C#中则称为派生。其中，A 类称为基类或父类，B 类称为派生类或子类。例如，灵长类动物包括人类和大猩猩，那么灵长类动物就称为基类或父类，具有的属性包括手和脚（其他类动物称为前肢和后肢），具有的方法是抓取东西（其他动物不具备）。人类作为特殊的灵长类高级动物，除了继承灵长类动物的所有属性和方法外，还具有特殊的方法—创造工具；大猩猩类也作为特殊的灵长类动物，除了继承灵长类动物的所有属性和方法外，还具有特殊的方法—使用工具。类的继承性如图 5-9 所示。

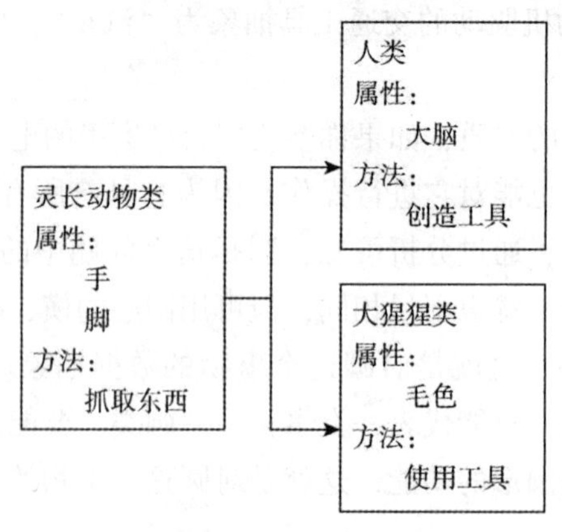

图 5-9　类的继承性

继承机制提高了软件复用的程度，减少了代码和数据的冗余，增强了类与类之间的一致性，减少了模块间的接口和界面，降低了软件开发的复杂性和费用，使软件系统易于扩充，大大缩短了软件开发周期。其不仅使软件的质量得到了保证，还大大减少了开发人员的工作量。

（4）多态（Polymorphism）

对象根据所接受的消息做出相应操作。在面向对象技术中，多态是指子类对象可以像父类对象那样使用，同样地，消息可以发送给父类对象也可以发送给子类对象。当对象接收到发送给它的消息时，会根据自身所属的类动态地选用在该类中定义的实现算法来响应这条消息。多态性使同样的消息在被不同对象接收时有完全不同的反应。通俗地说，多态性就是指类中同一函数名对应多个具有相似功能的不同函数，可以使用相同的调用方式来调用这些具有不同功能的同名函数。多态性机制不仅增加了面向对象软件系统的灵活性，进一步减少了信息冗余，还显著提高了软件的重用和可扩充性。多态性使软件开发更加方便，也增加了程序的可读性。

几种常用高级程序设计语言

5.2　算法与数据结构

20 世纪 70 年代初，E. W. Dijikstra 首先提出把程序设计看作一门科学的观念，揭开了程序设计的新篇章，掀起了程序设计理论研究的热潮。程序是在数据的某些特定结构和表示方式的基础上对抽象算法的描述。如何选择算法和数据结构是程序设计中两个相互联系的不可分割的问题。

当需要程序处理的数据很多时，需要一种特别的数据组织形式，以便程序能较有效率地存放处理这些数据，从而将这种组织数据的方式称之为数据结构。

数据结构描述的是按一定逻辑关系组织起来的待处理数据元素的表示及相关操作，与数据的逻辑结构、存储结构和运算密切相关。算法是解决某类实际问题的过程。数据结构是刻画实际问题中的信息及其关系，算法是描述问题解决方案的逻辑抽象，它们是计算机求解问题的两大基石。“程序=数据结构+算法” 这个等式表明有一个好的数据结构再配上巧妙的算法就可获得所想要的程序。

5.2.1 算法的概念与特征

1. 算法的概念

广义地说，为解决一个问题而采取的方法和步骤，就称为“算法”。而计算机算法就是使用计算机来解决一个问题时所采取的特定方法和步骤。

例如，要求出 1+2+3+…+100 的和，可设计如下的计算机算法。

设两个变量：一个变量 sum 用来存放求和的结果，另一个变量 i 用来存放每次被加的数值。

S_1：使 0=>sum；//给变量 sum 赋初值 0

S_2：使 1=>i；//给变量 i 赋初值 1

S_3：使 i 的值累加到 sum 中，即 sum+i=>sum；

S_4：使 i 的值加 1，i+1=>i；

S_5：如果 i<=100，返回 S_3 继续执行；否则，输出 sum 的值，算法结束。

最后输出的 sum 的值就是要求的和。

算法设计完成后，用某种程序设计语言描述出来就是计算机程序了。

2. 算法的特征

算法具有以下 5 个基本特征。

（1）有穷性（Finiteness）

一个算法应在有限的操作步骤下完成，而不能是无限的，否则就失去了实际意义。在实际应用中，算法的有穷性应该包括执行时间的合理性。

（2）确定性（Definiteness）

算法的每一个步骤必须有确定的含义，对每一种可能出现的情况，算法都应给出确定的操作，而不能含糊、模棱两可，否则就会导致结果不确定。

（3）有效性（Effectiveness）

算法中的每个步骤都必须是能实现的，算法的执行结果应达到预期目的，即正确、有效。例如，算法执行中若出现 0 为除数、负数开方等操作将导致算法无法执行。

（4）有 0 个或多个输入项（Input）

输入是指在执行算法时需要从外界取得的必要信息。

（5）至少有一个输出项（Output）

算法的目的是求解，“解” 就是输出，没有输出的算法是没有意义的。

算法和程序是有区别的。因为程序不一定要满足有穷性要求，如操作系统，除非死机，否则它永远在循环等待。另外算法必须有输出，而程序可以没有输出。

5.2.2 算法的描述

常用的算法描述主要有自然语言、流程图和伪代码3种方式。

假如给出一个大于或等于3的正整数，如何来描述判断它是不是一个素数的算法呢？

算法描述是让阅读者了解算法的工作流程与步骤，因此，只要能清楚地表现出算法的5个特征就可以了。

为了让计算机解决此问题，我们首先要了解素数的概念。素数是指除了1和该数本身之外，不能被其他任何整数整除的数（不难证明，如果一个大于或等于3的正整数不能被从2到所有小于等于$\sqrt{n}$的整数整除，那么这个正整数就是素数）。例如，23是素数，因为它不能被2，3，4（$4<\sqrt{23}$）整除。然后我们该采用什么方式来描述此算法呢？上述例子用自然语言、流程图和伪代码来描述的算法分别如下所述。

1. 自然语言

可以用人们日常使用的语言，如中文、英文等描述上述例子，如果用自然语言描述，结果如下。

S_1：输入n的值（$n\geqslant 3$）；

S_2：$i=2$（i作为除数）；

S_3：n被i除，得余数r；

S_4：如果$r=0$，表示n能被i整除，则输出n“不是素数”，算法结束；否则执行S_5；

S_5：$i+1=>i$；

S_6：如果$i\leqslant\sqrt{n}$，返回S_3；否则输出n的值以及“是素数”，然后结束。

虽然用自然语言来描述算法通俗易懂，但存在以下缺陷：

①易产生歧义，往往要根据上下文才能判别其确切含义；

②语句烦琐、冗长，尤其是描述包含选择和循环的算法时，不太方便。

因此，一般不用自然语言来描述算法，除非是很简单的问题。

2. 流程图

流程图是用一组几何图形表示各种类型的操作，在图形上用扼要的文字和符号表示具体的操作，并用带箭头的流程线表示操作的先后次序。一般用图框、线条以及文字说明来描述算法，如图5-10（a）所示。流程图表示的算法形象、直观，便于交流，因此被广泛使用。如果用流程图描述上述例子，则如图5-10（b）所示。

3. 伪代码

为了设计算法时方便，常用一种称为伪代码的工具。“伪代码”就是用介于自然语言和计算机语言之间的文字和符号来描述算法。“伪”意味着假，因此用伪代码写的算法是一种假代码—不能被计算机所理解，但便于转换成某种语言编写的计算机程序。

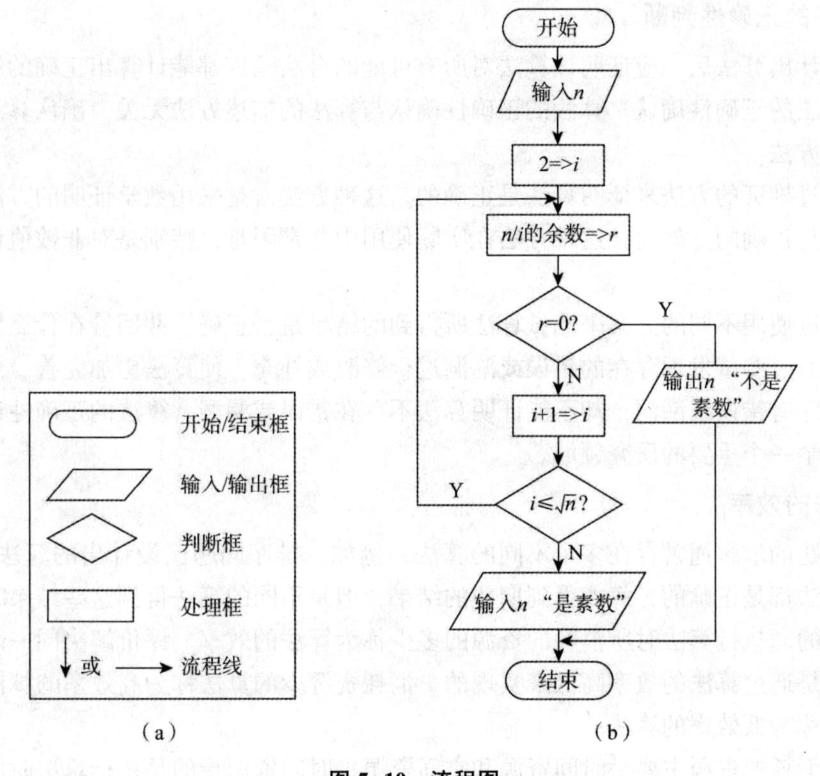

图 5-10 流程图

(a) 流程图的常用符号；(b) 用流程图描述算法

用伪代码写算法并无固定的、严格的语法规则，只要意思表达清楚，书写格式清晰易读即可。如果用伪代码描述上述例子，结果如下：

```
begin      (算法开始)
        input n
        2 =>i
do
    {
        n%i =>r
        if (r==0)
        output n 不是素数
        else
           i+1 =>i
        } While (i≤√n)
    if (r>√n)
        output n 是素数
    end        (算法结束)
```

5.2.3 算法的分析

我们设计的算法是否正确？若正确，那么其效率怎样？这是算法分析要回答的两个问题。

1. 算法的正确性判断

我们设计出算法后，应证明该算法对所有可能的合法输入都能计算出正确的结果。这一工作就是算法的正确性确认。算法的正确性确认与算法的描述方法无关。确认算法的正确性有下面两种方法。

一是通过推证的方法来证明算法是正确的。这种方法就是采用数学证明的方法，论证所设计的算法是正确的。然而，这种方法在实际使用中非常困难，特别是对非数值计算的算法问题。

二是通过使用不同的方案来测试算法所得到的结果是否正确，并回答在什么情况下正确或不正确。通过测试发现存在的错误或漏洞进行修改或补充，使算法更加完善。然而，测试只能指出程序有错误或漏洞，却不能证明算法不存在错误或漏洞。算法的正确性证明至今仍是计算机科学一个重要的研究领域。

2. 算法的效率

一个问题的求解通常存在多个不同的算法。例如，排序问题已设计出的算法有上百种。虽然这些算法都是正确的，都能得到期望的结果，但是不同的算法得到这些结果时消耗的资源却是不同的。执行算法时所消耗的资源的多少称为算法的效率。评价解决同一问题的不同算法的优劣是通过算法的效率高低来实现的。消耗资源少的算法称为高效率的算法，消耗资源多的算法称为低效率的算法。

算法所消耗的资源主要是时间资源和空间资源。时间资源指的是执行算法时所花费的时间，空间资源指的是执行算法时所占用的内存空间。时间资源的消耗是算法设计时要重点考虑的问题。许多问题的求解对时间消耗是有严格要求的。

在此，我们通过一个简单的例子分析，来了解算法的时间效率对实际应用的影响。假设在学校的计算机里保存有 10 000 个学生的基本信息记录，每条记录包括学生的学号、姓名、性别、所学专业、联系电话等内容。现在我们通过学号来查找某一个学生。一种算法是对无序的学生信息记录表按顺序查找，即从表中第一条记录开始，逐一把记录中的学号与所要查找的学号比较，如果比较结果显示两个学号相同，则查找结束，否则将取出下一条记录继续比较，直到最后一条记录被比较，得出结论，从而查找结束。这种查找算法的方法，最好的情况是第一次比较就找到所要查找的学生，最坏的情况是最后一次才得出结论，平均情况是要比较一半的记录，即 5 000 条记录。另一种算法是对有序的学生信息记录表折半查找，即信息记录事先按学号的大小顺序有序存放，折半查找算法是从表的中间开始查找比较，每次查找时，与处于表中间的学号记录相比较，若比较结果相同，则查找结束，若比较结果不相同时，根据比较时的大于或小于情况，用原有表的前半部分或后半部分继续实行折半查找，直到某次查找时比较结果相同或剩余的有序表为空为止。由于折半查找算法时每次新的有序表都是原有序表长度的一半，所以对10 000条记录来说，最坏的情况下比较 14 次。计算机完成一个基本操作所需要的时间是固定的，所以我们可以认为完成一次查找比较所需要的时间是一个定数。由此可见，折半查找与顺序查找所需要的时间相比要少得多，它们不是一个数量级的。

由以上例子的算法时间效率分析可见，对于同一问题的不同算法在时间效率上可能相差很大。所以，要提高程序执行的速度，解决问题的根本办法是设计出时间效率高的算法。

算法分析主要是对算法的效率进行分析。在算法效率分析中，存储资源的消耗情况，除有些特殊应用问题外，一般情况存储空间的变化不是很大。所以，在设计算法时，时间效率的分析是算法分析的重点。

5.2.4 数据结构概述

1. 数据结构的产生

随着计算机技术的飞速发展，以及计算机的应用范围不断扩大，计算机已不再局限于单纯的数值计算，而更多地应用于控制、管理及数据处理等非数值计算的处理工作。非数值型的问题在我们日常生活中是非常多的，也需要我们使用计算机来处理这些问题。例如，在城市交通运输中，从 *A* 点到 *B* 点有很多条道路，每条道路的长度不同，拥挤程度也不同，我们要选择一条最快的线路到达目的地，该如何选择？

这是一个典型的非数值问题。

我们可以通过下面的例子来认识数据结构。

电话是人们通信联络必不可少的工具。如何用计算机来实现自动查询电话号码呢？要求是对于给定的任意姓名，如果该姓名有电话号码，则迅速给出其电话号码；否则，给出查找不到该姓名人电话号码的信息。

对于这样的问题，我们可以按照客户向电信局申请电话号码的先后次序建立电话号码表，存储到计算机中。在这种情况下，由于电话号码表是没有任何规律的，查找时只能从第一个号码开始逐一进行，这样逐一按顺序进行查找的效率非常低。为了提高查询的效率，我们可以根据每个用户姓名的第一个拼音字母，按照 26 个英文字母的顺序进行排列，这样根据姓名的第一个字母就可以迅速地进行查找，从而极大地减少了查找所需的时间。再者，我们可以按照用户的中文姓名的汉语拼音顺序进行排序，这样就可以进一步提高查询效率了。

在上述例子中，我们感兴趣的是如何提高查找效率。为了解决这个问题，就必须了解待处理数据之间的关系，以及如何存储和表示这些数据。

在这个例子中，每一个电话号码就是一个要处理的数据对象，我们也称之为数据元素，在数据结构中为了抽象地表示不同的数据元素，以及研究对于具有相同性质的数据元素的共同特点和操作，我们将数据元素又称为数据节点，简称为节点。电话号码经过处理，按照拼音排好了顺序，每个电话号码之间的先后次序就是数据元素之间的关系。

数据结构就是研究这类非数值处理程序设计中数据的组织、存储和处理等问题。

2. 数据结构研究的内容

数据结构一般包含 3 个方面的内容，即数据的逻辑结构、数据的存储结构和数据的运算。

（1）数据的逻辑结构

数据的逻辑结构是指数据元素之间的逻辑关系，与数据在计算机内部是如何存储无关，它是独立于计算机的一种数据结构。数据的逻辑结构分为线性结构和非线性结构两大类。

线性结构包括线性表、栈和队列等，其主要特征是各个数据之间有明确的、唯一的“先后”顺序。

非线性结构包括树形和图形结构。树形结构的主要特征是结点之间存在着一种层次的关系，每一个结点对应着下一层的多个结点。也就是说，数据元素之间的关系是“一对多”的关系。而在图形结构中，任何两个节点之间都可能存在着联系，数据元素之间存在着“多对多”的关系。

(2) 数据的存储结构

数据的存储结构是指数据元素在计算机存储设备中的存储方式，可以用顺序存储方式，也可以用链式存储方式。例如，在城市交通的例子中，我们就要研究如何在计算机中表示一个地点，以及在计算机中表示两个地点之间存在的一条公共汽车线路，该线路有多长等。

(3) 数据的运算

数据结构通常具有下列一些基本操作。

①插入：在数据结构的指定位置上添加一个新节点。

②删除：删去数据结构中指定位置的节点。

③更新：修改数据结构中某个节点的值。

④查找：在数据结构中寻找满足指定条件的节点和位置。

⑤排序：按照指定的顺序，使节点重新排列。

5.2.5 线性结构的基本概念

线性结构是最常用且最简单的数据结构，它包括线性表、栈和队列等。

1. 线性表

这里我们使用“节点”的概念来描述线性表（linear list）。节点就是对数据的一种抽象。那么，从数据结构的角度出发，线性表是 n（$n\geqslant 0$）个数据元素组成的有限序列，记为：(a_1，a_2，…，a_n)。当 $n=0$ 时，线性表为空表。在线性表中，除了第一个和最后一个数据元素外，每一个数据元素都有一个直接前驱节点和一个直接后继节点。直接前驱节点就是排列在它前面的一个节点，直接后继节点就是排列在它后面的下一个节点。那么线性表是如何存储在计算机中的呢?

(1) 线性表的存储结构

线性表可以用不同的方式存储在计算机中，其中最简单也是最常见的方式是用一组地址连续的存储空间，依次存放线性表中的每一个数据元素，称为线性表的顺序存储结构。用这种方法存储的线性表称为顺序表。在高级语言中，可以用一维数组来实现。

线性表还可以采用链式方式进行存储。每一个数据节点独立保存在内存的一片连续区域之中，节点之间通过“链”相互连接，这样就可以通过链来表示数据之间的先后次序关系。

顺序存储结构和链式存储结构的比较如下。

①链式存储结构的内存地址不一定是连续的，但顺序存储结构的内存地址一定是连续的。

②链式存储结构适用于较频繁地插入、删除、更新元素，而顺序存储结构适用于在频繁查询时使用。

(2) 线性表的插入和删除操作

这里以线性顺序表为例来介绍线性表的插入和删除操作。

在商场排队购物时，如果有一个人插入队伍中，他后面的人就不得不后退一个位置，以保持正常的队形。在线性表中插入一个数据元素，就与这一情况相类似。

首先应指明插入的位置。假如在第 i 个元素之前插入一个新的数据元素 a，为了保持线性表的连续性，就需要腾空第 i 个位置用于存放新插入的元素。为了实现这一操作，就必须从第 i 个元素开始到最后一个元素为止，把数据元素依次向后移动一个位置。移动从最后一个位置的数据元素开始，依次向后移动，使长度为 n 的线性表（s_1，s_2，…，s_{i-1}，s_i，…，s_n）变成长度为 n+1 的线性表（s_1，s_2，…，s_{i-1}，a，s_i，…，s_n）。线性表的插入过程（在第 5 个位置前插入 20）如图 5-11 所示。

图 5-11　线性表的插入过程（在第 5 个位置前插入 20）

对于删除操作（如要删除线性表中的第 i 个数据元素），由于线性表中的元素必须连续排列，故删除第 i 个元素以后要使它后面的所有元素都向前移动一个位置，使长度为 n 的线性表（s_1，…，s_{i-1}，s_i，s_{i+1}，…，s_n）变成长度为 n-1 的线性表（s_1，…，s_{i-1}，s_{i+1}，…，s_n）。线性表的删除过程（删除第 6 个位置的元素 7）如图 5-12 所示。

1	2	3	4	5	6	7	8	9
23	12	4	5	20	7	24	17	8

删除前 n=9

1	2	3	4	5	6	7	8	9
23	12	4	5	20	24	17	8	

删除后 n=8

图 5-12　线性表的删除过程（删除第 6 个位置的元素 7）

2. 栈

栈（stack）又称为堆栈，它是一种运算受限的线性表，限定仅在表尾进行插入和删除操作的线性表。限定在表的一端进行插入和删除操作，这一端被称为栈顶，用栈顶指针 top 指示。相对地，把另一端称为栈底。向一个栈插入新元素又称为进栈、入栈或压栈，它是把新元素放到栈顶元素的上面，使之成为新的栈顶元素；从一个栈删除元素又称为出栈或退栈，它是把栈顶元素删除掉，使其相邻的元素成为新的栈顶元素。随着插入、删除操作的不断进行，栈顶的位置是动态变化的。栈符合先入后出，后进先出的原则，因此，栈也称为后进先出表。我们可以想象一下手枪的弹夹，最后一个填入的子弹，第一个射出去，这就是一个典型的栈。

当栈中没有数据元素时，称为空栈。当 top 等于最大下标时，称为栈满。栈的动态变化过程如图 5-13 所示。

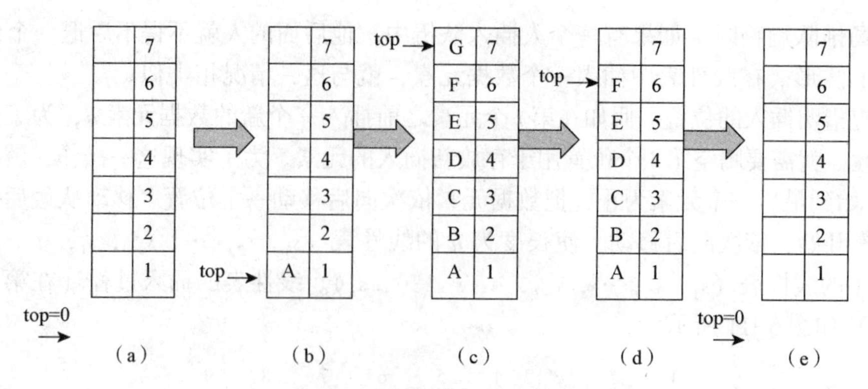

图 5-13 栈的动态变化过程

(a) 空栈；(b) 插入 A 后；(c) 插入 A、B、C、D、E、F、G 后；(d) 删除 G 后；(e) 删除 F、E、D、C、B、A 后

3. 队列

队列（queue）是一种特殊的线性表，特殊之处在于它只允许在表的前端（front）进行删除操作，而在表的后端（rear）进行插入操作。和栈一样，队列是一种操作受限制的线性表。进行插入操作的端称为队尾，进行删除操作的端称为队头。队列中没有元素时，称为空队列。在我们的现实生活中也存在很多的例子。例如，在商场排队购物，大家共同遵守一个规则，即先到者先购物，后到者必须排在队尾，按次序依次等待购物。队列与排队是一致的，最早进入队列的数据元素最早离开，符合先进先出原则。

允许插入的一端称为队尾，允许删除的一端称为队头。在队列中，随着插入、删除操作的不断进行，队头和队尾都是在动态变化的。因此，我们设置两个指针：front 为头指针，rear 为尾指针，rear 指向队尾元素，front 指向当前队头元素的位置。

通常可以用一组地址连续的存储空间存放队列元素，称为队列的顺序存储结构。队列的变化过程如图 5-14 所示。

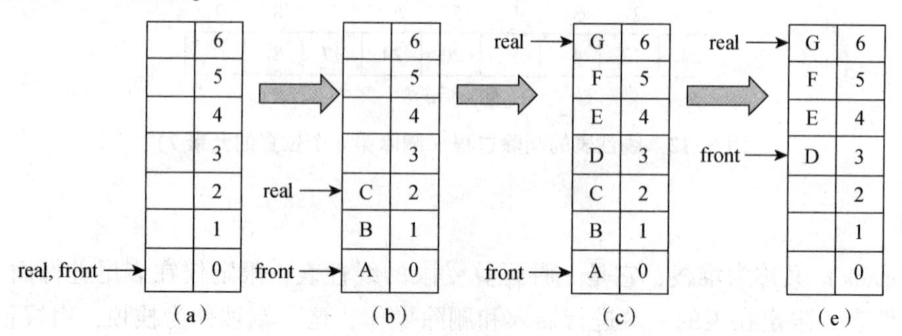

图 5-14 队列的变化过程

(a) 空队列；(b) A、B、C 入队；(c) D、E、F、G 入队；(d) A、B、C 出队

图 5-15（a）表示空队列，其头、尾指针 front=rear=0；

图 5-15（b）表示元素 A、B、C 相继入队，此时 front=0，rear=2；

图 5-15（c）D、E、F、G 相继入队，尾指针 rear=6，队满；

图 5-15（d）A、B、C 相继出队，头指针 front=3，此时如果再作入队操作，由于尾指针 rear=6，指向存储单元的最后一个位置而无法入队，但队列中仍有空余空间，并没有占满，这种现象称为队列的假溢出。

为了解决假溢出，通常采用循环队列的方法，即把队列的存储空间设想成一个头尾相接的环状结构，我们将这种队列称为循环队列，循环队列示意如图 5-15 所示。

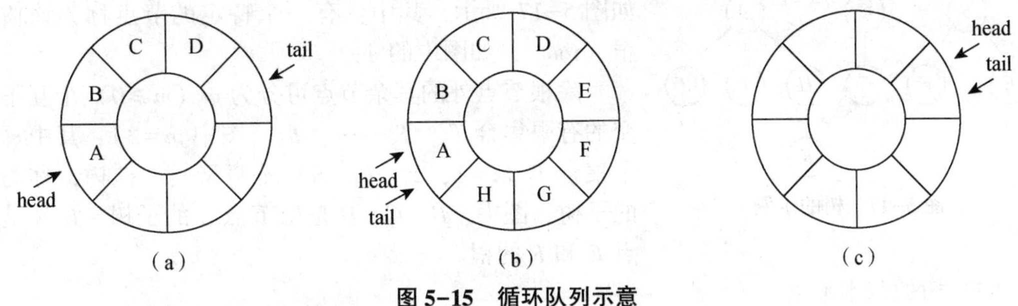

图 5-15 循环队列示意

(a) 一般情况；(b) 队满；(c) 队空

当尾指针 tail 指向存储单元的最后一个位置，再进行入队操作时，就能利用已被删除的数据元素的空间，进行入队操作，从而克服了假溢出。

通过前面的学习，我们发现栈与队列的区别和共同点如下。

区别：栈在表尾进行插入和删除，具有“后进先出”的特点；队列在表尾插入，在表头删除，具有“先进先出”的特点。

共同点：栈和队列都是特殊的线性表，都是 n 个数据元素的有限序列。

5.2.6 树形结构概述

1. 树的概念和术语

除了线性结构外，在客观世界中，还广泛存在着另一种非常重要的非线性数据结构，用于描述数据元素之间的层次关系。例如，人类社会的家族关系以及各种社会组织机构的表示，计算机文件管理和信息组织等。

例如，在某所大学中，下设计算机系、机电系、管理系、财经系、艺术系，每个系又有不同的专业，其教学单位的组织机构如图 5-16 所示。从这个例子中我们发现，这种结构都存在一种层次关系，而表示这种层次关系的图的形状与自然界中的树非常相似，树形结构由此得名。下面从数据结构的角度，介绍树的有关知识。

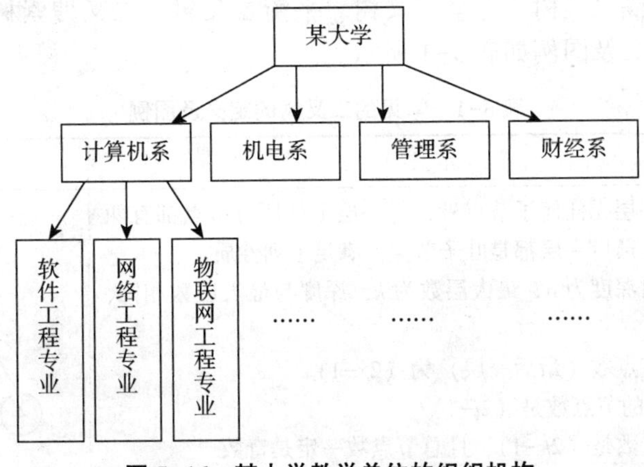

图 5-16 某大学教学单位的组织机构

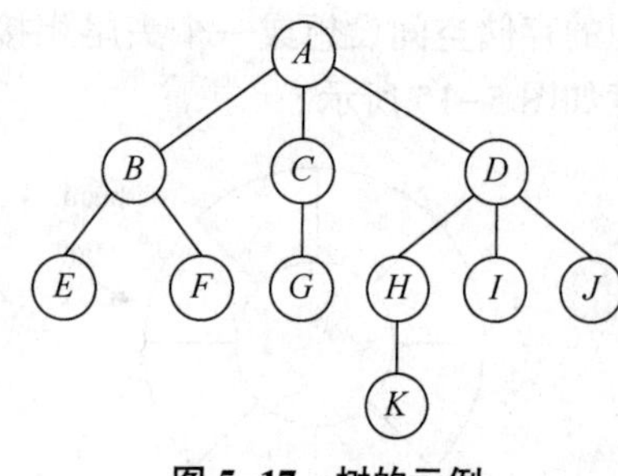

图 5-17 树的示例

（1）树的定义

树（Tree）是由一个或多个结点组成的有限集合 T，如图 5-17 所示，其中：有一个特定的节点称为该树的根（root），如图中的 A；

除根节点外的其余节点可分为 m（$m \geqslant 0$）个互不相交的有限集合 T_1，T_2，…，T_m（图中 $m=3$），其中每一个集合 T_i（$i=1$，2，…，m）本身又是一棵树，称为根的子树，图中，B、C、D 是根节点 A 的子树，B 又是节点 E 和 F 的根。

（2）树的基本术语

树形结构常常要用到一些基本术语，其中：节点表示树中的元素；节点的度是指该节点子树的个数。

在图 5-18 中，A 节点度为 3，B 节点度为 2，C 节点度为 1，D 节点度为 3，H 节点度为 1，E、F、G、I、J、K 的度为零。度为零的节点也称为叶子节点；B、C、D 是根节点 A 的孩子节点；而节点 A 是节点 B、C、D 的双亲，B、C、D 之间互为兄弟；节点的层次，从根节点开始为第一层，其余节点的层次为双亲节点的层次加 1；树的深度是该树中节点的最大层次数。图 5-18 中树的节点层数有 4 层，所以树的深度为 4。

2. 二叉树

（1）二叉树的定义

二叉树是 n（$n \geqslant 0$）个节点的有限集合，它或为空树（$n=0$），或由一个根节点和两棵被分别称为左子树和右子树的互不相交的二叉树构成。

由上述定义可知，二叉树是一种特殊的树。在二叉树中，一个节点的子树有左、右之分，不能互换位置，而一般的树则无此限制，树与二叉树的区别如图 5-18 所示。图 5-18（a）和图 5-18（b）为两棵树，若都看成树，则二者没有区别；若看成二叉树，对图 5-19（a）根节点 T 只有右子树 A，左子树为空，而图 5-19（b）则相反。

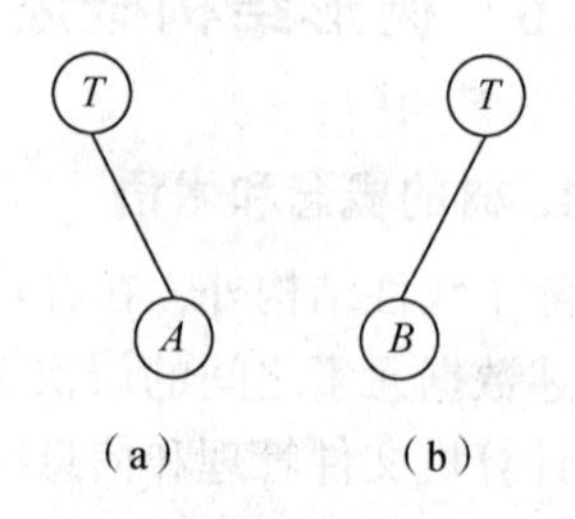

图 5-18 树与二叉树的区别

（a）只有右子树；（b）只有左子树

（2）常见的二叉树

常见的二叉树有满二叉树、完全二叉树、平衡二叉树、二叉搜索树（二叉查找树）和红黑树等，它们的定义及图例如表 5-1 所示。

表 5-1 常见的二叉树的定义及图例

类型	定义	图示
满二叉树	除最后一层无任何子节点外，每一层上的所有节点都有两个子节点，最后一层都是叶子节点。满足下列性质： ①一棵树深度为 h，最大层数为 k，深度与最大层数相同，$k=h$ ②叶子节点数（最后一层）为（$2k-1$） ③第 i 层的节点数是（$2i-1$） ④总节点数是（$2k-1$），且总节点数一定是奇数	1 2 3 4 5 6 7

续表

类型	定义	图示
完全二叉树	若设二叉树的深度为 h，除第 h 层外，其他各层（$1\sim h-1$）的节点数都达到最大个数，第 h 层所有的节点都连续集中在最左边，这就是完全二叉树。满足下列性质： ①只允许最后一层有空缺节点且空缺在右边，即叶子节点只能在层次最大的两层上出现 ②对任一节点，如果其右子树的深度为 j，则其左子树的深度必为 j 或 $j+1$。即度为 1 的点只有 1 个或 0 个 ③除最后一层，第 i 层的节点数是（$2i-1$） ④有 n 个节点的完全二叉树，其深度为：$\ln(n+1)$ ⑤满二叉树一定是完全二叉树，完全二叉树不一定是满二叉树	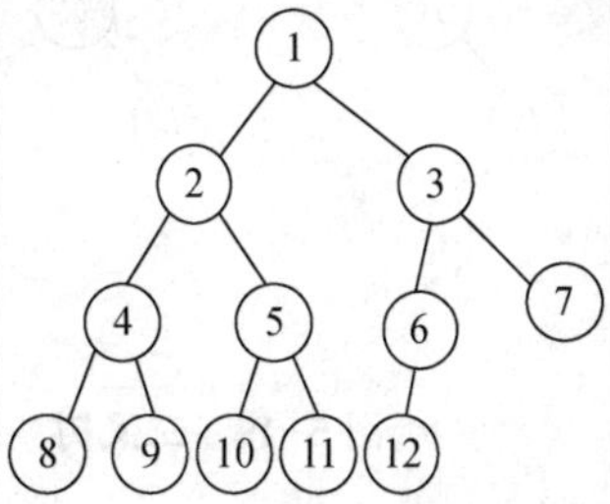
平衡二叉树	平衡二叉树的左右两个子树的高度差的绝对值不超过 1，且左右两个子树都是平衡二叉树	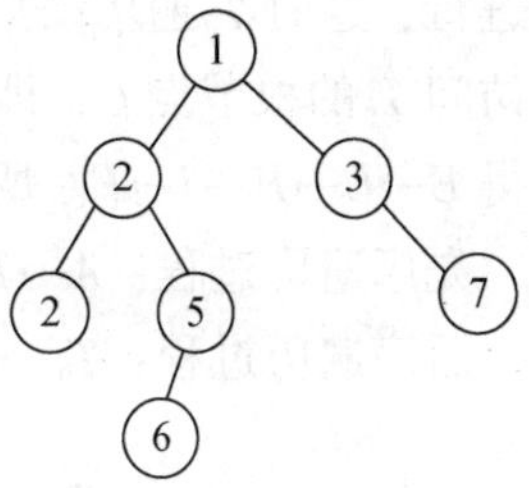
二叉搜索树	二叉搜索树又称为二叉查找树、二叉排序树（Binary Sort Tree）。它是一颗空树，满足下列性质： ①若左子树不空，则左子树上所有节点的值均小于或等于它的根节点的值 ②若右子树不空，则右子树上所有节点的值均大于或等于它的根节点的值 ③左、右子树也分别为二叉排序树	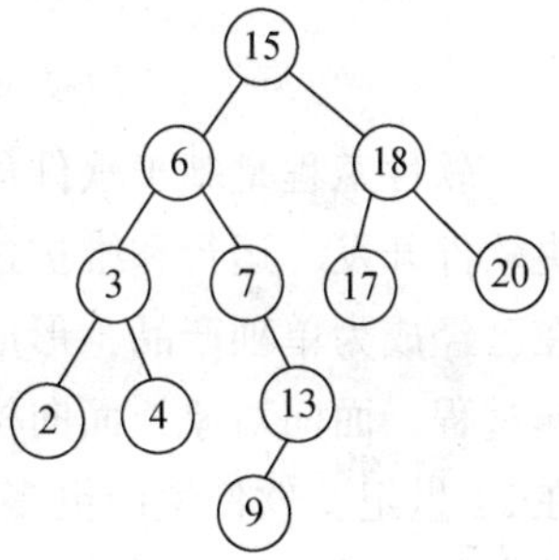
红黑树	每个节点都带有颜色属性（颜色为红色或黑色）的弱平衡二叉查找树，满足下列性质： ①每个节点或者是黑色，或者是红色 ②根节点是黑色 ③每个叶子节点（NULL）是黑色。注意：这里叶子节点，是指为空（NULL）的叶子节点 ④如果一个节点是红色的，则它的子节点必须是黑色的 ⑤从一个节点到该节点的子孙节点的所有路径上包含相同数目的黑节点	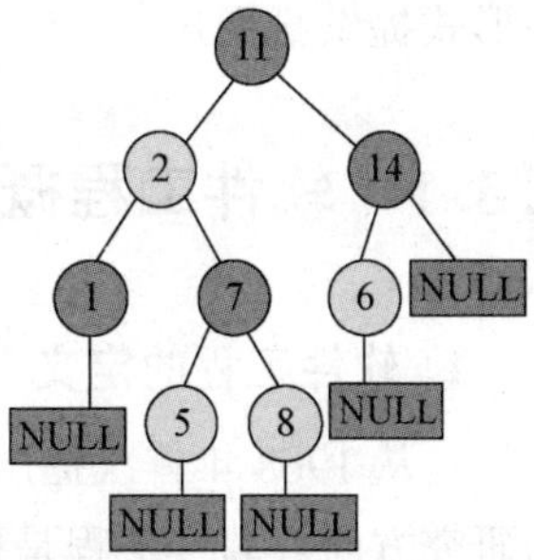

（3）二叉树遍历

在实际应用中，我们常常需要知道每一个节点的信息，或者需要统计二叉树中具有某种特性的节点的个数。为避免节点被多次访问，引入遍历的概念。遍历就是按照一定的顺序依次访问树中的每一个节点，而且每个节点只被访问一次。通常遍历方式有 3 种，即先序遍历、中序遍历和后序遍历，这3种遍历方式都是相对于根节点而言的。

先序遍历，先访问根节点，再访问左子树，最后访问右子树；

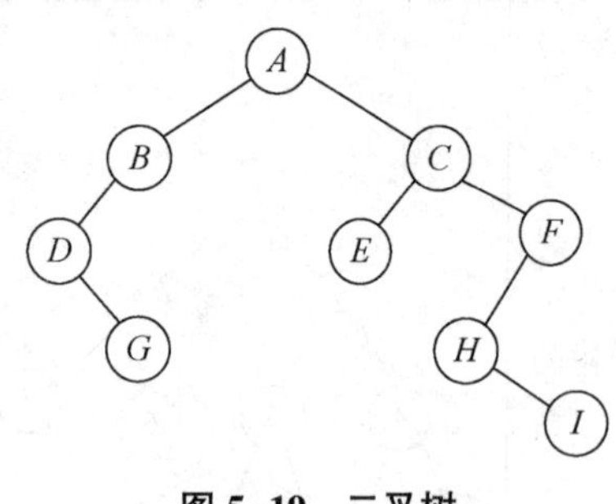

图5-19　二叉树

中序遍历，先访问左子树，再访问根节点，最后访问右子树；

后序遍历，先访问左子树，再访问右子树，最后访问根节点。

我们以图5-19为例，说明中序遍历的过程。

该二叉树根节点为A，左子树$T_1=\{B, D, G\}$，右子树$T_2=\{C, E, F, H, I\}$。T_1的根节点为B，它只有左子树$T_{11}=\{D, G\}$，T_2的根节点为C，它的左子树T_{21}只有一个节点E，右子树$T_{22}=\{F, H, I\}$。中序遍历过程：先遍历左子树T_1，对T_1也要按中序遍历进行，由于T_1的右子树为空，故按照$D \to G \to B$的顺序进行，这时T_1遍历结束。接着访问根节点A，再对T_{22}进行中序遍历，先遍历左子树E，再访问T_2的根节点C，即$E \to C \to T_{22}$，对T_{22}进行中序遍历得$H \to I \to F$，故对T_2进行中序遍历得$E \to C \to H \to I \to F$。所以最后得遍历序列为：$DGBAECHIF$。

先序遍历过程：$A \to T_1 \to T_2$，即$ABDGCEFHI$；

后序遍历过程：$T_1 \to T_2 \to A$，即$GDBEIHFCA$。

5.3　软件工程

软件工程是基于软件危机而提出的学科。强调运用先进的软件开发技术和管理方法来解决软件开发、运行和维护过程中的问题。从计算机软件发展来看，软件早期依附于硬件，现在已经成为单独产品，形成了专门的软件工程学科。在几十年的时间里，软件工程发生了面向过程、面向对象、面向构件、面向领域等变化，积累了工程化方法和大量的可重用资源。在21世纪，软件生产更多地要满足网络环境下大众用户的多元化和个性化的需求，因此，面向服务成为软件新的方向。随着Web服务的蓬勃发展，软件将以更灵活的、更开放的服务形式提供给用户。

5.3.1　软件工程概述

1. 软件工程的定义

自从1968年首次提出软件工程一词以来，软件工程已成为计算机软件的一个重要分支和研究方向。软件工程是指应用计算科学、数学及管理科学等原理，以工程化的原则和方法来解决软件问题的工程。其目的是提高软件生产率，提高软件质量，降低软件成本。软件工程涉及软件开发、维护、管理等方面的原理、方法、工具与环境。

软件工程是一门交叉学科，需要用管理学的原理、方法来进行软件生产管理，用工程学的观点来进行费用估算、制定进度和实施方案；用数学方法来建立软件可靠性模型以及分析各种算法和性质。

借用传统工程设计的基本思想，即采用工程化的概念、原理、技术和方法来开发与维护软件，突出软件生产的科学方法，把经过时间考验而证明正确的管理技术和当前能够得到的最好的技术方法结合起来，降低开发成本，缩短研发周期，提高软件的可靠性和生产效率。这就是软件工程，它是指导计算机软件开发和维护的一门工程学科。

2. 软件工程的基本目标

软件工程的目标是在给定成本、进度的前提下，开发出具有适用性、有效性、可靠性、可理解性、可维护性、可重用性、可移植性、可追踪性和满足用户需求的软件产品。追求这些目标有助于提高软件产品的质量和开发效率，减少维护的困难，软件工程具有以下 9 个特点。

①适用性：指软件在不同的系统约束条件下，使用户需求得到满足的难易程度。

②有效性：指软件系统能最有效地利用计算机的时间和空间资源。各种软件无不把系统的时/空开销作为衡量软件质量的一项重要技术指标。很多情况下，在追求时间有效性和空间有效性时会发生矛盾，这时不得不牺牲时间有效性来换取空间有效性或牺牲空间有效性来换取时间有效性。时空折中是经常采用的技巧。

③可靠性：能防止因概念、设计和结构等方面的不完善造成的软件系统失效，具有挽回因操作不当造成软件系统失效的能力。

④可理解性：系统具有清晰的结构，能直接反映问题的需求。良好的可理解性有助于控制软件复杂性，并支持软件的维护、移植或重用。

⑤可维护性：软件交付使用后，能够对它进行修改，以改正潜伏的错误，改进性能和其他属性，使软件产品适应环境的变化等。软件维护费用在软件开发费用中占有很大的比重。可维护性是软件工程中一项十分重要的目标。

⑥可重用性：把概念或功能相对独立的一个或一组相关模块定义为一个软部件。可反复组装在系统的任何位置，降低软件开发的工作量。

⑦可移植性：指软件从一个计算机系统或环境迁移到另一个计算机系统或环境的难易程度。

⑧可追踪性：指根据软件需求对软件设计、程序进行正向追踪，或根据软件设计、程序对软件需求的逆向追踪的能力。

⑨可互操作性：指多个软件元素相互通信并协同完成任务的能力。

5.3.2 软件生存周期

软件生存周期的概念是从工业产品生存周期的概念里借用过来的。一种产品从订货开始，经过设计、制造、调试、使用维护，直到该产品被淘汰不再生产为止，这就是产品生存周期。软件生存周期被划分为系统分析、系统设计、系统实现、系统测试和系统维护 5 个阶段，如图 5-20 所示。

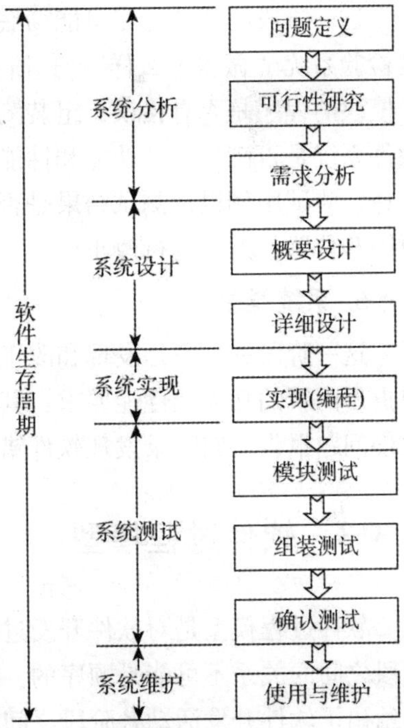

图 5-20 软件生存周期及各阶段的关系

软件生存周期各个阶段的主要任务如下。

1. 系统分析

系统分析阶段的任务是根据用户的需求明确系统“做什么”。具体任务可以分为3部分：问题定义、可行性研究和需求分析。问题定义是“要解决的问题是什么”。首先进行有关信息的收集、分析，明确用户提出的要求，然后把用户的要求准确、完整地描述下来，其产生的结果是问题描述书。可行性研究要回答“用户提出的问题是否可解，可解的价值如何”，其产生的结果是可行性报告。需求分析的目的是解决用户的问题，明确要开发的软件需要“做什么”。该阶段结束时要产生软件计划、需求说明书等文档。对于小型软件来说，可以不进行可行性研究，相应的文档也可以省去，但需求说明书是必不可少的。

2. 系统设计

这个阶段的任务是设计软件系统的模块层次结构、设计数据库的结构以及设计模块的控制流程，其目的是明确软件系统“如何做”。这个阶段分为两个步骤：概要设计和详细设计。概要设计解决软件系统的模块划分、模块的层次结构以及数据库设计；详细设计解决每个模块的控制流程、内部算法和数据结构的设计。这个阶段结束，要交付概要设计和模块设计说明书，也可以合并在一起，称为设计说明书。

3. 系统实现

这个阶段的任务是根据设计说明书中每个模块的算法描述，用指定的程序设计语言编写出实现的程序，该阶段要交付的是源程序及文档。

4. 系统测试

这一阶段的任务是尽可能彻底地检查出程序中的错误，提高软件系统的可靠性，其目的是检验系统“做得怎么样”。这阶段可分为3个步骤：模块测试，也称为单元测试，测试每个模块的程序是否有错误；组装测试，测试模块之间的接口是否正确；确认测试，测试整个软件系统是否满足设计功能和性能的要求。该阶段结束时应交付测试报告，说明测试数据的选择、测试用例以及测试结果是否符合预期结果。测试发现问题之后要经过调试，找出错误原因和位置，然后进行改正。

5. 系统维护

这一阶段的任务是发现和改正软件系统在使用过程中出现的错误，扩充在使用过程中用户提出的新的功能及性能要求，其目的是维持软件系统的“正常运作”。这个阶段的文档是软件问题报告，它记录发现软件错误的情况以及修改软件的过程。

5.3.3 软件过程模型

软件过程模型是对软件开发过程中各阶段工作总体结构框架的一种描述。软件开发各个阶段之间的关系不可能是顺序的、线性的，相反地，应是带有反馈的迭代过程。软件过程模型给出了软件开发活动各阶段之间的关系，是跨越整个软件生存周期的软件开发、运行和维护所实施的全部工作和任务的结构框架。从实践的角度来看，软件过程模型是软件工程思想的具体化，是实施于过程模型中的软件开发方法与工具，是在软件开发实践过程中总结出来的软件开发方法与步骤。目前，常见的软件开发过程模型包括瀑布模型、增量模型、快速原型模型、喷泉模型、螺旋模型、形式化方法模型、基于组件的开发模型、基于知识的模型等。本节介绍其中典型的3种模型。

1. 瀑布模型

瀑布模型（Waterfall Model）是线性顺序模型，它将软件开发过程分为若干个互相区别而又彼此联系的阶段，每个阶段的工作都是以上一个阶段工作的结果为基础，同时为下一个阶段的工作提供前提。过程的每一个步骤都应当生产出可交付的产品，其结果可以复审，并以此作为下一个步骤的基础。瀑布模型是传统的软件生存周期模式，如图5-21所示。

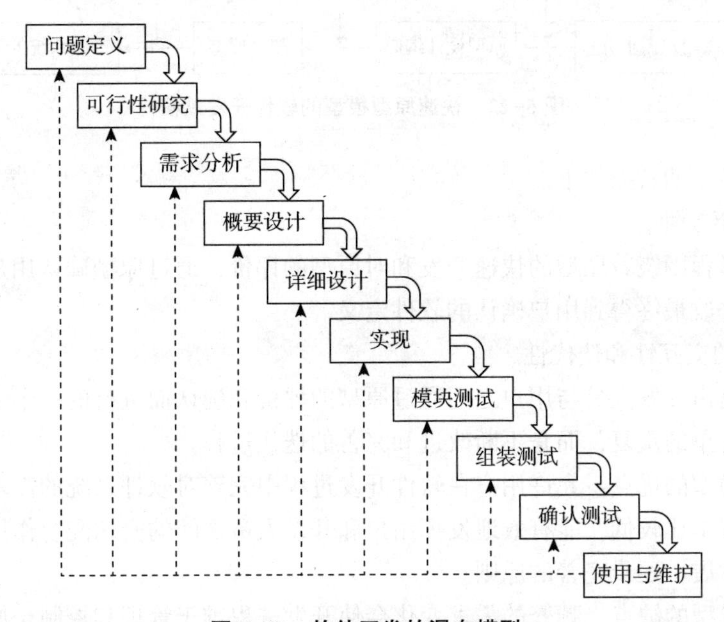

图5-21　软件开发的瀑布模型

瀑布模型的特点如下。

（1）阶段间的顺序性和依赖性

上一阶段的变换结果是下一阶段变换的输入，相邻两个阶段具有因果关系，每个阶段完成任务后，都必须进行阶段性评审，确认之后再转入下一个阶段。

（2）文档驱动性

要求每个阶段必须完成规定的文档并通过评审，以便尽早发现问题，改正错误。

瀑布模型的优点：可强迫开发人员采用规范的方法，严格提交文档，做好阶段评审，从而使软件过程易于管理和控制，有利于软件的质量保障。

瀑布模型的缺点：要求在软件开发初期就要给出软件系统的全部需求，因为开发周期比较长，因此承担的风险也比较大。

2. 快速原型模型

快速原型模型（Rapid Prototype Model）是一种从系统原型出发，通过开发人员与用户的反复确认和不断改进以得到最终系统的软件过程模型。开发者在初步了解用户需求的基础上，凭借自己对用户需求的理解，通过强有力的软件环境支持，利用软件快速开发工具，构成、设计和开发一个实在的软件初始模型（称为原型）；开发人员与用户对初始模型进行需求确认，提出改进和完善的方案，开发人员再根据方案不断地对原型进行细化、修改和扩充，进而得到新的原型，再征求用户意见，如此反复，直至用户满意为止。快速原型模型的软件开发过程如图 5-22 所示。原型法的开发过程体现了不断迭代的快速修改过程，是一种动态定义技术。原型法的应用使人们对需求有了渐进的认识，从而使软件开发更有针对性。另外，原型法的应用充分利用了最新的软件工具，使软件开发效率大为提高。

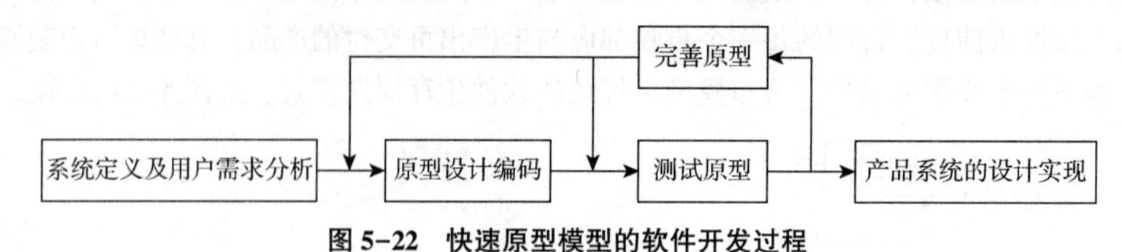

图 5-22　快速原型模型的软件开发过程

快速原型模型的特点如下。

（1）原型驱动性

整个软件过程围绕着原型的快速开发和对原型的评价，通过原型确认用户需求，以及通过原型的反复修改最终得到用户确认的软件定义。

（2）过程的交互性和迭代性

软件过程是由开发人员与用户之间通过原型的评价和确认而进行的一个交互过程，而且这个过程不是简单的重复，而是不断改进和完善的迭代过程。

快速原型模型的优点：允许用户在软件开发过程中完善对软件系统的需求，开发周期相对有所缩短，成本比较低，能有效地发挥用户和开发人员之间的密切配合作用，使软件开发更能体现逐步发展、逐步完善的原则。

快速原型模型的缺点：频繁的需求变化会使开发进程难于管理和控制，原型的快速开发和修改对技术要求比较高，需要有较好的工作基础。

3. 螺旋模型

螺旋模型（Spiral Model）将瀑布模型与快速原型模型结合起来，并且加入风险分析，构成具有特色的模式，弥补了前两种模型的不足。

螺旋模型将软件过程划分为若干个开发回线，每一个回线表示开发过程的一个阶段。例如最中心的第一个回线可能与系统可行性有关，第二个回线可能与需求定义有关，第三个回线可能与软件设计有关等，如此反复形成了螺旋上升的过程。软件开发过程中的螺旋模型如图 5-23 所示。

螺旋模型的特点如下。

（1）模型结合性

螺旋模型的每一个周期都应用了原型模型排除风险，在确认了原型之后，则又启动生命周期模型继续过程的演化。因此，螺旋模型是生命周期模型和快速原型模型的结合，体现了两个模型的优点。

（2）过程迭代性

软件开发过程的每个阶段都是一次迭代，这种迭代不是过程的简单重复，而是每旋转一

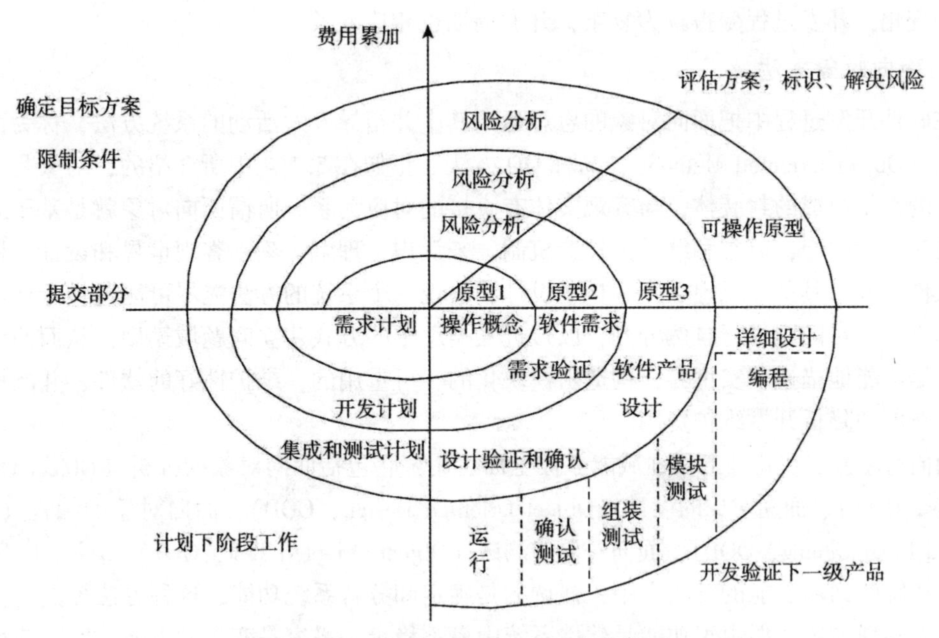

图 5-23　软件开发过程中的螺旋模型

个圈就前进一个层次，得到一个新的版本。

螺旋模型的优点：强调可选方案和约束条件有利于已有软件的重用，有助于把软件质量作为软件开发的一个重要目标，减少过多或测试不足带来的风险。维护看成是模型的另一个周期，在维护和开发之间没有本质的区别。

螺旋模型的缺点：要求软件开发人员具有丰富的风险评估经验和有关的专门知识，开发过程比较复杂，给过程管理和控制带来一定的难度。

5.3.4　软件开发方法

软件开发方法大都是在不断地实践过程中形成的，在一定程度上受程序设计方法的影响，但软件开发方法绝不仅仅限于程序设计，还包含了更多的软件工程的活动，软件开发方法贯穿于软件工程活动的整个过程。最常用的软件开发方法是结构化方法和面向对象方法。

1. 结构化方法

结构化方法是一种面向数据流的软件开发方法。结构化方法简单实用，强调软件结构的合理性，适用于开发大型的数据处理系统。它的基本思想是：采用自顶向下，逐步求精的设计方法和单入口、单出口的控制结构。简单来说就是把一个复杂问题的求解过程分解为求解若干个简单的小问题进行，每个简单的问题都控制在人们容易理解和处理的范围内。

结构化方法由结构化分析、结构化设计、结构化程序设计构成。结构化设计方法是以模块化设计为中心，将待开发的软件系统划分为若干个相互独立的模块。每一个模块的功能简单，任务明确，为组合成较大的软件奠定基础。结构化方法有许多优点，但也存在许多明显的不足。结构化方法的本质是功能分解，是围绕实现功能的过程来构造系统的，所有的功能必须知道数据结构，要改变数据结构就必须修改与其有关的所有功能。这样，系统难以适应环境的变化，开发过程变得较为复杂，开发周期也相应变长。

2. 面向对象方法

在软件开发过程中把面向对象的思想运用其中并指导开发活动的系统方法，称为面向对象方法（Object Oriented Method），简称 OO 方法。正如在 5.1.4 中所介绍的，对象是由数据和允许的操作组成的封装体，与客观实体有直接的对应关系。所谓面向对象就是基于对象概念，以对象为中心，以类和继承为构造机制，来认识、理解、刻画客观世界和设计、构建相应的软件系统。其基本思想是，分析、设计和实现一个系统的方法能尽可能地接近认识一个系统的方法来对问题进行自然分割，以接近人类思维的方式建立问题域模型，从而使设计出的软件尽可能地描述现实世界，构造出模块化的、可重用的、维护性好的软件，并能控制软件的复杂度和降低开发维护费用。

面向对象方法在软件工程领域能够被全面运用，它包括面向对象的分析（Object Oriented Analysis，OOA）、面向对象的设计（Object Oriented Design，OOD）、面向对象的编程（Object Oriented Programming，OOP）、面向对象的测试（Object Oriented Test，OOT）等主要内容。

在传统的面向功能的方法学中，强调的是确定和分解系统功能，这种方法虽然是目标的最直接的实现方式，但由于功能是软件系统中最不稳定、最容易变化的方面，因而获得的程序往往难于维护和扩充。OO 方法首先强调认识来自应用域的对象，然后围绕对象设置属性和操作。用 OO 方法开发的软件，其结构源于客观世界稳定的对象结构，与传统软件相比，软件本身的内部结构发生了质的变化，易重用性和易扩充性都得到了提高。围绕对象来组织软件和进行软件设计，可将现实世界模型直接自然地映射到软件结构中，渴望从根本上解决软件的复杂性问题，并且基于这种新的软件结构，可使软件通过构造的方法自动生成，从而提高软件的生产率和质量。

总之，面向对象的开发方法不仅为人们提供了较好的开发风范，而且在提高软件的生产率，可靠性、易重用性、易维护性方面都有明显的效果，已成为当代计算机界最为关注的一种开发方法。

5.3.5 软件质量管理

1. 软件质量的定义

软件质量是贯穿软件生存周期的一个极为重要的问题，也是软件工程生产中的核心问题。提高软件质量是软件工程的基本目标。

软件质量是指所有描述计算机软件优秀程度的特性的组合。也就是说，为满足软件的各功能、性能需求，符合文档的开发标准，需要相应地制定或设计一些质量特性及其组合，如果这些特性能在产品中得到满足，则这个软件产品的质量就是高的。软件质量的定义包含以下 3 个方面的含义。

（1）与所确定的功能和性能需求的一致性

软件需求是进行“质量”测量的基础，若与需求不符，则必然质量不高。

（2）与所成文的开发标准的一致性

指定的标准定义了一组指导软件开发的准则，用来指导软件人员用工程化的方法来开发软件。如果不能遵照这些准则，软件的质量就无法得到保证。

(3) 与软件所期望的隐含特性的一致性

往往会有一些隐含的需求没有被明确地提出来。例如，软件应具备良好的可维护性。如果软件只满足那些精确定义了的需求而没有满足这些隐含的需求，则软件质量也不能保证。

软件质量是各种特性的复杂组合，随着应用和用户提出的质量要求不同而不同。

2. 软件质量的评价

软件质量是难于用定量来加以度量的属性，通常可以提出许多重要的软件质量指标，来从管理的角度对软件质量进行度量。针对面向软件产品的运行、修正和转移，软件质量评价包括如下 11 个特性。

(1) 面向软件产品运行

①正确性：指软件满足设计说明及用户预期目标的程度。

②可靠性：指软件按照设计要求，在规定时间和条件下不出故障，持续运行的程度。

③效率：指为了完成预定功能，软件系统所需的计算机资源和程序代码数量的程度。

④完整性：指对非授权人访问软件或数据行为的控制程度。

⑤可用性：指用户熟悉、使用及准备输入和解释输出所需工作量的大小。

(2) 面向软件产品修正

①可维护性：指找到并改正程序中的一个错误所需代价的程度。

②可测试性：指测试软件以确保其能够执行预定功能所需工作量的程度。

③适应性：指修改或改进一个已投入运行的软件所需工作量的程度。

(3) 面向软件产品转移

①可移植性：指将一个软件系统从一个计算机系统或环境移植到另一个计算机系统或环境中运行所需的工作量。

②可重用性：指一个软件（或软件的部件）能再次用于其他相关应用的程度。

③可互操作性：指将一个系统耦合到另一个系统所需的工作量。

3. 软件质量保证

软件质量保证（Software Quality Assurance，SQA）是建立一套有计划，有系统的方法，来向管理层保证拟定出的标准、步骤、实践和方法能够正确地被所有项目所采用。软件质量保证的目的是使软件过程对于管理人员来说是可见的。它通过对软件产品和活动进行评审和审计来验证软件是否合乎标准。软件质量保证小组在项目开始时就一起参与建立计划、标准和过程。

为了在软件开发过程中，保证软件的质量，主要采取的技术措施是审查和测试。实际上，在软件开发的各个阶段都可以分别组织审查和测试，以实现全程的质量管理。

4. 软件评审

在软件开发和维护过程中，每个阶段的工作都可能引入人为的错误。在某一阶段中出现的错误，如果得不到及时纠正就会传播到开发的后续阶段中去，并在后续阶段中引出更多、更大的错误。实践证明，问题发现得越早处理代价就越小，必须在开发时期的每个阶段结束时都进行严格的技术评审，不使错误向下一个阶段传播。

软件评审活动的形式通常是对相关技术文档的审查，并且在有条件的情况下结合一定的测试。软件评审是专业性很强的技术工作，对于参与评审的人员要求很高。参与评审的人员要有通过技术文档发现问题并提出解决问题的正确建议的能力。评审工作本身也会产生相应的文档，评审后开发人员应该根据评审意见对开发工作做出及时、适当的调整，消除前一阶段产生的错误。需要特别注意的是，在修改已发现问题的同时，应尽量避免引入新的问题。

软件测试

小结

本章主要介绍了计算机软件开发的一些知识，包括计算机程序设计、算法与数据结构和软件工程 3 个方面的知识。

计算机程序是用程序设计语言编写的，编写计算机程序的过程称为程序设计。程序设计的一般步骤是分析问题、设计算法、选择程序设计语言、编写程序代码。程序的核心是算法，所以设计算法是程序设计的关键。经常采用的程序设计方法主要有结构化程序设计方法和面向对象程序设计方法。

在计算机中，数据结构是带有结构的数据元素的集合，反映了数据元素相互之间存在的某种联系。它主要研究数据的逻辑结构和物理结构以及它们之间的关系，并对这种结构定义进行相应的运算，从而设计出实现这些运算的算法。

软件工程是一门综合性的交叉学科，涉及计算机科学、工程科学、管理科学、数学等多个领域。其研究的范围广泛，主要研究如何应用软件开发的科学理论和工程方法来指导软件系统的开发，怎样满足用户对软件的日益增长的需求。它采用系统性的、规范化的、可定量的方法应用于软件的开发、运行和维护之中，即采用工程化的原理与方法对软件进行计划、开发和维护。

习题

一、选择题

1. 能将高级语言编写的源程序转换为目标程序的软件是（　　）。

A. 汇编程序　　B. 编辑程序　　C. 解释程序　　D. 编译程序

2. 类和对象之间的关系是（　　）。

A. 定义和被定义的关系　　B. 调用和被调用的关系

C. 类即是对象数组　　D. 抽象和具体的关系

3. 下列是面向对象系统的特性的是（　　）。

A. 封装性　　B. 二义性　　C. 可重用性　　D. 完整性

4. 计算机能直接执行的程序是（　　）。

A. 机器语言程序　B. 汇编语言程序　C. 高级语言程序　D. 自然语言程序

5. 下列高级语言中，能用于面向对象程序设计的语言是（　　）。

A. C　B. C++　C. Fortran　D. Pascal

6. 软件生存周期中的需求分析阶段的任务是确定（　　）。

A. 软件开发方法　B. 软件开发工具

C. 软件开发费用　D. 软件开发系统的功能

7. 程序设计语言所经历的主要阶段依次为（　　）。

A. 机器语言、高级语言和汇编语言　B. 高级语言、机器语言和汇编语言

C. 汇编语言、机器语言和高级语言　D. 机器语言、汇编语言和高级语言

8. 关于计算机软件叙述中正确的是（　　）。

A. 用户所编写的程序即为软件　B. 源程序称为软件

C. 软件包括程序和文档　D. 数据及文档称为软件

9. 下列叙述中，错误的是（　　）。

A. 计算机软件是指计算机中的程序和文档

B. 软件就是程序

C. 系统软件是应用程序与硬件间的接口

D. 为课程管理开发的软件属于应用软件

10. 一个栈的输入序列为 1 2 3，则下列序列中不可能是栈的输出序列的是（　　）。

A. 2 3 1　B. 3 2 1　C. 3 1 2　D. 1 2 3

11. 在数据结构中，从逻辑上可以把数据结构分成（　　）。

A. 动态结构和静态结构则　B. 线性结构和非线性结构

C. 集合结构和非集合结构　D. 树状结构和图状结构

12. 在软件生存周期中，能准确确定软件系统必须做什么和必须具备哪些功能的阶段是（　　）。

A. 概要设计　B. 详细设计　C. 可行性分析　D. 需求分析

13. 软件测试的目的是（　　）。

A. 证明软件系统中存在错误　B. 找出软件系统中存在的所有错误

C. 尽可能多地发现系统中的错误和缺陷　D. 证明软件的正确性

14. 下面叙述正确的是（　　）。

A. 算法的执行效率与数据的存储结构无关

B. 算法的空间复杂度是指算法程序中指令（或语句）的条数

C. 算法的有穷性是指算法必须能在执行有限个步骤之后终止

D. 以上三种描述都不对

15. 以下数据结构中不属于线性数据结构的是（　　）。

A. 队列　B. 线性表　C. 二叉树　D. 栈

16. 需求分析阶段的任务是确定（　　）。

A. 软件开发方法　B. 软件开发工具　C. 软件开发费　D. 软件系统的功能

17. 软件开发常使用的两种基本方法是结构化和原型化方法，在实际的应用中，它们之

间的关系表现为（　　）。

A. 相互排斥　　B. 相互补充　　C. 独立使用　　D. 交替使用

18. 结构化分析方法是一个预先严格定义需求的方法，它在实施时强调的是分析对象的（　　）。

A. 控制流　　B. 数据流　　C. 程序流　　D. 指令流

19. 从结构化的瀑布模型看，在它的生命周期中的8个阶段中，下面的几个选项中（　　）环节出错，对软件的影响最大。

A. 详细设计阶段　　B. 概要设计阶段　　C. 需求分析阶段　　D. 测试和运行阶段

20. 开发软件所需高成本和产品的低质量之间有着尖锐的矛盾，这种现象称为（　　）。

A. 软件工程　　B. 软件危机　　C. 软件周期　　D. 软件产生

二、判断题

1. 随着程序设计语言的不断发展和完善，程序设计也变得越来越简单、标准和工程化。（　　）

2. 任何一个计算机程序都具有目的性，有序性，有穷性的性质。（　　）

3. 用高级语言编写的源程序必须经过编译或解释，成为计算机能够“识别”的机器语言程序，才能在计算机上执行。（　　）

4. 类与对象的关系是抽象与具体的关系。（　　）

5. 在面向对象的程序设计中，凡是具备属性和行为这两个要素的都可以作为对象。（　　）

6. 算法的正确性是评价一个算法优劣的最重要的标准。（　　）

7. 瀑布模型各阶段间具有顺序性和依赖性。（　　）

8. 快速原型模型的优点是可以减少由于软件需求不明确带来的开发风险。（　　）

9. C#不是一种面向对象的程序设计语言。（　　）

10. 栈是一种特殊的线性表，具有先入先出的特点。（　　）

11. 软件测试的目的是无一遗漏的找出所有的错误。（　　）

12. 在进行总体设计时应加强模块间的联系。（　　）

13. 用黑盒法测试时，测试用例是根据程序内部逻辑设计的。（　　）

14. 在程序调试时，找出错误的位置和性质比改正该错误更难。（　　）

15. 如果通过软件测试没有发现错误，则说明软件是正确的。（　　）

三、填空题

1. 计算机程序设计语言经历了从________、________到高级语言的发展历程。

2. 结构化程序设计的基本思想是________、________、________。

3. 结构化程序设计的3种基本结构是________、________、________。

4. 在面向对象的概念中，________表示具有相同属性和行为的一组对象的集合。

5. 一个对象向另一个对象发出的请求称为________，也称为________。

6. 面向对象技术的基本特征是________、________、________和多态。

7. 算法具有________、________、________、有0个或多个输入项和至少有一个输出项5个基本特征。

8. 常用的算法描述主要有__________、__________、__________3 种方式。

9. 一个算法的评价主要从__________和空间复杂度来考虑。

10. 数据结构一般包含__________、__________ 和数据的运算 3 个方面的内容。

11. 队列的插入操作是在队列的__________进行，队列删除操作是在队列的__________进行。

12. 当用长度为 n 的数组顺序存储一个栈时，假定用 top=0 表示栈空，则表示栈满的条件是__________。

13. 二叉树遍历方式有__________、__________和__________3 种，这 3 种遍历方式都是相对于根节点而言的。

14. 软件生存周期被划分为__________、__________、系统实现、系统测试和系统维护 5 个阶段。

15. 按测试方式分类，软件测试可分为__________和动态测试。按测试方法分类，软件测试可分为__________和__________；按测试过程分，可分为__________、集成测试、系统测试和__________。

四、简答题

1. 什么是程序？什么是软件？软件具有哪些特性？
2. 请简述面向对象与面向过程的区别。
3. 请简述面向对象程序设计的优点。
4. 谈谈你对“程序 = 数据结构+算法”的理解。
5. 软件测试按过程分类分成哪几类？
6. 什么是软件生存周期？请简述该周期的组成及所要解决的问题。

第6章

数据库基础

学习目标 

- 理解数据库有关基本概念。
- 了解数据库系统体系结构。
- 掌握数据模型与表示方法。
- 掌握关系数据库的基本操作。

随着计算机信息化的不断发展，数据库技术已经属于应用最为广泛的技术。日常生活中，人们几乎每天都在与各种各样的数据表格打交道，如入学时的学生登记表，期末时收到的学生成绩单，超市购物后的购物清单小票等。数据库技术专门研究如何高效地组织和存储数据，如何快速地获取和处理数据。

本章主要介绍数据库技术相关概念，关系数据库，数据库操作等多个方面的数据库技术及应用。

6.1　数据库概述

在计算机的三大主要应用领域（科学计算、过程控制和数据处理）中，数据处理所占比例最大，而数据库技术则是数据处理的最新技术。数据库技术已经成为各行各业存储数据、管理信息、共享资源的最先进、最常用的技术。在数据处理中，通常涉及以下相关概念。

6.1.1　数据库有关概念

1. 数据

数据（Data）是用于描述事物的符号记录。它是数据库中存储的基本对象。数据的类型很多，可以是文字、数字、图形、声音、视频等。

2. 数据库

数据库（Data Base，DB）是存储在计算机内的、有组织的、可共享的数据的集合。数据库中的数据按一定的数据模型组织、描述和储存，可以供用户共享，具有尽可能小的冗余度和较高的数据独立性，使数据存储最优、数据操作最容易，并且具有完善的自我保护能力和数据恢复能力。

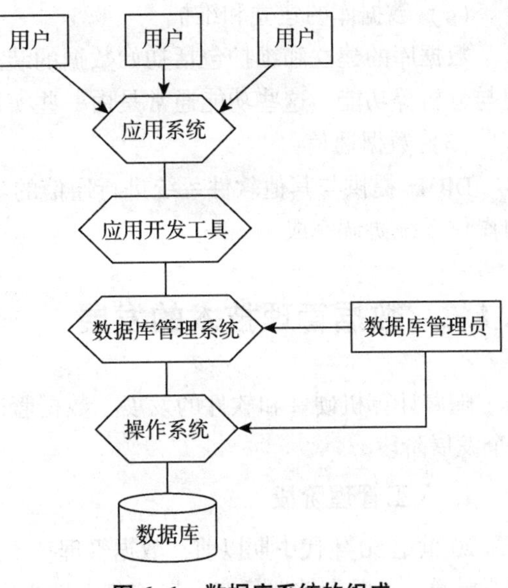

图 6-1 数据库系统的组成

3. 数据库系统

数据库系统（Data Base System，DBS）是指在计算机系统中引入数据库后的系统，由数据库、数据库管理系统、应用系统、数据库管理员和用户构成。数据库系统的组成如图 6-1 所示。

4. 数据库管理员

数据库管理员（Data Base Administrator，DBA）是全面管理和控制数据库系统的人员，负责数据库的正常运行，在 DBS 中具有最高级别的权限。

5. 数据库管理系统

数据库管理系统（Data Base Management System，DBMS）是一种操纵和管理数据库的大型软件，用于建立、使用和维护数据库。它对数据库进行统一的管理和控制，以保证数据库的安全性和完整性。它是位于用户与操作系统之间的一层数据管理软件，是数据库系统的核心组成部分。

用户在数据库系统中的一切操作，包括数据定义、查询、更新及各种控制，都是通过 DBMS 进行的。DBMS 是实现用户意义下的抽象的逻辑数据处理转换成计算机中的具体的物理数据的处理软件，为用户带来方便。它的主要功能有以下 5 个方面。

（1）数据定义

DBMS 提供数据定义语言（Data Define Language，DDL），用户通过它可以方便地对数据库中的数据对象进行定义。例如，为保证数据库安全而定义的用户口令和存取权限，为保证语义正确而定义的完整性规则等。

（2）数据操纵

DBMS 提供数据操纵语言（Data Manipulation Language，DML）实现对数据库的基本操作，包括对数据的检索、插入、修改、删除等。

（3）数据库运行管理

数据库在建立、运行和维护时由数据库管理系统统一管理、统一控制。DBMS 通过对数据的安全性控制、数据的完整性控制、多用户环境下的并发控制等，确保数据正确有效和数据库系统的正常运行。

（4）数据库的建立和维护

数据库的建立和维护包括初始数据的装入，数据库的转储、恢复与重组织，系统性能监视与分析等功能。这些功能通常是由一些实用程序完成的。

（5）数据通信

DBMS 提供与其他软件系统进行通信的功能。实现用户程序与 DBMS 之间的通信，通常与操作系统协调完成。

6.1.2 数据管理技术的发展

随着计算机硬件和软件的发展，数据管理技术经历了人工管理、文件系统和数据库系统 3 个发展阶段。

1. 人工管理阶段

20 世纪 50 年代中期以前，数据管理技术处在人工管理阶段。这一时期的计算机主要用于科学计算，外部存储器只有磁带、卡片和纸带等，还没有磁盘等字节存取的存储设备。软件只有汇编语言，没有操作系统和管理数据的软件。在这个时期，数据处理的方式基本上是批处理方式，每个程序处理的数据都跟在该程序之后，一并被穿孔到纸带或卡片上，数据在内存中的存储格式、存储位置、读写数据的路径和方法等都需要由编程者决定。当数据的存储格式、位置、读写路径和方法改变时，数据处理程序也必须做出相应的修改，以保持程序的正确性。这个时期的程序完全依赖于数据，人们把这一时期的数据处理技术称为人工管理阶段。

2. 文件系统阶段

从 20 世纪 50 年代中期到 60 年代中期，计算机硬、软件技术得到了快速发展。在硬件方面，运算器和控制器由性价比更好的晶体管取代了电子管，磁心存储器也逐渐被大容量、低价格的半导体存储器所取代，输入/输出设备也更换为便于人们使用的键盘和行式打印机，同时出现了能够永久保存信息的外部磁带和磁盘存储设备。在软件方面，数据与程序在存储位置上完全分开，数据被单独组织成文件保存到外部存储器上，数据文件既可以为某个程序单独使用，也可以为多个不同的程序在不同的时间使用，但是程序设计仍然受到数据存取格式和方法的影响，不能完全独立于数据。

3. 数据库系统阶段

20 世纪 60 年代后期，计算机硬件、软件有了进一步的发展。计算机应用于管理的规模更加庞大，数据量急剧增加。硬件方面出现了大容量磁盘，使计算机联机存取大量数据成为可能；硬件价格下降，软件价格上升，使开发和维护系统软件的成本增加。文件系统的数据管理方法已无法满足开发应用系统的需要。为解决多个用户、多个应用程序共享数据的需求，出现了统一管理数据的专门软件系统，即数据库管理系统。从文件系统到数据库系统，标志着数据管理技术的飞跃，数据库系统比文件系统具有明显的优点，其优点主要有如下 7 个。

（1）数据结构化

数据结构化是数据库与文件系统的根本区别。文件系统中文件之间不存在联系，因而从总体上看数据是没有结构的；而数据库中的文件是相互联系的，并在总体上遵从一定的结构形式。数据库正是通过文件之间的联系反映现实世界事物间的自然联系。

(2) 数据共享性高、冗余少

数据库系统从全局角度看待和描述数据，数据不再面向某个应用程序，可以被多个用户、多个应用程序共享使用。减少了不必要的数据冗余，节约了存储空间，同时也避免了数据之间的不相容性与不一致性问题。

(3) 数据独立性高

数据的独立性是指数据的逻辑独立性和数据的物理独立性。数据的逻辑独立性是指用户的应用程序与数据库的逻辑结构是相互独立的，即当数据的总体逻辑结构改变时，数据的局部逻辑结构不变。由于应用程序是依据数据的局部逻辑结构编写的，所以应用程序不必修改，从而保证了数据与程序间的逻辑独立性。数据的物理独立性是指用户的应用程序与存储在磁盘上的数据库中的数据是相互独立的，即当数据的存储结构改变时，数据的逻辑结构不变，从而应用程序也不必改变。

(4) 统一的数据控制功能

数据库为多个用户和应用程序所共享，对数据的存取往往是并发的，即多个用户可以同时存取数据库中的数据，甚至可以同时存取数据库中的同一个数据。为确保数据库数据的正确有效和数据库系统的有效运行，数据库管理系统提供以下 4 方面的数据控制功能。

①数据的安全性（Security）控制。

数据的安全性是指保护数据以防止不合法使用数据而造成数据的泄露和破坏，从而保证数据的安全和机密。每个用户只能按规定或权限对某些数据以某些方式进行使用和处理。

②数据的完整性（Integrity）控制。

数据的完整性是指系统通过设置一些完整性规则以确保数据的正确性、有效性和相容性。完整性控制将数据控制在有效的范围内或保证数据之间满足一定的关系。

有效性是指数据在其定义的有效范围，如月份只能用 1~12 之间的正整数表示。

正确性是指数据的合法性，如年龄属于数值型数据，只能含有 0，1，…，9，不能含字母或特殊符号。

相容性是指表示同一事实的两个数据应相同，否则就不相容，如一个人不能有两个性别。

③并发（Concurrency）控制。

多用户同时存取或修改数据时，可能会发生相互干扰而提供给用户不正确的数据，并使数据库的完整性受到破坏，因此必须对多用户的并发操作加以控制和协调。

④数据恢复（Recovery）。

计算机系统出现各种故障是很正常的，数据库中的数据被破坏、被丢失也是可能的。当数据库被破坏或数据不可靠时，系统有能力将数据库从错误状态恢复到最近某一时刻的正确状态。

数据管理技术经历了以上 3 个阶段的发展，已有比较成熟的数据库技术。但随着计算机软、硬件的发展，数据库技术仍将不断向前发展。

6.2 数据库系统体系结构

数据库系统的结构可以有多种不同的层次或不同的角度，从数据库管理系统角度看，其内部采用三级模式结构，即外模式、模式和内模式，这是数据库系统内部的结构。从数据库最终用户角度看，数据库系统的结构分为集中式、分布式结构、客户机/服务器结构和并行结构，这是数据库系统外部的体系结构。下面主要介绍数据库系统内部结构。

6.2.1 三级模式结构

数据库系统有着严谨的体系结构。目前，世界上有大量的数据库在运行中，其类型和规模可能相差很大，但是就其体系结构而言是大体相同的。

ANSI 所属标准计划和要求委员会在 1975 年公布了一个关于数据库标准的报告，提出了数据库的三级模式结构，这就是有名的 SPARC 分级结构。

模式（Schema）是数据库中全体数据的逻辑结构和特征的描述。模式只是对实体的描述，而与具体的值无关。某数据模式下的一组具体的数据值称为数据模式的一个实例（Instance）。模式是稳定的，而实例是不断变化和更新的。模式反映的则是数据的结构及其联系，而实例反映的则是数据库某一时刻的状态。

数据库系统的三级模式结构是指外模式、模式和内模式，如图 6-2 所示。

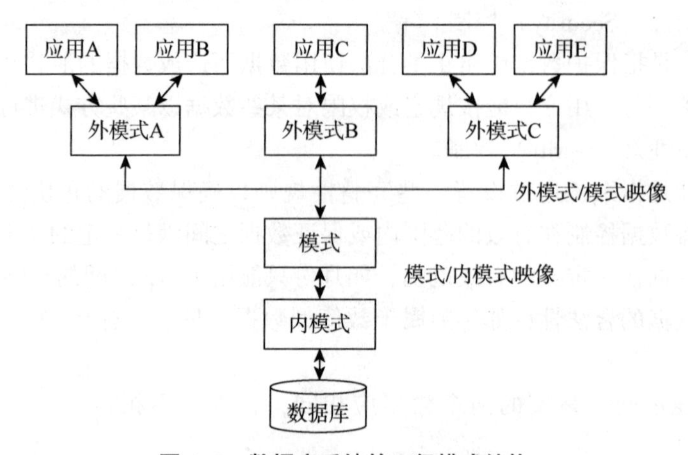

图 6-2 数据库系统的三级模式结构

1. 外模式

外模式又称子模式（Subschema）、用户模式或外视图，是三级结构的最外层，也是最靠近用户的一层，反映数据库用户看待数据库的方式。它是数据库用户所看见和使用的局部数据的逻辑结构和特征的描述，是数据库用户的数据视图，是与某一应用有关的数据的逻辑表示。

外模式通常是模式的子集，一个数据库可以有多个子模式。由于它是各个用户的数据视图，如果不同的用户在应用需求、看待数据的方式或对数据保密要求等方面存在差异，则其外模式描述也就存在不同。即使对模式中同一数据，在外模式中的结构、类型、长度、保密级别等都有可能不同。再者，同一外模式也可以为某一用户的多个应用系统所使用，但一个应用程序只能使用一个外模式。

外模式是保证数据库安全性的一个有力措施。每个用户只能看见和访问所对应的外模式中的数据，而数据库中的其余数据是不可见的。

2. 模式

模式也称为概念模式或概念视图，是数据库中全体数据的逻辑结构和特征的描述。

模式处于三级结构的中间层，它是整个数据库实际存储的抽象表示，也是对现实世界的一个抽象描述，是现实世界某应用环境（企业或单位）的所有信息内容集合的表示，也是所有用户视图综合起来的结果，又称为用户共同视图。

一个数据库只有一个模式。数据库模式以某一种数据模型为基础，综合考虑了所有用户的需求，并将这些需求有机地结合成一个逻辑整体。定义模式时不仅要定义数据的逻辑结构（数据项的名字、类型、取值范围等），而且要定义与数据有关的安全性、完整性要求，还要定义数据之间的联系。

3. 内模式

内模式也称为存储模式（Storage Schema），它是数据物理结构和存储方式的描述，是数据在数据库内部的表示方式。例如，记录的存储方式是顺序存储还 hash 方法存储；数据是否是压缩存储，是否加密；数据的存储记录结构有何规定等。一个数据库只有一个内模式。

6.2.2 数据库的二级映像功能与数据独立性

数据库系统的三级模式对应数据的三个抽象级别，数据的具体组织留给 DBMS 管理，使用户能逻辑地、抽象地处理数据，而不必关心数据在计算机中的具体表示方式和存储方式。为了能够在内部实现这 3 个抽象层次的联系和转换，数据库管理系统在这三级模式之间提供了两层映像：外模式/模式映像和模式/内模式映像。它保证了数据库系统中的数据具有较高的逻辑独立性和物理独立性。

1. 外模式/模式映像

模式描述的是数据的全局逻辑结构，外模式描述的是数据的局部逻辑结构。对于同一个模式可以有任意多个外模式。对于每一个外模式，数据库系统都有一个外模式/模式映像，它定义了该外模式与模式之间的对应关系。这些映像定义通常包含在各自外模式的描述中。

当模式改变时，如增加新的关系，新的属性时，由数据库管理员对各个外模式/模式映像作相应改变，可以使外模式保持不变。应用程序是依据数据的外模式编写的，从而使应用程序不必修改，保证了数据与程序的逻辑独立性。

2. 模式/内模式映像

数据库中只有一个模式，也只有一个内模式，所以模式/内模式映像是唯一的，它定义了数据库全局逻辑结构与存储结构之间的对应关系。当数据库的存储结构改变，如选用了另一种存储结构，由数据库管理员对模式/内模式映像作相应改变，可以使模式保持不变，应用程序也不必改变，从而保证了数据与程序的物理独立性。

在数据库的三级模式结构中，数据库模式（全局逻辑结构）是数据库的中心与关键，它独立于数据库的其他层次。因此，设计数据库模式结构时应首先确定数据库的逻辑模式。

数据库的内模式依赖于它的全局逻辑结构，但独立于数据库的用户视图，即外模式，也独立于具体的存储设备。它是将全局逻辑结构中所定义的数据结构及其联系按照一定的物理存储策略进行组织，以达到较好的时间与空间效率。

数据库的外模式面向具体的应用程序，它定义在逻辑模式上，但独立于存储模式和存储设备。当应用需求发生较大变化，相应的外模式不能满足其视图要求时，该外模式就得做相应改动，所以在设计外模式时应充分考虑到应用的扩充性。

特定的应用程序是在外模式描述的数据结构上编制的，它依赖于特定的外模式，与数据库的模式和存储结构独立。不同的应用程序有时可以共用同一个外模式。数据库的二级映像保证了数据库外模式的稳定性，从而从底层保证了应用程序的稳定性，除非应用需求本身发生变化，否则应用程序一般不需要修改。

数据与程序之间的独立性，使数据的定义和描述可以从应用程序中分离出去。另外，由于数据的存取由 DBMS 管理，用户不必考虑存取路径等细节，从而简化了应用程序的编制，大大减少了对应用程序的维护和修改。

6.3 数据模型

数据模型（Data Model）是专门用来抽象、表示和处理现实世界中的数据和信息的工具。

计算机系统是不能直接处理现实世界的，现实世界只有在数据化后，才能由计算机系统地去处理代表现实世界的数据。为了把现实世界的具体事物及事物之间的联系转换成计算机能够处理的数据，必须用某种数据模型来抽象和描述这些数据。数据模型是数据库系统的核心。通俗地讲，数据模型是现实世界的模拟。

6.3.1 从现实世界到机器世界

由于计算机不能直接处理现实世界中的具体事物及其联系，为了利用数据库技术管理和处理现实世界中的事物及其联系，必须将这些具体事物及其联系转换成计算机能够处理的数据。从现实世界的事物到机器世界的抽象过程如图 6-3 所示。

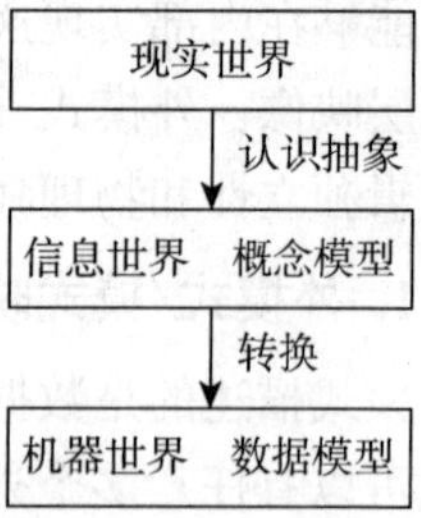

图 6-3　从现实世界的事物到机器世界的抽象过程

1. 现实世界

现实世界即客观存在的世界。现实世界中存在着各种事物及事物之间的联系，每个事物都有它自身的特征或性质，人们总是选择感兴趣的最能表示一个事物的若干特征来描述该事物。例如，要描述一种商品，常选用商品编号、商品名称、商品类型、型号、库存量、单价等来描述，通过这些特征，就能区分不同的商品。现实世界中，事物之间也是相互联系和相互依存的，人们通常因联系而选择感兴趣的事物。

2. 信息世界

信息世界是将现实世界的事物及事物之间的联系经过分析、归纳和抽象而形成信息，人们再将这些信息进行记录、整理和格式化，就构成了信息世界。实体、属性、域等均属于信息世界的概念。

3. 计算机世界

计算机世界是信息世界中信息的数据化，就是将信息用字符和数值等用数据表示，存储在计算机中并由计算机进行识别和处理。字段、记录、关键字等均属于计算机世界的概念。

6.3.2 概念模型

概念模型也称为信息模型，它是信息世界抽象出来的模型，从图 6-3 可知，概念模型实质上是现实世界到机器世界的一个中间层次。它是一种独立于计算机系统的数据模型，完全不涉及信息在计算机中的表示，只是用来描述某个特定组织所关心的信息结构。概念模型是按用户的观点对数据和信息建模，强调其语义表达能力，概念应该简单、清晰、易于用户理解，它是对现实世界的第一层抽象，是用户和数据库设计人员之间进行交流的工具。这一类模型中最著名的是“实体联系模型”。

1. 概念模型中的一些概念

概念模型涉及的概念主要如下。

(1) 实体（Entity）

客观存在并可相互区别的事物称为实体。实体既可以是具体的对象，也可以是抽象的对象。如一名学生、一间学校，或者是一个操作流程、一场比赛等。

(2) 属性（Attribute）

实体所具有的某一特性称为属性。一个实体可以由若干个属性来描述。如职工实体由职工号、姓名、性别、年龄、职称、部门号等属性组成，而一组属性的值（1011，陈东乐，男，30，工程师，03）就表示一个具体的职工实体。属性有属性名和属性值，如“姓名”是属性名，“陈东乐”是姓名属性的一个属性值。

(3) 实体集（Entity Set）

所有属性名完全相同的同类实体的集合，称为实体集。如全体职工就是一个实体集，为了区分实体集，每个实体集都有一个名称，即实体名。职工实体指的是名为职工的实体集，而（1011，陈东乐，男，30，工程师，03）是该实体集中的一个实体，同一实体集中没有完全相同的两个实体。

(4) 码（Key）

能唯一标识实体的属性或属性集，称为码，有时也称为实体标识符，或简称键。如职工实体中的职工号属性。

(5) 域（Domain）

属性的取值范围称为该属性的域（值域），如“性别”的属性域为｛男，女｝。

(6) 实体型（Entity Type）

实体集的名及其所有属性名的集合，称为实体型，如职工（职工号、姓名、性别、年龄、职称、部门号）就是职工实体集的实体型。实体型抽象地刻画了所有同集实体，在不引起混淆的情况下，实体型往往简称为实体。

2. 概念模型中实体的联系

在现实世界中，事物内部以及事物之间是有联系的，这些联系在信息世界中反映为实体内部的联系和实体之间的联系。实体内部的联系通常是指组成实体的各属性之间的联系，实体之间的联系通常是指不同实体集之间的联系。

两个实体集之间的联系可归纳为以下 3 类。

（1）一对一联系（1∶1）

如果对于实体集 $E1$ 中的每个实体，实体集 $E2$ 至多有一个（也可没有）实体与之联系，反之亦然。那么实体集 $E1$ 和 $E2$ 的联系称为“一对一联系”，记为“1∶1”，如图 6-4 所示。

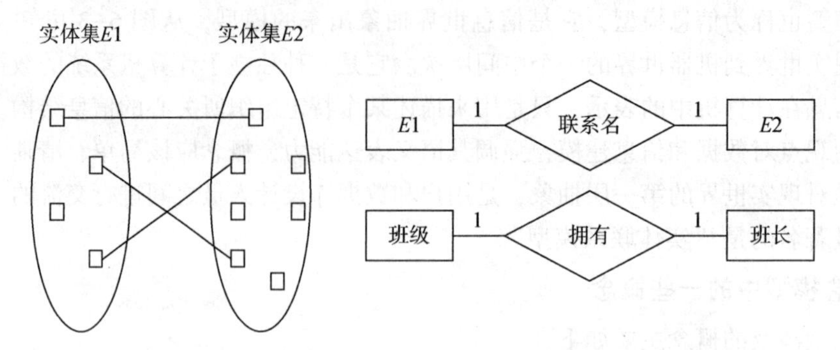

图 6-4　两个实体集之间的“一对一联系”（1∶1）

（2）一对多联系（1∶n）

如果实体集 $E1$ 中每个实体可以与实体集 $E2$ 中任意一个（包括零个或多个）实体间有联系，而 $E2$ 中每个实体至多和 $E1$ 中的一个实体有联系，那么称实体集 $E1$ 对 $E2$ 的联系是“一对多联系”，记为“1∶n”，如图 6-5 所示。

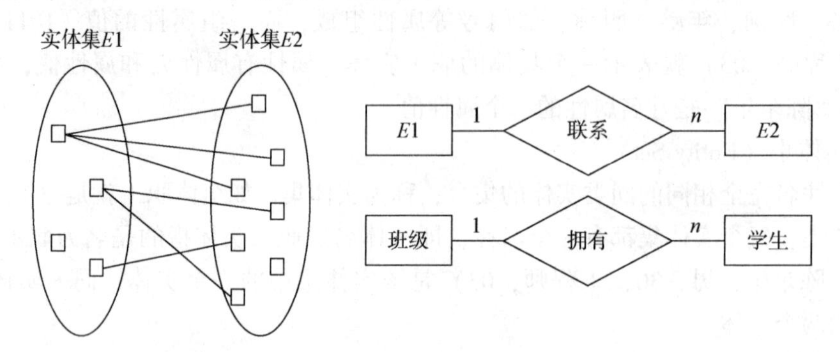

图 6-5　两个实体集之间的“一对多”联系（1∶n）

（3）多对多联系（m∶n）

如果实体集 $E1$ 中每个实体可以与实体集 $E2$ 中任意一个（包括零个或多个）实体有联系，反之亦然。那么称实体集 $E1$ 和 $E2$ 的联系是“多对多联系”，记为“m∶n”，如图 6-6 所示。

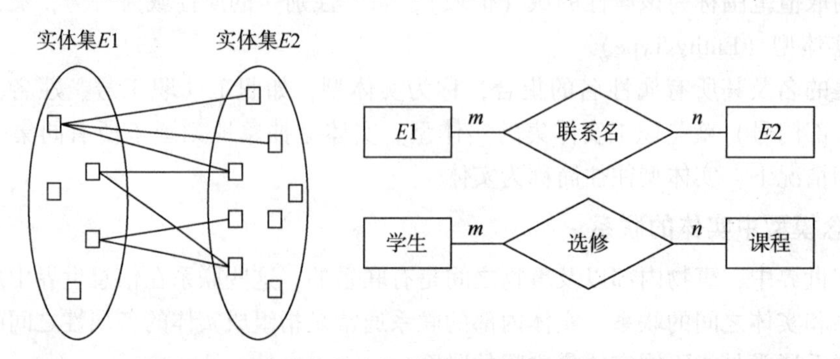

图 6-6　两个实体集之间的“多对多”联系（m∶n）

3. 概念模型的表示方法

概念模型是对信息世界的建模，因此概念模型应能方便、准确地描述信息世界中的常用概念。概念模型的表示方法有很多，其中被广泛采用的是实体联系模型（Entity-Relationship Model），简称为E-R模型，也称为E-R图。

E-R模型的主要元素有实体（集）、属性、联系（集），其表示方法如下。

①实体用方框表示，方框内注明实体的命名。实体名常用大写字母开头的有具体意义的英文名词表示。然而，为了便于用户与软件开发人员的交流，在需求分析阶段建议用中文表示，在设计阶段再根据需要转成英文形式。

②属性用椭圆形框表示，框内写上属性名，并用无向连线与其实体（集）相连，加下划线的属性为实体标识符。

③联系用菱形框表示，框内写上联系名，并用线段将其与相关的实体连接起来，并在连线上标明联系的类型，即1∶1、1∶n或m∶n。联系也会有属性，用于描述联系的特征。

例如，学生和课程之间的“选修”联系是一个多对多的联系，其E-R图如图6-7所示。

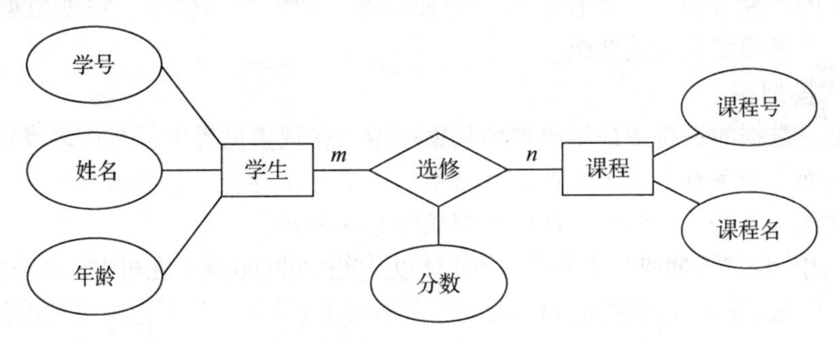

图6-7 学生与课程的E-R图

6.3.3 数据模型

数据模型主要包括网状模型、层次模型、关系模型等。它是按计算机系统的观点对数据建模，直接面向数据库的逻辑结构，是对现实世界的第二层抽象。

数据模型是数据库系统的核心和基础。机器上各种不同的DBMS软件都是基于某种数据模型的。

1. 数据模型的组成要素

数据模型是数据库系统的核心和基础，任何DBMS都支持一种数据模型。数据模型是严格定义的一组概念的集合，它描述了系统的静态特性、动态特性和完整性约束条件。因此，数据模型通常由数据结构、数据操作和数据的约束条件3部分组成。

（1）数据结构

任何一种数据模型都规定了一种数据结构，即信息世界中的实体和实体之间联系的表示方法。数据结构描述了系统的静态特性，是数据模型本质的内容。

数据结构是刻画一个数据模型性质最重要的方面。因此，在数据库系统中，通常按照其数据结构的类型来命名数据模型，如层次结构、网状结构和关系结构的数据模型分别命名为层次模型、网状模型和关系模型。

（2）数据操作

数据操作是对数据库中各种对象实例所允许执行的操作的集合，包括操作及操作规则。对数据库的操作主要有数据维护和数据检索两大类，这是任何数据模型都必须规定的操作，包括操作符、含义、规则等。

（3）数据的约束条件

数据的约束条件是一组完整性规则的集合。完整性规则是给定的数据模型中数据及其联系所具有的制约和依存规则，它是用来限定符合数据模型的数据库状态以及状态的变化，以保证数据的正确、相容和有效。

2. 最常用的数据模型

目前，数据库领域中最常用的数据模型有 4 种，分别是层次模型（Hierarchical Model）、网状模型（Network Model）、关系模型（Relational Model）和面向对象模型（Object Oriented Model）。其中，前两类模型称为非关系模型，面向对象模型是近年才出现的数据模型，是目前数据库技术的研究方向。关系模型是目前使用最广泛的数据模型，占据数据库的主导地位，下面就前 3 种模型做相关介绍。

（1）层次模型

层次模型是数据库系统中最早出现的数据模型。在现实世界中，有许多事物是按层次组织起来的。例如一个系有若干个专业和教研室，一个专业有若干个班级，一个班级有若干个学生；一个教研室有若干个教师。层次模型如图 6-8 所示。

层次模型用一棵“有向树”来表示各类实体以及实体间的联系。在树中，每个结点表示一个记录类型，结点间的连线（或称为边）表示记录类型间的关系，每个记录类型可包含若干个字段。记录类型描述的是实体，字段描述实体的属性，各个记录类型及其字段都必须命名。

（2）网状模型

现实世界中事物之间的联系更多的是非层次关系的，学校网状模型如图 6-9 所示。

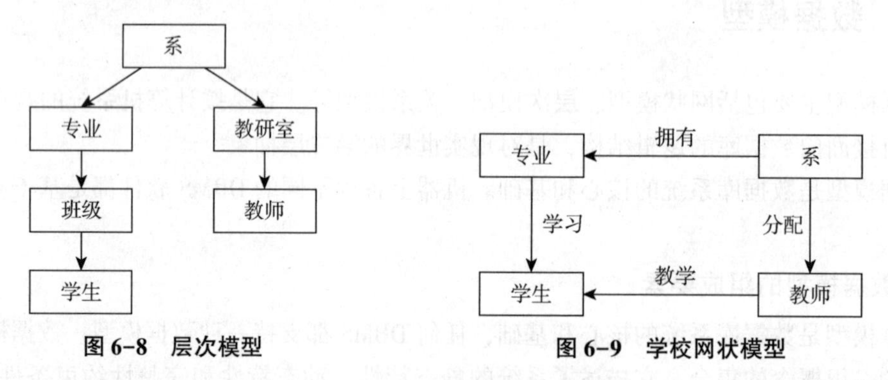

图 6-8　层次模型　　　图 6-9　学校网状模型

网状模型取消了层次模型的两个限制，在层次模型中，若一个节点可以有一个以上的父结点，就得到网状模型。用有向图结构表示实体类型及实体间联系的数据模型，使之成为网状模型。

（3）关系模型

关系模型是目前最常用的一种数据模型。关系数据库系统采用关系模型作为数据的组织方式。

与层次模型和网状模型相比，关系模型的概念简单、清晰，并且具有严格的数学基础，形成了关系数据理论，操作也直观、容易，因此易学易用。无论是数据库的设计和建立，还是数据库的使用和维护，都比在非关系模型时代简便得多。

在关系模型中，数据的逻辑结构是关系。关系可形象地用二维表表示，它由行和列组成。学生基本信息和学生成绩分别如表6-1和表6-2所示，其中的关系框架如下。

学生基本信息（学号，姓名，性别，出生日期）

学生成绩（学号，课程，成绩）

表6-1　学生基本信息

学号	姓名	性别	出生日期
20210401101	张涛	男	2001-02-19
20210401112	李平	女	2002-12-10
20130401123	赵顺	男	2001-06-20

表6-2　学生成绩

学号	课程	成绩
20210401101	计算机导论	90
20210401101	C语言程序设计	77
20210401112	计算机导论	87
20210401112	C语言程序设计	88
20210401123	计算机导论	74
20210401123	C语言程序设计	94

在关系模型中基本数据结构就是二维表，不使用像层次模型或网状模型的链接指针。记录之间的联系是通过不同关系中的同名属性来体现的。例如，查找“李平”课程成绩，首先要在学生基本信息关系中找到李平的学号“20210401112”，然后在学生成绩关系中找到“20210401112”学号对应的课程成绩即可。在上述查询过程中，学号起到了连接两个关系的纽带作用。由此可见，关系模型中的各个关系模式不是孤立的，也不是随意拼凑的一堆二维表，它们必须满足相应关系的需要。

6.4　关系数据库

关系模型是一种非常重要的数据模型，而关系数据库是支持关系模型的数据库。关系数据库是目前应用最广泛的一种数据库。

数据模型是用于描述数据或信息的标记，一般由数据结构、数据操作和完整性约束3部分组成。对于关系模型，其数据结构非常简单，不管是现实世界中的实体还是实体间的相互联系都可以用单一的数据结构即关系来表示。关系数据库产品以其简单清晰的概念，易懂易学的数据库语言，使用户不需了解复杂的存取路径细节，不需说明“怎么干”，只需指出“干什么”

就能操作数据库，因而深受广大用户喜爱。目前，许多商品化数据库管理系统，如 Oracle、Sybase、SQL Server 等都是关系型数据库管理系统。关系模型常用的关系操作主要包括数据插入、数据修改、数据删除和数据查询等操作，其中数据查询操作相对更加复杂。

6.4.1 基本概念

（1）关系（Relation）

一个关系可用一个表来表示，常称为表，如表 6-1 学生基本信息表。每个关系（表）都有与其他关系（表）不同的名称。

（2）元组（Tuple）

二维表中水平方向的行称为元组，也称为记录。一个关系中不能有两个完全相同的元组。

（3）属性（Attribute）

二维表中垂直方向的列称为属性，又称字段。每个属性都有一个属性名，一个关系中不能有两个同名属性。如表 6-1 有 4 个列，分别对应 4 个属性：学号，姓名，性别和出生日期。

（4）域（Domain）

属性的取值范围就是该属性的域。如性别的域为｛男，女｝。

（5）分量（Component）

一个元组在一个属性上的值称为该元组在此属性上的分量。

（6）候选码

如果二维表中的某个属性（或属性组）可以唯一地标识一个元组，则称该属性（或属性组）为候选码，候选码也称为关键字。例如在表 6-1 中，学号是学生记录的一个候选码。

（7）主码（Key）

一个表中可能存在多个候选码，但在实际应用中只能选择其中的一个作为唯一标识元组的键，被选用的这个候选码称为主码，也称为主键。

（8）关系模式

一个关系的关系名及其全部属性名的集合简称为该关系的关系模式。一般表示为：关系名（属性 1，属性 2，…，属性 n）。如上面的关系可描述为：学生基本信息（学号，姓名，性别，出生日期）。

关系模型要求关系必须是规范化的，即要求关系必须满足一定的规范条件，这些规范条件如下。

①关系中的每一列都必须是不可分的基本数据项，即不允许表中还有表。

②在同一个关系中不能有相同的元组和相同的属性，属性间的顺序、元组间的顺序是无关紧要的。

6.4.2 关系代数

关系代数是施加于关系的一组集合代数运算，每个运算以一个或多个关系作为运算对象，运算的结果也为关系。关系代数包括传统的集合运算和专门的关系运算两类。

1. 传统的集合运算

（1）并（Union）

如果 R 和 S 都是关系，那么 $R \cup S$ 就是集合并运算，集合并运算就是把两个关系中所有元组集中在一起，形成一个新的关系，参与并运算的两个关系中的属性的个数、顺序和数据类型必须相同或兼容。例如，有关系 R 和 S，分别如表 6-3 所示，则关系 $R \cup S$ 结果如表 6-4 所示。

表 6-3　关系 R 和 S

R

A	B
a	d
b	a
c	c

S

A	B
d	a
b	a
d	c

表 6-4　关系 $R \cup S$ 结果

A	B
a	d
b	a
c	c
d	a
d	c

（2）交（Intersection）

如果 R 和 S 都是关系，那么 $R \cap S$ 就是集合交运算。这种关系集合运算得到的结果就是在最后的关系中包含了两个集合中共同的元组。如表 6-3 所示的关系 R 和 S，则关系 $R \cap S$ 如表 6-5 所示。

（3）差（Difference）

如果 R 和 S 是两个关系，那么 $R-S$ 表示关系 R 和 S 的差运算，其结果包含了在 R 中而不在 S 中的元组，如表 6-3 所示的关系 R 和 S，则关系 $R-S$ 如表 6-6 所示。

表 6-5　关系 $R \cap S$

A	B
b	a

表 6-6　关系 $R-S$

A	B
a	d
c	c

2. 专门的关系运算

（1）选择（Selection）

选择操作是指在关系中选择满足某些条件的元组（记录）的运算。例如，在表 6-1 中找出 2001 年（含 2001 年）以后出生的学生数据，即可对学生基本信息表做选择操作，得到两个元组，如表 6-7 所示的结果。

表 6-7　选择运算得到的结果

学号	姓名	性别	出生日期
20210401101	张涛	男	2001-02-19
20210401112	李平	女	2002-12-10

（2）投影（Projection）

投影操作是在关系中选择若干属性列组成新的关系的运算。投影之后有可能取消了原关系中某些列，而且还可能会取消原有的某些元素，这是因为取消了某些属性列后，可能出现重复的行，所以应该取消这些完全相同的行。例如，在表 6-1 中，如果只要求选取学号，姓名两列，即可使用投影运算来实现，得到表 6-8 所示的结果。

表 6-8　投影运算的结果

学号	姓名
20210401101	张涛
20210401112	李平
20210401123	赵顺

（3）连接（Join）

连接操作是将不同的两个关系连接成为一个关系的运算。对两个关系的连接，其结果是一个包含原关系所有列的新关系。如果出现原不同关系中的属性同名时，新关系中属性的名字是原有属性名加上原有关系名作为前缀。这种命名方法保证了新关系中属性名的唯一性，尽管原有不同关系中的属性可能是同名的。新关系中的元组是通过连接原有关系的元组而得到的。例如，由表 6-1 学生基本信息（关系 *R*）与表 6-2 学生成绩（关系 *S*），按照条件“*R*. 学号 =*S*. 学号”进行自然连接，得到 6-9 所示的结果。

表 6-9　连接操作得到的结果

学号	姓名	性别	出生日期	课程	成绩
20210401101	张涛	男	2001-02-19	计算机导论	90
20210401101	张涛	男	2001-02-19	C 语言程序设计	77
20210401112	李平	女	2002-12-10	计算机导论	87
20210401112	李平	女	2002-12-10	C 语言程序设计	88
20210401123	赵顺	男	2001-06-20	计算机导论	74
20210401123	赵顺	男	2001-06-20	C 语言程序设计	94

6.4.3　关系的完整性

关系完整性是为保证数据库中数据的正确性和相容性，对关系模型提出的某种约束条件或规则。完整性通常包括域完整性约束、实体完整性、参照完整性和用户定义完整性。其中域完整性约束、实体完整性和参照完整性，是关系模型必须满足的完整性约束条件。

1. 域完整性约束

域完整性是保证数据库字段取值的合理性。属性值应是域中的值，这是关系模式规定了的。除此之外，一个属性能否为 NULL（空值，其值为不确定的意思），这是由语义决定的，也是域完整性约束的主要内容。域完整性约束是最简单、最基本的约束。在当今的关系型 DBMS 中，一般都有域完整性约束检查功能，包括检查（CHECK）、默认值（DEFAULT）、不为空（NOT NULL）等。

2. 实体完整性

实体完整性是指关系的主关键字不能重复也不能取“空值”。一个关系对应现实世界中的一个实体集。现实世界中的实体是可以相互区分和识别的，它们应具有某种唯一性标识。在关系模式中，以主关键字作为唯一性标识，而主关键字中的属性是不能取空值的。否则，表明关系模式中存在着不可标识的实体，这样的实体就不是一个完整实体。

3. 参照完整性

当更新、删除、插入一个表中的数据时，通过参照引用相互关联的另一个表中的数据，来检查对表的数据操作是否正确。参照的完整性要求关系中不允许引用不存在的实体。参照完整性与实体完整性是关系模型必须满足的完整性约束条件。参照完整性的目的是保证数据的一致性，它的规则就是定义外部关键字与主关键字之间的引用关系。

如在学生管理数据库中，如果将选课表作为参照关系，学生表作为被参照关系，以“学号”作为两个关系进行关联的属性，则“学号”是学生关系的主关键字，也是选课关系的外部关键字。选课关系通过外部关键字“学号”来参照学生关系。

4. 用户定义完整性

实体完整性和参照完整性适用于任何关系型数据库系统，它们主要是针对关系的主关键字和外部关键字的取值必须有效而做出的约束。用户定义完整性则是根据应用环境的要求和实际的需要，对某一具体应用所涉及的数据提出约束性条件。这一约束机制一般不应由应用程序提供，而应由关系模型提供定义并检验，用户定义完整性主要包括字段有效性约束和记录有效性。

数据库的安全性是指保护数据库以防止不合法的使用所造成的数据泄露、更改或破坏。

实现数据库安全性控制的常用方法和技术如下。

（1）用户标识和鉴别

用户标识和鉴别由系统提供一定的方式让用户标识自己的名字或身份。每次用户要求进入系统时，由系统进行核对，通过鉴定后才向其提供系统的使用权。

（2）存取控制

通过用户权限定义和合法权益检查确保只有合法权限的用户才能访问数据库，所有未被授权的人员无法存取数据。

（3）视图机制

为不同的用户定义视图，通过视图机制把要保密的数据对无权存取的用户隐藏起来，从而自动地对数据提供一定程度的安全保护。

（4）审计

建立审计日志，把用户对数据库的所有操作自动记录下来并放入审计日志中，DBA 可以利用审计跟踪的信息，重现导致数据库现有状况的一系列事件，找出非法存取数据的人、时间和内容等。

（5）数据加密

对存储和传输的数据进行加密处理，从而使不知道解密算法的人无法获知数据的内容。

数据的完整性和安全性是数据库保护的两个不同方面。完整性是防止合法用户在使用数据库时向数据库中加入不合语义的数据。安全性是防止用户非法使用数据库。

数据的完整性是指两个表之间的完整连接。数据的安全性是指数据库是否容易攻破。

6.5 结构化查询语言

结构化查询语言（Structured Query Language，SQL）是由美国加利福尼亚 San Jose 的 IBM 实验室于 20 世纪 70 年代后期开发出来的，是目前应用最为广泛的关系数据库语言。SQL 是一种非过程化的语言。所谓非过程化是指语言描述的是“做什么”，而不是“如何做”。例如，SQL 语言描述的是检索、删除或插入什么数据，而不是说明如何去执行这些操作。

SQL 用于对数据库中的数据进行组织、管理和检索，是用户和 DBMS 通信的语言和工具，其核心功能只用了 6 个动词：SELECT，CREATE，INSERT，UPDATE，DELETE 和 GRANT（REVOKE）。尽管查询是设计 SQL 的最初目的，检索数据也仍然是其最重要的功能之一，但 SQL 绝不仅仅是一个查询工具。SQL 可以用于控制 DBMS 提供给用户的所有功能，包括数据定义、数据操纵和数据控制。

6.5.1 SQL 的数据定义功能

1. 基本语法

SQL 的数据定义功能包括 3 部分，即定义基本表、定义视图和定义索引。

定义基本表的一般形式为

CREATE TABEL <表名>（<列名> <数据类型>［列级完整性约束性条件］［，<列名> <数据类型>［列级完整性约束条件］］，…［，<表级完整性约束条件>］）

定义视图的一般形式为

CREATE VIEW <视图名>［（<列名>［，<列名>］，…［）］AS <子查询>［WITH CHECK OPTION］

定义索引的一般形式为

CREATE［UNIQUE］［CLUSTER］INDEX <索引名>ON<表名>（<列名>［<次序>］［<列名>［<次序>］］…［）

其中，UNIQUE 表示此索引的每个索引值只对应唯一的数据记录，CLUSTER 表示要建立的索引是聚簇索引。

修改表结构图 ALTER TABLE 语句提供了在数据表被创建后改变其结构的功能。它的一般形式为

ALTER TABEL <表名> <ADD 列名 类型；｜MODIFY 列名 类型；>

注：上述语句中带有中括号［］的项为可选项。

2. 应用举例

①下面语句创建了一个名为学生基本信息的表，表中有 3 个字段：学号、姓名、出生日期。学号、姓名字段的数据类型为字符型，出生日期字段为 DATETIME 型。

CREATE TABLE 学生基本信息（学号 CHAR（30），姓名 CHAR（8），出生日期 DATETIME）

②下面语句将学生基本信息表中的姓名字段宽度修改为30。

ALTER TABLE 学生基本信息 MODIFY 姓名 CHAR（30）

③下面语句在学生基本信息表中增加一列性别，该列为字符型，宽度为2。

ALTER TABLE 学生基本信息 ADD 性别 CHAR（2）

6.5.2 SQL的数据操纵功能

1. 基本语法

SQL的数据操纵功能包括SELECT、INSERT、DELETE和UPDATE 4个语句，即检索和更新（包括增、删、改）两部分功能。

SELECT语句的一般形式为

SELECT [ALL | DISTINCT] <目标列表达式> [别名] [，目标列表达式> [别名]]，…[FROM <表名或视图名> [别名] [，<表名或视图名> [别名]]，… [[WHERE <条件表达式>] [GROUP BY <列名> [HAVING <条件表达式>]] [ORDER BY <列名> [ASC | DESC]]

其中，DISTINCT表示计算时要取消指定列中的重复值，ALL表示不取消重复值，缺省值为ALL；ASC | DESCE表示按指定列的升序或降序排列，缺省为ASC。

INSERT语句的一般形式为

INSERT INTO <表名> [（<属性列> [，<属性列>，… [ ]）] VALUES（<常量1> [，常量2>，… [ ]）

DELETE语句的一般形式为

DELETE FROM <表名> [WHERE <条件表达式>]

UPDATE语句的一般形式为

UPDATE<表名>SET<列名>=<表达式> [，<列名>=<表达式>]，… [[WHERE <条件表达式>]

2. 应用举例

①下面语句将显示学生基本信息表中的3个字段（学号，姓名，性别）的数据，并以学号降序显示。

SELECT 学号，姓名，性别 FROM 学生基本信息 ORDER BY 学号 DESC

②下面语句可返回学生成绩表中分数介于80到90之间的记录。

SELECT * FROM 学生成绩 WHERE 分数>=80 AND 分数<=90

③下面语句用于检索学生基本信息表中姓名中包含“平”字的记录。

SELECT * FROM 学生基本信息 WHERE 姓名 LIKE “%平%”

④下面语句用于向学生基本信息表增加一条记录，其中学号为“20210403231”，姓名为“阳东鹃”，性别为“女”，出生日期为“2002-03-28”。

INSERT INTO 学生基本信息（学号，姓名，性别，出生日期）VALUES（'20210403231'，'阳东鹃'，'女'，'2002-03-28'）

⑤下面语句用于删除学生成绩表中分数小于70的记录。

DELETE FROM 学生成绩 WHERE 分数<70

⑥下面语句用于将学生基本信息表中的姓名“陈平”更新为“陈苹”。

UPDATE 学生基本信息 SET 姓名='陈苹' WHERE 姓名='陈平'

6.5.3 SQL 的数据控制功能

SQL 数据控制功能是指控制用户对数据的存储权利。某个用户对某类型数据具有何种操作权是由数据库管理员决定的。数据库管理系统的功能是保证这些决定的执行，为此它必须能把授权的信息告知系统，这是由 SQL 语句 GRANT 和 REVOKE 来完成的。将授权用户的结果存入数据字典，当用户提出操作请求时，根据授权情况进行检查，以决定是执行操作还是拒绝操作。

6.6 数据库的安全性

数据库的安全性是指保护数据库，防止由于非法使用数据库造成数据泄露、更改或破坏。数据库管理系统提供的主要保护数据安全的手段是对用户存取数据库的数据进行严格的控制。用户存取数据库数据的控制，正常情况下由 DBA 利用数据库管理系统提供的用户管理和授权机制来完成。

6.6.1 数据库安全概述

安全性问题实际上并不是数据库系统所独有的，只是由于数据库系统中存入了大量数据，并为许多用户直接共享，使安全性问题更为突出而已。数据库安全涉及很多层面，必须在以下几个层面做好安全措施。

①物理层：重要的计算机系统必须在物理上受到保护，以防止入侵者强行进入或暗中潜入。

②人员层：数据库系统的建立、应用和维护等工作，一定要由可靠的合法用户来进行。

③操作系统层：要进入数据库系统，首先要经过操作系统，如果操作系统的安全性差，那么数据库将面临着重大的威胁。

④网络层：由于几乎所有网络上的数据库系统都允许通过终端或网络进行远程访问，所以网络的安全和操作系统的安全一样重要，网络安全了，无疑对数据的安全提供了保障。

⑤数据库系统层：数据库系统应该有完善的访问控制，以防止非法用户的非法操作。

为了保护数据库的安全，必须在以上所有层面上进行安全性保护。如果物理层或人员层存在安全隐患，即使操作系统层、网络层及数据库系统层访问控制很严格，数据库也可能是不安全的。本节只讨论数据库系统层面上有关的用户标识和鉴别、存取控制、定义视图、审计跟踪和数据加密等安全性措施。

6.6.2 用户标识和鉴别

用户标识和鉴别是系统提供的最外层的安全保护措施。该方法主要是由系统提供一定的方式让用户标识自己的名字和身份，每次在用户要进入系统时，系统对用户身份进行核实，用户身份通过鉴别后才提供机器使用权。

用户标识和鉴别常用的方法如下。

①用一个用户名或用户标识号标明用户身份。系统内部记录着所有合法用户的标识，当用户提供了用户名或用户标识后，系统与内部记录的合法用户标识进行核实，若是合法用户，则要求用户输入口令以进一步核实；否则，将不能使用计算机。

②输入口令。为进一步核实用户，系统常常要求用户再输入口令，为保密起见，用户输入的口令不显示在终端屏幕上。系统通过核对口令来鉴别用户身份。

③利用只有用户具有的物品鉴别用户。钥匙就是属于这种性质的鉴别物。在计算机系统中常用磁性卡片作为用户身份凭证，但系统必须有阅读磁卡的装置。需要注意的是磁卡也有丢失或被盗的危险。

④利用用户的个人特征鉴别用户。签名、指纹、声音等都是用户个人特征。利用这些用户个人特征来鉴别用户非常可靠，但需要昂贵的、特殊的鉴别装置，因而影响了它们的推广和使用。

6.6.3 存取控制

数据库安全性所关心的主要是 DBMS 的存取控制机制。数据库安全最重要的一点就是确保只授权给有资格的用户访问数据库的权限。

在数据库系统中，为了保证用户只能访问他有权存取的数据，必须预先对每个用户定义存取权限。对于通过了鉴定的合法用户，系统根据用户的存取权限定义对其的各种操作请求进行控制，确保用户只执行合法操作。

存取权限是由数据对象和操作类型两个要素组成。定义一个用户的存取权限就是要定义这个用户可以在哪些数据对象上进行哪些类型的操作。在数据库系统中，定义存取权限称为授权。这些授权定义经过编译后存放在数据字典中。对于用户发出存取数据操作的请求后，DBMS 查找数据字典，根据其存取权限对操作的合法性进行检查，若用户的操作请求超出了定义的权限，则系统将拒绝执行此操作，这就是存取控制。DBMS 一般都提供了存取控制语句进行存取权限的定义。例如，SQL 语言就提供了 GRANT 和 REVOKE 语句实现授权和收回授权。

6.6.4 定义视图

进行存取权限控制时，可以为不同的用户定义不同的视图，把数据对象限制在一定的范围内，即通过视图机制把要保密的数据对无权存取的用户隐藏起来，从而自动地对数据提供一定程度的安全保护。查询修改只能处理一些比较简单的访问限制，不如视图灵活。例如，通过在多表上定义视图，可以利用其他表上的条件限制本表查询范围，这种功能用查询修改就难以实现。另外，视图的作用除了提高数据库的安全性外，还提高了数据库的逻辑独立性。

6.6.5 审计跟踪

审计跟踪是一种监视措施，对某些保密数据，它跟踪记录有关这些数据的访问活动。一旦发现潜在的窃密企图，例如重复的、相似的查询，有些 DBMS 会自动发出警报；有些 DBMS 虽无自动报警功能，但可以根据这些数据进行事后分析和调查。审计跟踪的结果记录在一个审计跟踪日志文件上。审计跟踪日志文件一般包括如下内容。

①操作类型（如添加、查询、修改等）。

②操作终端标识与操作者标识。

③操作日期和时间。

④所涉及的数据（如表，视图，记录，字段等）。

⑤数据的前像和后像。

审计跟踪加强了数据库的安全性。例如，如果发现一个账户的余额不正确，银行也许会跟踪所有在这个账户上的更新来找到错误，同时也会找到执行这个更新的人，然后银行就可以利用审计跟踪日志文件来跟踪这个人做的所有更新以找到其他错误。

审计跟踪可通过在关系更新操作上定义适当的触发器来实现，也可利用数据库系统提供的内置机制来实现。

6.6.6 数据加密

对于特别重要，高度敏感性的数据，如财务数据、军事数据、国家机密，除以上安全必要措施外，必须考虑到各种非法存取或破坏数据库的可能性，在这种情况下还可以采用数据加密技术，以密码形式存储和传输数据。这样，即使非法存取者进入了系统，窃取了数据，没有密钥也不能对数据解密。例如，窃取者利用系统安全措施的漏洞非法访问数据，或者在通信路上窃取数据，那么其只能看到那些无法辨认的二进制代码。用户正常检索数据时，首先要提供密码钥匙，由系统进行译码后，才能得到可识别的数据。

常用的关系数据库管理系统

6.7 数据库新的应用领域

不难看出，正是因为数据库的强大的功能，决定了数据库的应用领域非常广泛，不管是家庭、中小公司、大型企业，还是政府部门，都需要使用数据库来存储数据信息。传统数据库中的很大一部分用于商务领域，如证券行业、金融行业、银行、销售业、医院、企业单位，以及国家政府部门、国防军工领域都涉及了数据库的运用。随着信息的发展，数据库也相应产生了一些新的应用领域，主要表现在以下4个方面。

1. 多媒体数据库

这类数据库主要存储与多媒体相关的数据，如声音、图像、动画和视频等数据。多媒体数据最大的特点是数据连续，而且数据量比较大，存储空间也较大。

2. 移动数据库

这类数据库是在移动计算机系统上发展起来的，如笔记本电脑、掌上计算机等。该数据库最大的特点是通过无线数字通信网络传输的。移动数据库可以随时随地地获取和访问数据，为一些商务应用和应急系统开发带来了很大的便利。

3. 空间数据库

这类数据库目前发展比较迅速。它主要包括地理信息系统（Geographic Information System，GIS）和计算机辅助设计（Computer Aided Design，CAD）数据库。其中地理信息数据库一般存储与地图相关的信息数据；计算机辅助设计数据库一般存储设计和工程信息的空间数据，如机械、集成电路以及电子设备设计图等。

4. 分布式数据库

这类数据库是随着Internet的发展而产生的数据库。它一般用于Internet及远距离计算机网络系统中。特别是随着电子商务的发展，这类数据库的发展更加迅猛。许多网络用户（如个人、公司或企业等）在自己的计算机中存储信息，同时希望通过网络使用电子邮件、文件传输、远程登录方式和别人共享信息。因此分布式信息检索满足了这一要求。

小　结

本章主要介绍了数据库的一些基础知识。首先介绍了数据管理技术的发展和数据库的一些基本概念，包括数据库、数据库管理系统、数据库系统及数据库管理员，接着从数据模型是对现实世界的事物及其联系的模拟和抽象的基本观点出发，介绍了两类常用的数据模型：一类是用于数据库设计的概念模型（E-R模型）；另一类是面向计算机实施的数据模型（包括层次模型、网状模型、关系模型及面向对象模型），然后介绍了结构化查询语言（SQL），最后介绍了流行的DBMS和数据库新的应用领域。希望读者对数据库基础知识在总体上有所了解。

习　题

一、选择题

1. DBMS指的是（　　）。

A. 数据库管理系统　　　　B. 数据库系统

C. 数据库应用系统　　　　D. 数据库服务系统

2. 下列不属于 DBMS 功能的是（　　）。

A. 数据定义　　B. 数据操纵

C. 数据字典　　D. 数据库运行控制

3. 数据库系统的核心是（　　）。

A. 数据库　　B. 操作系统　　C. 数据库管理系统　　D. 文件系统

4. 数据管理技术的发展经历了 3 个阶段，不属于这 3 个阶段的是（　　）。

A. 人工管理阶段　　B. 文件系统阶段　　C. 数据库系统阶段　　D. 数据仓库阶段

5. 数据库系统中所支持的数据模型有（　　）。

A. 层次模型、网状模型、链接模型　　B. 网状模型、链接模型、关系模型

C. 层次模型、网状模型、关系模型　　D. 层次模型、网状模型、树形模型

6. SQL Server 数据库管理系统支持的数据模型是（　　）。

A. 关系型　　B. 网状型　　C. 层次型　　D. 共享型

7. 用二维表来表示实体间联系的数据模型称为（　　）。

A. 层次模型　　B. 网状模型　　C. 关系模型　　D. E-R 模型

8. 在一个数据表中，有一个或者若干个字段，它们的值可以唯一的标识一条记录，这个字段称为（　　）。

A. 主题字　　B. 标题　　C. 关键字　　D. 记录名

9. 在数据库技术中，实体-联系模型是一种（　　）。

A. 概念数据模型　　B. 结构数据模型

C. 物理数据模型　　D. 逻辑数据模型

10. 下列关于关系数据模型的术语中，（　　）所表达的概念与二维表中的“行”的概念最接近。

A. 属性　　B. 关系　　C. 域　　D. 元组

11. 从计算机软件系统的构成看，DBMS 是建立在（　　）软件之上的软件系统。

A. 硬件系统　　B. 操作系统　　C. 语言处理系统　　D. 编译系统

12. 在信息世界的基本概念中，客观存在并可相互区别的事物称为（　　）。

A. 实体　　B. 属性　　C. 码　　D. 域

13. 从关系中找出满足给定条件的所有元组的运算称为（　　）。

A. 除　　B. 选择　　C. 连接　　D. 投影

14. “商品”与“顾客”两个实体集之间的联系一般是（　　）。

A. 一对一　　B. 一对多　　C. 多对一　　D. 多对多

15. 数据模型三要素是指（　　）。

A. 数据结构、数据对象和数据共享

B. 数据结构、数据操作和数据的约束条件

C. 数据结构、数据操作和数据的安全控制

D. 数据结构、数据操作和数据的可靠性

16. 下列不属于数据完整性约束的是（　　）。

A. 实体完整性　　B. 参照完整性　　C. 域完整性约束　　D. 数据操作完整性

17. 下列 SQL 语句中，用于更新表数据的语句是（　　）。

A. ALTER　　B. SELECT　　C. UPDATE　　D. INSERT

18. 下列用于保证实体完整性的是（　　）。

A. 主码　　B. 外码　　C. CHECK 约束　　D. UNIQUE 约束

19. 数据库三级模式结构的划分，有利于（　　）。

A. 数据的独立性　　B. 管理数据库文件

C. 建立数据库　　D. 操作系统管理数据库

20. 下列所述功能中，不属于 SQL 语言功能的是（　　）。

A. 数据库和表的定义功能　　B. 数据查询功能

C. 数据增、删、改功能　　D. 提供方便的用户操作界面功能

二、判断题

1. 关系模型中数据的逻辑结构是一张二维表，它由行和列组成。（　　）

2. 在文件系统阶段，程序设计仍然受到数据存取格式和方法的影响，不能完全独立于数据。（　　）

3. DBMS 是数据库系统的核心组成部分，用户在数据库系统中的一切操作，包括数据定义、查询、更新及各种控制，都是通过 DBMS 进行的。（　　）

4. 能唯一标识实体的属性或属性集，称为码。（　　）

5. 信息与数据只有区别没有联系。（　　）

6. Access 的数据库类型是网状数据库。（　　）

7. 两个实体之间只能是一对一联系。（　　）

8. 在 E-R 图中，用来表示实体的图形是矩形。（　　）

9. 数据库系统是一个独立的系统，不需要操作系统的支持。（　　）

10. 一个关系可以包括多个二维表。（　　）

三、填空题

1. ____________是一种操纵和管理数据库的大型软件，用于建立、使用和维护数据库。

2. 数据库系统的三级模式结构由____________、____________和____________构成。在这些模式之间提供了两层映像，分别为____________和____________。

3. 在关系数据库中，基本的关系运算有三种，他们是选择、投影和____________。

4. 数据库系统的组成包括数据库、____________、应用系统、数据库管理员和用户。

5. 一个关系表的行称为____________。

6. 在关系模式中，把数据看成是二维表，每一个二维表称为一个____________。

7. 数据管理技术发展过程经过人工管理、文件系统和数据库系统三个阶段，其中数据独立性最高的阶段是____________。

8. 数据独立性又可分为____________和物理数据独立性。

9. 在关系数据库的基本操作中，从表中取出满足条件的元组的操作称为____________。

10. 关系模型的完整性规则是对关系的某种约束条件，包括域完整性、实体完整性、____________和____________。

四、写出下面英文专业术语的中文解释

1. DB________________　　2. DBMS________________
3. DDL________________　　4. DML________________
5. DBS________________　　6. DBA________________
7. SQL________________　　8. GIS________________

五、简答题

1. 请简述数据、数据库、数据库系统、数据库管理系统的概念。
2. 请简述文件系统与数据库系统的区别和联系。
3. 请简述数据库系统的特点。
4. 请简述数据库管理系统的主要功能。
5. 请简述概念模型的作用。
6. 请简述 SQL Server 数据库管理系统的特点。
7. 请简述数据库的应用领域。

第7章 计算机网络

学习目标

- 理解计算机网络的定义、产生、发展、功能与分类。
- 了解计算机网络的体系结构与协议。
- 了解域名机制和接入 Internet 的方法。
- 了解 IPv4 发展缺点、IPv4 向 IPv6 过渡机制。
- 了解常见的网络攻击与防护方法，了解常见的计算机法律法规。

计算机网络是计算机技术和通信技术紧密结合的产物，在当今社会中起着非常重要的作用，它对人类社会的进步做出了巨大的贡献。现在，随着计算机网络技术的迅速发展和 Internet 的普及，人们更深刻地体会到计算机网络无所不在，并且其已经对人们的日常生活、工作产生了较大的影响。生活到处反映着网络的力量，网络传媒、电子商务等给更多企业带来了无限的商机，完全颠覆了传统的生活、工作和学习方式。本章将介绍计算机网络基础、Internet 基础及计算机网络安全相关知识，让读者对计算机网络有一个初步的认识。

7.1 计算机网络基础

随着计算机技术的快速发展，计算机网络正以前所未有的速度向世界上的每一个角落延伸。计算机网络应用领域极其广泛，包括现代工业、军事国防、企业管理、科教卫生、政府公务、安全防范、智能家电等。计算机通过连接的线路相互通信，从而使位于不同地理位置的人利用电脑可以互相沟通。由于计算机是一种独立性很强的智能化机器系统，因此，网络中的多个计算机可以协作沟通以共同完成某项工作。本节将学习计算机网络的定义、发展、功能及组成等。

7.1.1 计算机网络的定义

网络在我们的现实生活中并不陌生，在以前的学习过程中接触过很多网络系统，如人体就是一个由各个器官组成的网络，另外还有人际网络、交通网络等，这些都是由关联的个体组成的系统，统称为网络。当今社会是一个充满网络的社会，人们都在应用着各种网络，如打电话需要电话网，公司召开视频会议需要借助企业网，收发电子邮件需要登录Internet。网络的诞生与发展极大地方便了人们的信息交流和资源共享，推动着信息社会的飞速发展。网络社会化、社会网络化已经成为当今社会发展的必然趋势。那什么是计算机网络呢？

目前，公认的计算机网络的定义是：将分布在不同地点的具有独立功能的多个计算机系统通过通信设备和通信线路连接起来，在功能完善的网络软件的支持下，实现资源共享和数据通信的系统。某学校的计算机网络结构如图 7-1 所示，它由若干台计算机、校园服务器、交换机、路由器和其他外部设备互连成一个整体。

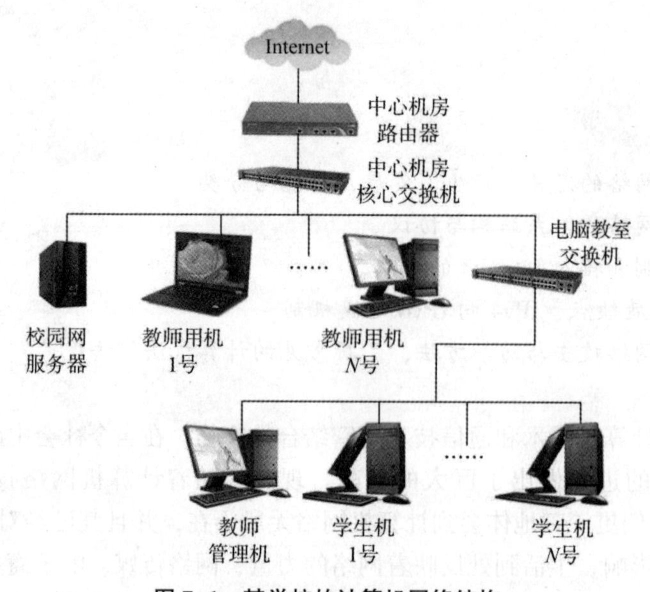

图 7-1　某学校的计算机网络结构

计算机网络是计算机技术和通信技术紧密结合的产物，它的诞生使计算机体系统结构发生了巨大变化，在当今社会经济中起着非常重要的作用，它对人们的日常生活、工作甚至思想产生了深刻的影响，同时也对人类社会的进步做出了巨大的贡献。

7.1.2　计算机网络的产生与发展

1. 计算机网络在国外的发展

计算机网络的发展过程可归纳为 4 个阶段。

第一阶段，计算机网络雏形的形成阶段。

此阶段的主要特征是通信技术的发展和研究，为计算机网络的产生奠定了技术基础。20 世纪 50 年代，美国政府利用麻省理工学院的计算机进行国防技术研究。大致的做法是通过终端把目标信息获取下来，并转换成二进制的数字信号，然后利用数据通信设备将它传送到信息处理中心的大型电子计算机中；计算机自动接收这些信息，并进行数据的分析计算和处理，随后把计算的结果传送到相应的终端显示出来。从这一过程可以看出，计算机技术和通信技术开始尝试结合，计算机网络的雏形出现。不难发现，此时的网络还不是真正的计算机网络。

第二阶段，分组交换技术使用阶段。

此阶段的主要特征是在美国 ARPANET 和分组交换网技术开始应用。ARPANET 可以说是网络技术发展的一个里程碑，既促进了网络技术的发展和理论体系的形成，又为后期 Internet 的形成奠定了基础。随着美国政府对网络的不断研究和发展，且对 4 所大学分布于不同地点的计算机进行网络建设，从而把它称为 ARPANET。考虑到对这 4 所大学的计算机的差异性进行兼用，在这个网络上应用的分组交换技术，很好地解决了各系统间的差异问题。分组交换扩大和发展了 ARPANET，对 Internet 的形成具有重要意义。

第三阶段，网络体系结构的形成阶段。

此阶段的特征是 ISO 提出了统一的技术标准。由于计算机网络技术的发展，不同厂商的网络设备和通信软件出现了多种不同的体系结构，不同的计算机用户的连接实现起来非常困难。ISO 提出了一个统一的技术标准，即开放式系统互联参考模型（Open System Interconnection / Reference Model，OSI/RM）。OSI/RM 体系结构的研究对网络技术的发展和理论体系的研究产生了重要影响，网络技术的发展有了重要的统一的技术标准。然而，由于美国的 ARPANET 使用传输控制协议/网际协议（Transmission Control Protocol/Internet Protocol，TCP/IP）及体系结构，并且随着 ARPANET 的发展和 Internet 的逐渐形成，TCP/IP 体系结构也得到了广泛的应用，已经成为网络互联的世界公认的现实标准。

第四阶段，Internet 和网络技术的高速发展阶段。

此阶段的特征是 Internet 的广泛应用以及网络的高速发展。20 世纪 70 年代，ARPANET 已经发展成为几十所大学的电子计算机互相连接的网络，随后更多的计算机加入进来，此时 ARPANET 还是研究性的网络，由于不断有用户加入，以及社会对网络的需求不断增加，网络的接入技术也不断完善，最终形成了一个开放的、公开的、商业化的网络，即 Internet。Internet 作为全球化的网际网络，提供了丰富多样的信息资源，在当今社会生活、经济、文化、技术科学研究及教育等方面发挥着不可忽视的作用。随着 Internet 的发展，人们接入网络的技术和方式也在不断进步；网络传输的速度也在不断提高，宽带网络、无线网络技术对网络连接的速度需求成为主要要求。

2. 计算机网络在我国的发展

我国最早着手建设计算机广域网的是铁道部。铁道部在 1980 年即开始进行计算机联网实验；当时的几个节点是北京、济南、上海等铁路局及其所属的 11 个分局。节点交换机采用的是 PDP-11，而网络体系结构为 Digtal 公司的 DNA。铁道部的计算机网络是专用计算机网络，其目的是建立一个在上述地区范围、为铁路指挥和调度服务的运输管理系统。1987 年，我国第一封电子邮件出现。1988 年我国产生了电子邮件通信，清华大学校园网采用从不列颠哥伦比亚大学（University of British Columbia，UBC）引进的采用 X400 协议的电子邮件软件包，通过 X. 25 网与 UBC 相连，开通了电子邮件应用；中国科学院高能物理研究所采用 X. 25 协议使该单位的 DECnet 成为西欧中心 DECnet 的延伸，实现了计算机国际远程联网以及与欧洲和北美地区的电子邮件通信。

1989 年 2 月我国第一个公用分组交换网 CHINAPAC（简称 CNPAC）通过试运行和验收，达到了开通业务的条件。它由 3 个分组节点交换机、8 个集中器和 1 个双机组成的网络管理中心组成。这 3 个分组节点交换机分别设在北京、上海和广州，而 8 个集中器分别设在沈阳、天津、南京、西安、成都、武汉、深圳和北京的邮电部数据所，网络管理中心设在北京电报局。此外，还开通了北京至巴黎和北京至纽约的两条国际电路。

在 20 世纪 80 年代后期，公安部和军队相继建立了各自的专用计算机广域网，这对其迅速传递重要的数据信息起着重要的作用。还有一些部门也建立了专用的计算机网络。

除了上述的广域网外，从 20 世纪 80 年代起，国内的许多单位都陆续安装了大量的局域网。局域网的价格便宜，其所有权和使用权都属于本单位，非常便于开发、管理和维护。局域网的发展很快，它使更多的人能够了解计算机网络的特点，知道在计算机网络上可以做什么，以及如何才能更好地发挥计算机网络的作用。

1990 年我国的顶级域名 CN 通过注册登记，并委托德国卡尔斯鲁厄大学运行 CN 域名服务器。

1994 年 3 月，中国终于获准加入互联网，并在同年 5 月完成全部中国联网工作。

目前，我国已建立了中国公用分组交换数据通信网、中国公用数字数据网、中国公用帧中继网和中国公用计算机 Internet 四大公用数据通信网，为我国 Internet 的发展创造了条件。

截至 2020 年 12 月，我国网民规模达 9.89 亿，网络普及率达 70.4%。2020 年，我国 Internet 行业在抵御新冠肺炎疫情和疫情常态化防控等方面发挥了积极作用，使我国成为全球唯一实现经济正增长的主要经济体，国内生产总值首度突破百万亿元，为圆满完成脱贫攻坚任务做出了重要贡献。

7.1.3 计算机网络的功能

计算机网络技术的应用对当今社会的经济、文化和生活等都产生着重要影响，当前，计算机网络的功能主要有以下 5 个方面。

1. 资源共享

计算机网络最具吸引力的功能是进入计算机网络的用户可以共享网络中的各种信息、硬件和软件资源，从而提高系统资源的利用率。

2. 数据传输

数据传输是计算机网络的基本功能之一，用于实现计算机与终端或计算机与计算机之间传送信息，从而提高了计算机系统的整体性能，也极大地方便了人们的工作和生活。

3. 集中管理

计算机网络技术的发展和应用，已使现代办公、经营管理等发生了很大的变化。目前，许多公司已经有了许多建立在计算机网络上的管理信息系统（Management Information System，MIS），通过这些系统可以将地理位置分散的生产单位或业务部门连接起来进行集中的控制和管理，提高其工作效率，增加经济效益。

4. 分布处理

对于大型的综合性问题可以采用适当的算法，将任务分散到网络中不同的计算机上进行分布式处理，以达到均衡使用网络资源，实现分布处理的目的。

5. 负载平衡

负载平衡是指工作被均匀地分配给网络上的各台计算机。网络控制中心负责分配和检测，当某台计算机负载过重时，系统会自动转移部分工作到负载较轻的计算机中。

7.1.4 计算机网络的组成

计算机网络主要是由网络硬件设备和网络软件系统组成的。在计算机网络中，网络硬件对网络性能起着决定性的作用，是网络软件运行的载体。网络硬件设备主要包括服务器、计算机网络工作站、集线器、交换机、路由器、调制解调器、网络接口卡以及网络传输介质等；而网络软件则是支持网络的运行、提高网络效益和提供开发网络资源的工具。网络软件系统包括网络操作系统、网络协议、网络应用软件等。

1. 网络硬件设备

计算机网络硬件包括服务器、计算机网络终端、集线器、交换机等设备，下面简要介绍它们在网络中的功能和作用。

（1）服务器

服务器（Server）运行网络操作系统，能为网络提供通信控制、管理和共享资源，是计算机网络的核心设备，通常为网络用户提供资源和一些特定的服务，如上网浏览的网页就来源于 WWW 服务器。除此之外，还有动态主机配置协议（Dynamic Host Configuration Protocol，DHCP）服务器，共享文件资源的文件传输协议（File Transfer Protocol，FTP）服务器以及提供发送邮件服务的 E-mail 服务器等。还可以根据需要建立一些专业性的服务器，如数据库服务器、应用服务器等。服务器通常是一些高性能的计算机或者专用服务器。

（2）计算机网络终端

按照定义，计算机网络终端是一台独立的计算机。随着硬件技术的飞速发展，计算机网络终端已经多元化，如手机。有很多手机不仅可以听音乐，看视频，还拥有自己的操作系统，可以阅读文档、拍照、录像、上网，以及进行大容量存储，甚至通过手机可以视频对话，观看电影，语音输入。因此，未来“终端”和“独立的计算机”可能会逐渐失去严格的界限，同时很可能会有许多的智能设备出现在未来的计算机网络中。

（3）集线器

集线器（Hub）是局域网中应用广泛的一种网络连接设备，通常作为网络中传输介质的中心集结点，具有信号放大、数据转发和扩展网络范围的作用。它是一个共享设备，其实质是一个多端口的中继器，而中继器的主要功能是对接收到的信号进行再生放大，以扩大网络的传输距离。目前，市场上集线器的种类繁多，根据端口的个数可分为 8 口、12 口、16 口、24 口等多种。8 端口集线器如图 7-2 所示。在实际应用中，如果一个集线器不能满足网络的需要，则可以将多个集线器进行级联。根据总线带宽的不同，集线器可分为 10 M、100 M 和10 M/1 000 M 自适应等多种；根据管理方式的不同又可以分为智能型集线器和非智能型集线器两种。

(4) 交换机

交换机（Switch）如图7-3所示，是局域网中另一种重要的设备。和集线器一样，交换机也作为网络中传输介质的中心集结点，具有信号放大、数据转发和扩展网络范围的作用。但是它比一般的集线器更加智能化，能够将收到的数据按一定的规则转发到设定的端口，而集线器只能将接收到的数据转发到所有的端口。交换机的种类也非常繁多，根据传输介质和传输速度的不同，可以分为以太网交换机、令牌环交换机、快速以太网交换机和千兆以太网交换机等；根据应用规模的大小，交换机可分为企业级交换机、部门级交换机和工作组交换机等。

图7-2　8端口集线器

图7-3　交换机

(5) 路由器

路由器（Router）如图7-4所示，是一种对多个不同网络或网段进行连接的重要网络设备。其主要的功能就是转发数据，为网络数据选择合理的最佳传输路径。路由器通常用在城域网和广域网中，是构成Internet的基本硬件设备之一。要注意的是路由器工作在第三层（网络层），依靠的是IP地址；而一般的交换机通常工作在第二层（链路层），依靠的是MAC地址。

(6) 网络接口卡

网络接口卡（Network Interface Controller，NIC）如图7-5所示，简称网卡，是局域网中最基本和应用最广泛的部件，也是计算机通过传输介质和网络进行连接的设备。根据网卡的总线接口类型可分为ISA接口网卡、PCI接口网卡以及在服务器上使用的PCI-X总线接口类型网卡，除此之外，还有笔记本电脑上所使用的PCMCIA接口类型网卡；根据网络的接口类型可分为以太网的RJ-45接口网卡、细同轴电缆BNC接口网卡和粗同轴电缆AUI接口网卡、FDDI接口网卡、ATM接口网卡等；而根据带宽则可分为10 M网卡、100 M以太网卡、10 M/100 M自适应网卡、1 000 M以太网卡等。

图7-4　路由器

图7-5　网络接口卡

(7) 传输介质

传输介质是通信网络中发送方和接收方之间的物理通路。常用的传输介质有双绞线、同轴电缆、光纤电缆、无线介质等。

双绞线由按规则螺旋结构排列的8根绝缘导线组成，如图7-6所示。双绞线分为非屏蔽双绞线和屏蔽双绞线。其中非屏蔽双绞线分为3类、4类、5类和超5类等，目前市面上出售的主要是5类和超5类。双绞线一般用于星形网的布线连接，两端安装有RJ-45头（水晶头），连接网卡与集线器，最大网线长度为100 m，如果要加大网络的范围，可在两段双绞线之间安装中继器，扩大传输距离。根据EIA/TIA的布线标准，规定了两种双绞线的线序568A与568B。

①标准568A排线为

绿白—1，绿—2，橙白—3，蓝—4，蓝白—5，橙—6，棕白—7，棕—8。

②标准568B排线为

橙白—1，橙—2，绿白—3，蓝—4，蓝白—5，绿—6，棕白—7，棕—8。

同轴电缆是由一根空心的外圆柱导体和一根位于中心轴线的内导线组成，内导线和外圆柱导体及外界之间用绝缘材料隔开，如图7-7所示。按直径的不同，可分为粗缆和细缆两种；根据传输频带的不同，可分为基带同轴电缆和宽带同轴电缆两种类型。

光纤如图7-8所示，它是由一组光导纤维组成的。其应用光学原理，由光发送机产生光束，将电信号转变为光信号，再把光信号导入光纤，在另一端由光接收机接收光纤上传来的光信号，并把它转变为电信号，经解码后再处理。与其他传输介质相比，光纤的电磁绝缘性能好、信号衰减小、频带宽、传输速度快、传输距离大。主要用于要求传输距离较长、布线条件特殊的主干网连接。光纤分为单模光纤和多模光纤两种。

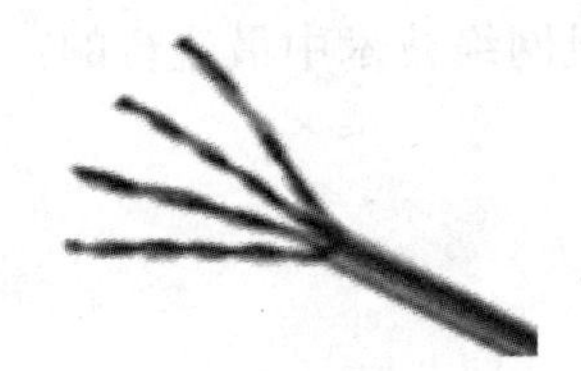

图7-6 双绞线

图7-7 同轴电缆

图7-8 光纤

无线传输介质联网具有不需铺设传输线路、允许数字设备在一定范围内移动等优点，从而被大量应用于便携式计算机的入网中。常用的无线介质有微波、红外线和激光。

2. 网络软件系统

(1) 网络操作系统

网络操作系统（Network Operating System，NOS），是一种能代替操作系统的软件程序，是网络的心脏和灵魂，是向网络计算机提供服务的特殊的操作系统。NOS完成数据发送、数据分组、报文封装、建立连接、流量控制、出错重发等工作。NOS与单机操作系统具有一定的差别，通常以使网络相关特性（如共享资源）最佳为目的；而单机操作系统，如Windows7、Windows10等则以用户与各种应用软件之间的交互作用达到最佳为目的。目前，主流的网络操作系统包括Microsoft公司开发的Windows Server系列NOS，如Windows Server 2019等。其他的还有Linux的Red Hat Enterprise Linux、SUSE、Oracle Linux等操作系统。

（2）网络协议和应用服务软件

网络协议（Network Protocol）是指通信双方共同遵守的一组通信规则，是网络中计算机正常通信的基础。网络中两台计算机如果要进行数据交换，必须事先制订一定的规则，如组织数据、传输数据和接收数据的方法。数据在传输过程中如何纠错、如何选择传输路径以及如何协调发送和接收数据的速度等，这些都需要在通信之前约定好，也就是网络协议所要解决的问题。网络协议包括 3 个要素：语法、语义和同步。常用的网络协议有 IPX、TCP/IP、NetBEUI、NWLink 等，其中 TCP/IP 是 Internet 的核心协议。

终端上使用的应用软件通常称为客户软件，通过它可以应用和获取网络上的共享资源。而在服务器上的服务软件则可以让网络用户获取相应的网络服务。

7.1.5 计算机网络的分类

计算机网络从不同的角度有不同的划分方法，常见的有按照网络覆盖的地理范围，按照链路传输控制技术，按照网络拓扑结构等划分方式。

1. 按网络覆盖的地理范围划分

按网络的覆盖范围分类，通过这种分类方法，可以反映出不同类型网络的技术特征。由于网络的覆盖范围不同，其具有的网络技术特点与网络服务不同，因此它们采用的技术也自然不同。计算机网络可分为局域网（Local Area Network，LAN）、城域网（Metropolitan Area Network，MAN）和广域网（Wide Area Network，WAN）。

（1）局域网

局域网主要适用于较小地理范围的应用，一般在几米至几千米的范围以内。例如，一个办公室，一个房间，或者一座建筑物，一个校园。局域网是在计算机网络技术中最流行的，它具有以下主要特征。

①地理覆盖范围较小。

②具有较高的数据传输速率。

③实现技术简单灵活。

④易于建立、维护与扩展，组建成本低。

⑤数据传输的错误率低。

（2）城域网

城域网使用的技术与局域网相似，网络规模覆盖一座城市，一般在十几千米至上百千米的范围内，是一个规模较大的城市范围内的网络。城域网设计的目标是要满足几十千米范围内大量企业、机关、公司与社会服务部门的计算机联网需求，实现大量用户、多种信息的综合传输。城域网主要指大型企业集团、ISP、电信部门、有线电视台和政府机构建立的专用网络和公用网络，它具有以下特征。

①覆盖范围比局域网大。

②数据的传输速率较慢。

③数据传输距离较远。

④组网比较复杂，成本较高。

（3）广域网

广域网一般在几十千米到几千千米，地理范围可覆盖几个城市或者地区，几个国家，甚至洲际，它属于全球互联网络的主干网络。我国著名的公共广域网有 ChinaNet、ChinaPAC、ChinaFrame、ChinaDDN 等。Internet 是全球最大的广域网。广域网具有以下特征。

①覆盖地理范围广，使用的技术复杂。

②数据需要长距离传输，速率较低。

③容易出现错误。

2. 按网络的传输介质划分

根据网络的传输介质，可以将计算机网络分为有线网、光纤网和无线网 3 种类型。

（1）有线网

有线网是使用双绞线或同轴电缆等介质连接起来的计算机网络。使用同轴电缆的网络建设成本低，安装便利，但传输速率和抗干扰能力一般，传输距离较短。用双绞线连接的网络价格便宜，安装方便，但易受干扰，传输速率也比较低，且传输距离比同轴电缆要短。

（2）光纤网

光纤网也是有线网的一种，但是其所用传输介质的材料和传输的信号均不同于金属介质。光纤是采用光导纤维作为传输介质的，光纤传输距离长，传输速率高；抗干扰性强，不会受到电子监听设备的监听，是高安全性网络的理想选择。目前，主干网多使用此种传输介质。

（3）无线网

无线网是用电磁波作为载体来传输数据的，具有有线介质不可比拟的灵活性，使用简便灵活，非常受用户欢迎，也是目前非常流行的网络连接形式。

3. 按网络拓扑结构划分

按照网络拓扑结构划分，计算机网络分为总线型、环形、星形、网状和树形结构。

（1）总线型网络

总线型网络是早期同轴电缆以太网中网络节点的连接方式，网络中各个节点连接到一条总线上。目前，总线型网络已基本淘汰。总线型网络结构如图 7-9 所示。

（2）环形网络

环形网络中，通信线路沿各个节点连接成一个闭环。数据传输经过中间节点的转发，最终可以到达目的节点。这种通信方法的最大缺点是通信效率低。环形网络结构如图 7-10 所示。

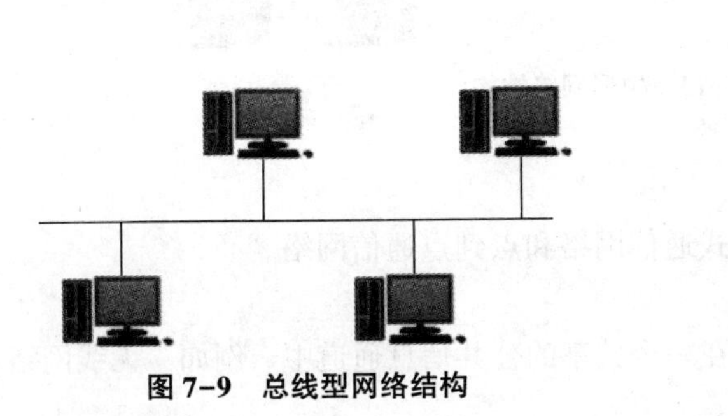

图 7-9 总线型网络结构

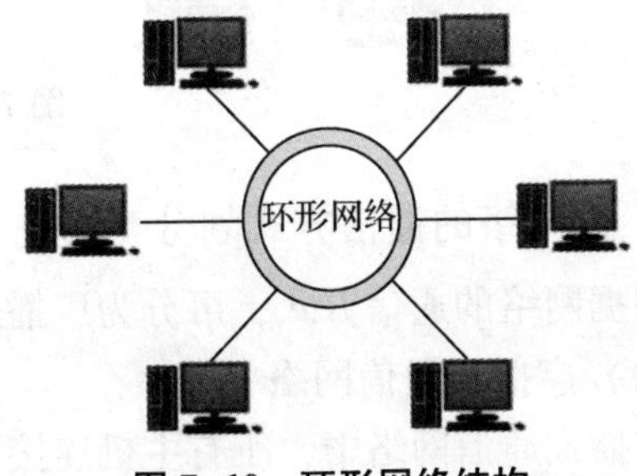

图 7-10 环形网络结构

（3）星形网络

星形拓扑结构是现代以太网的物理连接方式。在这种结构下，以中心网络设备为核心，并与其他网络设备以星形方式连接，最外端是网络终端设备。星形拓扑结构的优势是连接路径短，易连接、易管理，传输效率高。这种结构的缺点是中心节点需具有很高的可靠性和冗余度。星形网络结构如图 7-11 所示。

（4）网状网络

网状结构有时也称为分布式结构，主要指各节点通过传输线互联连接起来，并且每一个节点至少与其他两个节点相连。网状拓扑结构具有较高的可靠性，但其结构复杂，实现起来费用较高，不易管理和维护，不常用于局域网。网状网络结构如图 7-12 所示。

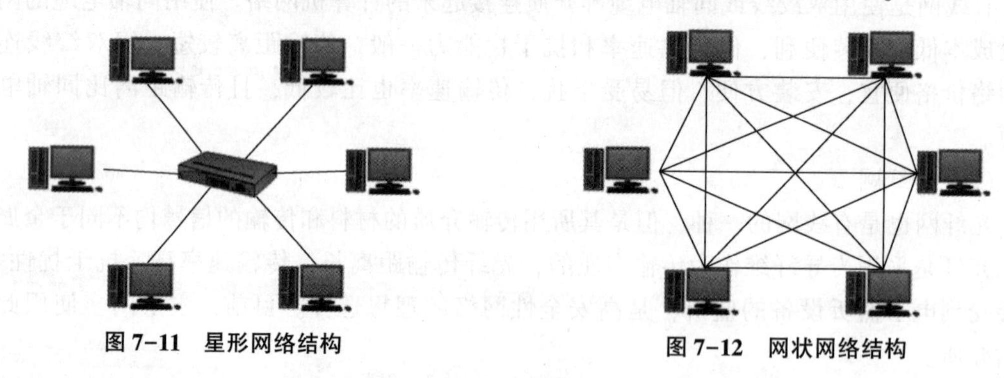

图 7-11　星形网络结构　　**图 7-12　网状网络结构**

（5）树形网络

在实际建造一个大型网络时，往往是采用多级星形网络，将多级星形网络按层次方式排列即形成树形网络。树形拓扑结构的网络层次清晰，易扩展，是目前多数校园网和企业网使用的结构。这种方法的缺点是对根节点的可靠性要求很高。树形网络结构如图 7-13 所示。

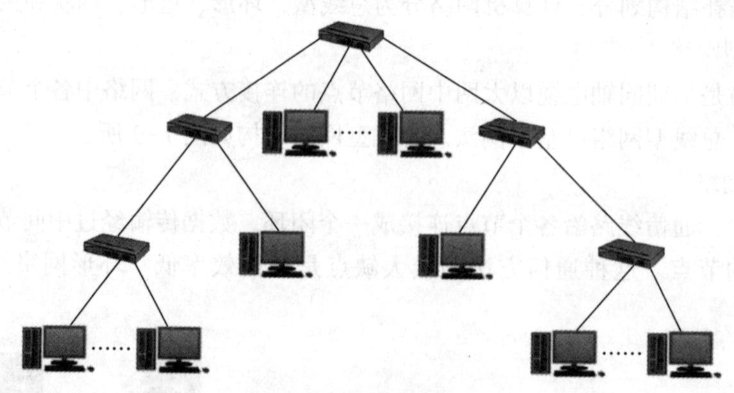

图 7-13　树形网络结构

4. 按网络的通信方式划分

根据网络的通信方式，可分为广播式通信网络和点到点通信网络。

（1）广播式通信网络

广播式通信网络中，所有主机连接在一个共享的公共信息通道中。例如，无线网络和卫星通信网络就采用这种传输方式。

（2）点到点通信网络

点到点通信网络是指数据以点到点的方式在计算机或通信设备中传输，它与广播式通信网络正好相反。在点到点通信网络中，每条物理线路连接一对计算机，如星形网和环形网均采用这种传输方式。

7.1.6 计算机网络体系结构与协议

计算机网络中的数据交换必须遵守事先约定好的规则，这些规则、标准或约定即网络协议，简称为协议。协议明确规定了所交换数据的格式以及有关的同步问题（同步含有时序的意思）。

计算机网络体系结构是为了完成计算机间的协同工作，把计算机间互连的功能划分成具有明确定义的层次，规定了同层次进程通信的协议及相邻层之间的接口服务。计算机网络采用层次化的体系结构，具有一定的优越性，主要体现在以下 5 个方面。

①各层之间相互独立。

②灵活性好。

③各层都可以采用最合适的技术来实现，各层实现技术的改变不影响其他层。

④易于实现和维护。

⑤有利于网络标准化。

进行网络体系结构设计的时候要注意层数要适当。若层数太少，会使每一层的协议太复杂；若层数太多，又会在描述和综合各层功能的系统工程任务时遇到较多的困难。

计算机网络是一个非常复杂的系统，出于交流的需要，采用不同体系结构的用户也需要交流信息，实现网络互连。国际标准化组织提出了一个试图使各种计算机在世界范围内互连成网的标准框架，即著名的开放系统互联参考模型 OSIRM（Open Systems Interconnection Reference Model），简称为 OSI。国际标准化组织试图让全球计算机网络都遵循这个统一标准，因而全球的计算机将能够很方便地进行互连和交换数据。然而到了 20 世纪 90 年代初期，虽然整套的 OSI 国际标准都已经制订，但基于 TCP/IP 的 Internet 已抢先在全球相当大的范围成功地运行了，与此同时却几乎找不到有什么厂家能生产出符合 OSI 标准的商用产品，因此，TCP/IP 就成为事实上的国际标准。

1. 开放系统互联参考模型

1977 年，国际标准化组织下设的第 16 分委员会开始研究开放系统互联标准。开放系统是指任何系统只要遵循这个标准设计，就可以与其他任何遵循同一标准的系统互相连接并进行通信，这就确保了不同厂商的网络产品能相互兼容。第 16 分委员会于 1979 年完成了基于分层概念的网络协议开发模型，称为开放系统互联参考模型（Open System Interconnection/Reference Mode，OSI/RM）。该模型被世界各国所承认，直到 20 世纪 90 年代初期，整套 OSI 国际标准才被制订出来。

OSI 共分为 7 层，从下往上依次为物理层、数据链路层、网络层、传输层、会话层、表示层和应用层。当网络上的计算机需要发送数据时，就将发送的数据下传一层，再加上该层的标识（也称为打包），逐层下传直到物理层，物理层再通过网络硬件（如网卡）

将数据通过传输介质（网线）发送给对方。对方接收数据时，将数据进行反方向拆开(也称为解包)，然后逐层上传直到应用层。OSI 模型中两个主机之间的数据传递过程如图 7-14所示。

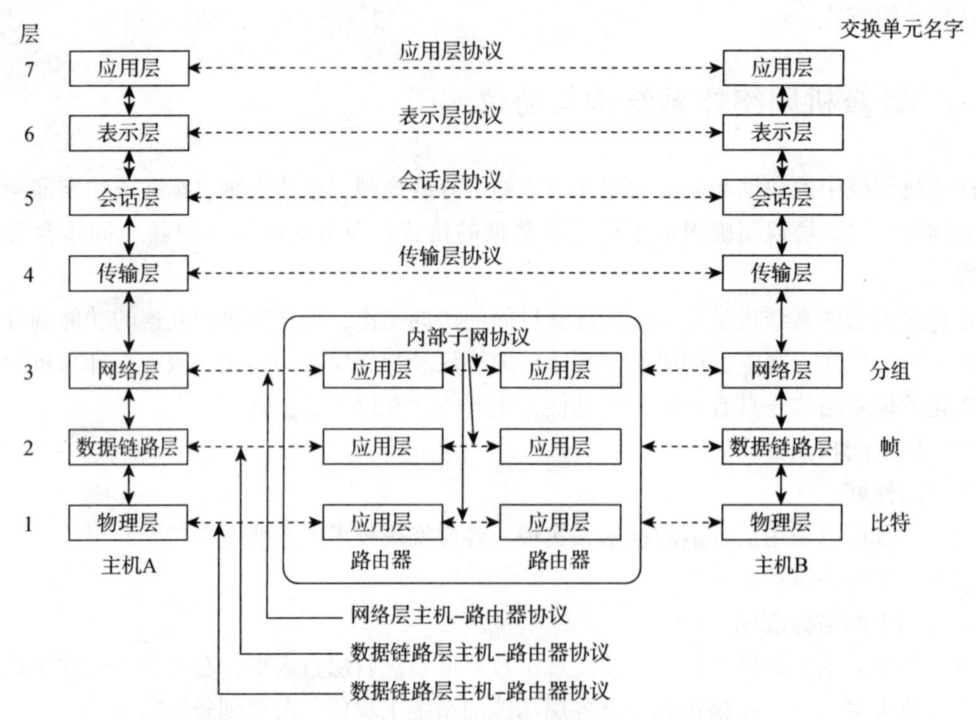

图 7-14　OSI 模型中两个主机之间的数据传递过程

（1）物理层（Physical Layer）

物理层是 OSI 模型的最低层或称为第一层，该层包括物理传输介质，如网线、光缆等。物理层发送和接收携带数据的信号的基本单位是比特。它不提供数据纠错服务，但它能够设定数据传输速率并监测数据出错率。物理层规定了计算机、终端通信设备之间的接口标准，它包含接口的机械、电气、功能和规程 4 个方面的特性，如网线断开就是物理层要解决的问题。

（2）数据链路层（Data Link Layer）

数据链路层是 OSI 模型的第二层，它控制网络层和物理层之间的通信。它的主要功能是将从网络层接收的数据分割成特定的可被物理层传输的帧。此外还具有处理应答、差错控制、信息流控制和顺序控制等。在数据链路上，因干扰发生错误时，数据链路层具有检验错误和请求重发的能力。因此，链路层就可以向网络层提供无差错传输。

（3）网络层（Network Layer）

网络层的基本任务是将数据传送到特定的网络位置，其关键是路由选择，决定如何将数据从发送方路由到接收方。另外还能补偿数据发送、传输以及接收的设备能力的不平衡性。为了完成这一任务，网络层对数据包进行分段和重组。“分段”是指当数据从一个处理较大数据单元的网络段传送到仅能处理较小数据单元的网络段时，网络层减小数据单元大小的过程；重组是重构被分段的数据单元。

（4）传输层（Transport Layer）

传输层主要负责确保数据可靠，顺序、无错地从发送方传输到接收方。如果没有传输层，数据将不能被接收方验证或解释。所以，传输层常被认为是 OSI 模型中最重要的一层。传输层协议同时进行流量控制或基于接收方可接收数据的快慢程度，规定适当的发送速率。

除此之外，传输层按照网络能处理的最大尺寸将较大数据包进行强制分割。例如，某种网络无法接收大于 1 500 字节的数据包，发送方节点传输层将数据分割为较小（小于 1 500 字节）的数据片，同时对每一数据片安排一序列号，以便数据到达接收方节点的传输层时，能以正确的顺序重新组合，该过程称为排序。

（5）会话层（Session Layer）

会话层负责在网络中的两节点之间建立和维护通信。“会话”是指两个实体之间建立数据交换连接。会话层的功能包括建立连接、保持会话通信连接的畅通，同步两个节点之间的对话，决定通信是否被中断以及通信中断时决定从何处重新发送。

（6）表示层（Presentation Layer）

表示层如同应用程序和网络之间的翻译。在表示层，数据将按照网络能理解的格式进行格式化，这种格式化根据所使用网络的类型的不同而不同。表示层管理数据的解密与加密。除此之外，表示层协议还对图片和文件格式信息进行解码和编码。

（7）应用层（Application Layer）

OSI 模型的顶端层是应用层。应用层负责对软件提供接口以使程序能使用网络服务。应用层提供的服务包括文件传输、文件管理以及电子邮件等的信息处理。

2. TCP/IP 模型

OSI 体系结构虽然从理论上讲比较完整，是国际公认的标准，但它还远远没有商品化。在 Internet 中，人们普遍使用传输控制协议/网际协议（Transmission Control Protocol/Internet Protocol，TCP/TP）模型。

TCP/IP 模型实际上是一个网络协议族，TCP 和 IP 是其中最重要的两个协议，它们虽然都不是 OSI 的标准协议，但事实证明它们工作得很好，已经被公认为事实上的标准。TCP/IP 模型共有 4 个层次：应用层、传输层、网络层和网络接口层，由于 TCP/IP 体系结构在设计时就考虑到要与具体的物理传输媒体无关，所以在 TCP/IP 的标准中并没有对数据链路层和物理层做出规定，而只是将最低一层取名为网络接口层。TCP/IP 模型结构及各层主要协议如图 7-15 所示。

4　应用层	HTTP　SMTP　FTP　TelNET　DNS　SNMP
3　传输层	TCP　UDP
2　网络层	IP　ARP　RARP　ICMP　IGMP
1　网络接口层	802.3　802.5　ATM FDDI

图 7-15　TCP/IP 模型结构及各层主要协议

（1）应用层

TCP/IP 模型的最高层，应用程序通过该层来利用网络。在这一层包含了很多为用户服务的协议，主要有负责 Internet 中电子邮件传递的简易邮件传输协议（Simple Mail Transfer Protocol，SMTP）、提供 WWW 服务的超文本传输协议（HyperText Transfer Protocol，HTTP）、用于交互式文件传输的文件传输协议（File Transfer Protocol，FTP）、负责网络管理的简易网络管理协议（Simple Network Management Protocol，SNMP）等。

（2）传输层

传输层提供面向连接的传输控制协议（Transfer Control Protocol，TCP）和无连接的用户数据报协议（User Datagram Protocol，UDP）。TCP 把报文分解为多个片段，并给每个片段增加一个头部构成分组，以分组传输的方式进行传输，并在目的站再重新装配这些片段，必要时重新发送没有收到的片段，如图 7-16 所示。

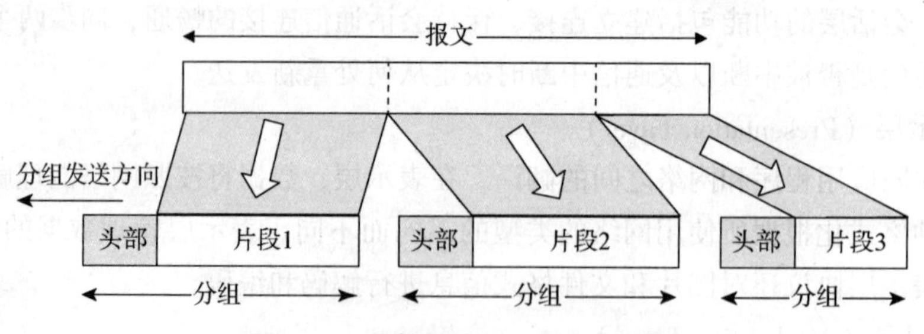

图 7-16　将较长的报文划分成分组

UDP 是无连接协议，数据传送单位是分组。由于对发送的分组不进行校验和确认，因此它是“不可靠”的，其可靠性由应用层协议保证，但由于它的协议开销少，因此还是在很多场合得到应用，如 IP 电话等。

（3）网络层

本层提供无连接的传输服务（不保证送达）。网络层的主要功能是寻找一条能够把数据报送到目的地的路径。它对应于 OSI 的网络层，该层用于网络的互联。网络层最主要的协议是网络互联协议（Internet Protocol，IP）。

（4）网络接口层

网络接口层包括用于协作 IP 数据在已有网络介质上传输的协议。实际上 TCP/IP 标准并不定义与 OSI 数据链路层和物理层相对应的功能。具体使用哪种协议，在本层里没有规定。实际上根据主机网络拓扑结构的不同，局域网基本上采用了 802 系列的协议，如 802.3 以太网协议、802.5 令牌环网协议。

7.2　Internet 基础

Internet 是世界范围内众多广域网和局域网连接的产物。Internet 就是位于世界各地的成千上万的计算机相互连接在一起形成的可以相互通信的计算机网络系统。它是全球最大的、最有影响力的计算机网络，也是全球开放的信息资源网。它是一个非常大的信息集合体，并且在不断地膨胀。它改变了人类社会通信、工作、娱乐以及很多其他活动。

7.2.1 Internet 简介

Internet 诞生于 20 世纪 60 年代，且其前身是美国的 ARPANET，至今已有 60 年的历史。由于 Internet 的开放性以及信息资源共享和交流能力，从它诞生之日起，便吸引了广大用户。随着用户量的急剧增加以及 Internet 规模的迅速扩大，其应用的领域十分广泛，除了科技、军事和教育外，Internet 还进入文化、政治、经济、新闻、体育、娱乐、医疗、交通、商业以及服务行业等领域。

我国政府非常重视 Internet 的应用，早在 1994 年就启动了“三金”（金桥、金关、金卡）工程，并先后建成了多个与 Internet 互连的计算机网络中心，它们具有独立的国际出/入口信道，面向大众经营服务，主要有中国公用计算机网（CHINANET）、中国教育科研计算机网（CERNET）、中国科学技术网（CSTNET）、中国金桥信息网（CHINAGBN）和联通公用计算机网（UNINET）等。

根据中国互联网络信息中心（China Internet Network Information Center，CNNIC）发布的第 47 次《中国互联网络发展状况统计报告》，截至 2020 年 12 月，我国网民规模达 9.89 亿，手机网民规模达 9.86 亿，网络普及率达 70.4%。即时通信用户规模达 9.81 亿，网络购物用户规模达 7.82 亿，短视频用户规模达 8.73 亿；如今，电商直播成为广受用户喜爱的购物方式，66.2%的电商直播用户购买过直播商品；央行数字货币已在深圳、苏州等多个试点城市开展数字人民币红包测试……今天，Internet 就像水和空气一样，与我们密不可分，正成为社会发展的新动能。

7.2.2 Internet 的层次结构及相关机构

1. 层次结构

Internet 是一个多层次结构的互联网，如图 7-17 所示。

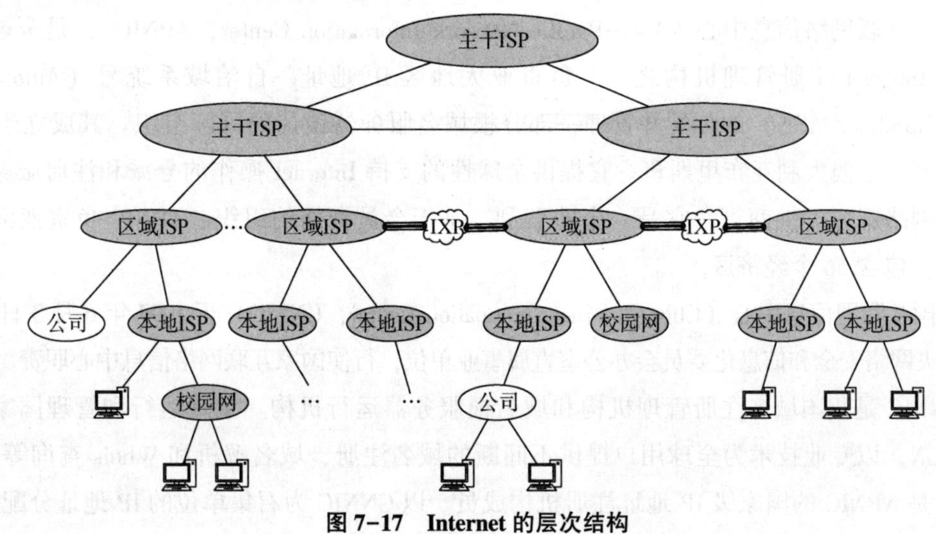

图 7-17 Internet 的层次结构

其中 Internet 服务提供商（Internet Service Provider，ISP）是为用户提供接入 Internet 服务的商业公司，如中国电信和中国移动等。根据 ISP 提供服务的覆盖面积，可以将 ISP 分成主干 ISP、地区 ISP 和本地 ISP。

主干 ISP：主干 ISP 服务面积最大，覆盖国际区域，提供 Internet 高速骨干网。

地区 ISP：地区 ISP 服务面积覆盖一个地区或国家，中国电信、中国联通和中国移动就属于此列。地区 ISP 之间还可以通过互网络交换点（Internet Exchange Point，IXP）实现互连，IXP 减轻了主干 ISP 的负担。

本地 ISP：本地 ISP 可以连接到地区 ISP 上，也可以直接连接到主干 ISP 上，用户端包括个人计算机、一些小的企事业单位和学校等。

2. 相关机构

（1）Internet 协会

国际互联网工程任务组（Internet Engineering Task Force，IETF）：主要是针对协议的开发和标准化。

国际互联网研究任务组（Internet Research Task Force，IRTF）：对一些长期的 Internet 问题进行理论研究。

（2）Internet 名字和编号分配组织

Internet 名字和编号分配组织负责在全球范围内对互联网唯一标识符系统及其安全稳定的运营进行协调，包括 IP 地址的空间分配、协议标识符的指派、通用顶级域名、国家和地区顶级域名系统的管理，以及根服务器系统的管理。

（3）国际互联网络信息中心

国际互联网信息中心（Internet Network Information Center，InterNIC）是互联网络信息中心下的一个组织，通过提供用户援助、文件、Internet 域名和其他服务来为 Internet 团体服务，主要负责美国及其他地区。

亚太互联网络信息中心（Asia-Pacific Network Information Center，APNIC），是全球五大区域性 Internet 注册管理机构之一，负责亚太地区 IP 地址、自治域系统号（Autonomous System Number，ASN）的分配并管理一部分根域名服务器镜像的国际组织。其成立于 1993 年，总部设于澳大利亚布里斯班。它提供全球性的支持 Internet 操作的分派和注册服务。成员包括网络服务提供商等，它是一个非营利、基于会员资格的组织。APNIC 负责亚洲太平洋区域，包含 56 个经济区。

中国互联网信息中心（China Internet Information Center，CNNIC）于 1997 年 6 月 3 日组建，现为中央网络安全和信息化委员会办公室直属事业单位，行使国家互联网络信息中心职责。

CNNIC 是我国域名注册管理机构和域名根服务器运行机构。负责运行和管理国家顶级域名 . CN，以专业技术为全球用户提供不间断的域名注册、域名解析和 Whois 查询等服务。CNNIC 是 APNIC 的国家级 IP 地址注册机构成员。以 CNNIC 为召集单位的 IP 地址分配联盟，负责为我国的 ISP 和网络用户提供 IP 地址和 ASN 的分配管理服务。

（4）国际电信联盟

国际电信联盟（Inter national Tele communication Union，ITU）简称“国际电联”或“电联”。主管信息通信技术事务，负责分配和管理全球无线电频谱与卫星轨道资源，制定全球电信标准等工作。ITU 的组织结构主要分为电信标准化部门 ITU-T、无线电通信部门 ITU-R 和电信发展部门 ITU-D。

（5）电气与电子工程师协会

电气与电子工程师协会（Institute of Electrical and Electronlcs Engineers，IEEE）是一个国际性的电子技术与信息科学工程师的协会，是目前全球最大的非营利专业技术学会。IEEE 专门设有 IEEE 标准协会负责标准化工作。IEEE 的标准制定内容包括电气与电子设备、试验方法、元件、符号、定义以及测试方法等多个领域。

7.2.3 Internet 的域名机制

1. IP 地址

IP 地址是 IP 协议提供的一种统一的地址格式，它为 Internet 上的每一个网络和每一台主机分配一个逻辑地址，以此来屏蔽物理地址的差异。

Internet 是由几千万台计算机互相连接而成的。在 Internet 上连接的所有计算机，从大型机到微型计算机，包括现在流行的手持设备，都以独立的身份出现，我们称它们为主机。为了实现各主机间的通信，每台主机都必须有一个唯一的网络地址。就好像每一个住宅都有唯一的门牌一样，用于保证网络传输的有序性。而我们要确认网络上的每一台计算机，靠的就是能唯一标识该计算机的地址，这个地址就称为 IP 地址，即用 Internet 协议语言来表示的地址。Internet 的 IP 地址是指连入 Internet 网络的计算机的地址编号，在 Internet 中，IP 地址唯一地标识一台计算机。

目前，用得较多的 IP 地址是 IPv4，它只有 4 段数字，每一段最大不超过 255。由于 Internet 的蓬勃发展，IP 地址的需求量愈来愈大，使 IP 地址的发放愈趋严格。为了扩大地址空间，拟通过 IPv6 重新定义地址空间。IPv6 采用 128 位地址长度。在 IPv6 的设计过程中除了解决了地址短缺问题以外，还考虑了在 IPv4 中解决不好的其他问题。

按照 TCP/IP 规定，IP 地址用二进制数来表示，每个 IPv4 地址长 32 位，换算成字节，就是 4 字节。例如，一个采用二进制形式的 IP 地址是 00001010000000000000000000000011，这么长的地址，人们处理起来很费力。为了方便人们的使用，将 IPv4 地址从高位到低位，每 8 位为一个字节转换成十进制形式，中间用符号“.”分开。于是上面的 IP 地址就可以表示为 10.0.0.3，IP 地址的这种表示法称为“点分十进制表示法”。

最初设计 Internet 时，为了便于寻址以及层次化构造网络，每个 IP 地址包括两个标识码（ID），即网络 ID 和主机 ID。同一个物理网络上的所有主机都使用同一个网络 ID，网络上的一个主机（包括网络上的终端、服务器和路由器等）有一个主机 ID 与其对应。网络地址的位数直接决定了可以分配的网络数（计算方法是 $2^{\text{网络号位数}}$）；主机地址的位数则决定了网络中最大的主机数（计算方法是 $2^{\text{主机号位数}-2}$）。然而，由于整个 Internet 所包含的网络规模可能比较大，也可能比较小，因此，Internet 委员会定义了 5 种 IP 地址类型以适合不同容量的网络，每一类都具有不同的网络号位数和主机号位数，即 A 类~E 类。

IP 地址分类如图 7-18 所示。

A类	0	网络地址(7位)	主机地址(24位)
B类	10	网络地址(14位)	主机地址(16位)
C类	110	网络地址(21位)	主机地址(8位)
D类	1110	广播地址	
E类	11110	保留	

←—— 32位 ——→

图 7-18　IP 地址分类

（1）A 类 IP 地址

一个 A 类 IP 地址由 1 字节的网络地址和 3 字节的主机地址组成，网络地址的最高位必须是“0”，范围为 1. 0. 0. 1~126. 255. 255. 254。可用的 A 类网络有 126 个，每个网络能容纳 1 亿多个主机。

（2）B 类 IP 地址

一个 B 类 IP 地址由 2 字节的网络地址和 2 字节的主机地址组成，网络地址的最高位必须是“10”，范围为 128. 0. 0. 1~191. 255. 255. 254。可用的 B 类网络有 16 382 个，每个网络能容纳 6 万多个主机。

（3）C 类 IP 地址

一个 C 类 IP 地址由 3 字节的网络地址和 1 字节的主机地址组成，网络地址的最高位必须是“110”，范围为 192. 0. 0. 1~223. 255. 255. 254。可用的 C 类网络可达 209 万余个，每个网络能容纳 254 个主机。

（4）D 类 IP 地址

D 类 IP 地址第一个字节以“1110”开始，范围为 224. 0. 0. 0~239. 255. 255. 255。它用于多点广播，是一个专门保留的地址。它并不指向特定的网络，目前这一类地址被用在多点广播中。多点广播地址用来一次寻址一组计算机，它标识共享同一协议的一组计算机。

（5）E 类 IP 地址

E 类 IP 地址以“11110”开始，Internet 中保留使用。

IP 地址的编址方式后来又相继出现了子网、无类域间路由（Classless Inter-Domain Routing，CIDR）等方式。

2. 域名

由于 IP 地址具有不方便记忆且不能显示地址组织的名称和性质等缺点，人们设计出了域名（Domain Name），并通过域名系统（Domain Name System，DNS）将域名和 IP 地址相互映射，使人们更方便地访问 Internet，而不用去记住能够被机器直接读取的 IP 地址数串。域名就是由一串用点分隔的名字组成的 Internet 上某一台计算机或计算机组的名称，用于在数据传输时对计算机的定位标识。

在 Internet 中，域名的分配首先由中央管理机构（Internet 的 NIC）将最高一级名字空间划分成若干部分，每一部分授权给相应的管理机构。各管理机构可以再将其所管理的名字空间进一步划分，如此下去，形成一种树形层次结构，如图7-19所示。

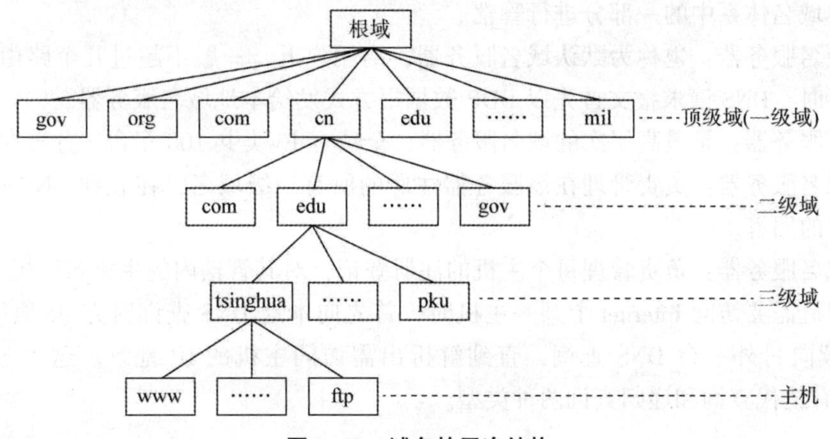

图7-19　域名的层次结构

树根是Internet最高管理机构，它负责分配第1级和第2级域名。树的每个节点代表一个域，域可以进一步划分成子域，如树的分枝节点。每个域都有一个域名，定义了它在网络中的位置。一台主机的域名就是从一个叶节点自底向上，到根节点的所有域名组成的字串，其组成为：主机名．单位名．类型名．国家代码。例如，域名http://rsks. gd. gov. cn/表示广东省人事考试网。最高级域为cn，表示中国的国家代码；gov表示政府机构，是国际通用标识符；gd是广东的汉字拼音的第一个字母的组合；rsks表示主机名，域名中每一个“.”后面的各个标识称为域。在上述这个例子中，最低级域（第4级域）为“rsks. gd. gov. cn”，第3级域为“gd. gov. cn”，第2级域为“gov. cn”，第1级域为“cn”。

为了保证域名系统的通用性，Internet规定了一组正式的通用标准，来作为类型名和国家或地区代码，如表7-1所示。

表7-1　第1级Internet部分域名

域名	说明	域名	国家/地区
edu	教育部门	cn	中国
com	商业组织	jp	日本
gov	政府机构	uk	英国
mil	军事部门	au	澳大利亚
org	非营利组织	us	美国
net	网络服务机构	ru	俄罗斯

表7-1中的域名分为两种模式，一种域对应于组织模式，是类型名；另一种域对应于地理模式，是国家或地区代码。组织模式是按管理组织的层次结构划分域的方式，由此产生的域名就是组织型域名；地理模式是按国别或地区划分域的方式，由此产生的域名就是地理型域名。除了美国的国家代码可省略外，其他国家或地区的主机要按地理模式登记域名系统，否则要先向NIC申请本国或本地区的第1级域名。

3. 域名解析

域名的引入虽然方便了用户，但不能直接用于TCP/IP的路由寻址，当用户使用域名进行通信时，必须先将其翻译成 IP 地址，即域名解析。这种解析在若干个域名服务器（Domain Name Server，DNS）中完成。DNS 的层次是与域名层次结构相适应的，每个域名服务器都只对域名体系中的一部分进行管辖。

本地域名服务器：也称为默认域名服务器，离用户近，一般不超过几个路由器的距离。在域名解析时，DNS 请求报文首先以 UDP 数据报方式发给本地域名服务器。

根域名服务器：是最高层次的域名服务器，全球有 13 类共 100 多台，分布在世界各地。

顶级域名服务器：负责管理在该服务器注册的所有二级域名，在收到 DNS 查询请求时就给出相应的回答。

权限域名服务器：负责管理每个主机的注册登记，对其管辖内的主机名解析为 IP 地址。

当客户机需要访问 Internet 上某一主机时，首先向本地 DNS 查询对方 IP 地址，往往本地 DNS 继续向另外一台 DNS 查询，直到解析出需访问主机的 IP 地址。这一过程为“查询”。查询有迭代查询和递归查询两种类型。

7.2.4 如何接入 Internet

家庭用户或单位用户要接入 Internet，可通过某种通信线路连接到 ISP，由 ISP 提供 Internet 的入网连接和信息服务。Internet 接入是通过特定的信息采集与共享的传输通道，利用以下传输技术完成用户与 IP 广域网的高带宽、高速度的物理连接。从用户角度来看，Internet 接入技术又可以分为有线接入技术和无线接入技术。

1. ADSL 接入

非对称数字用户线系统（Asymmetric Digital Subscriber Line，ADSL）可直接利用现有的电话线路，通过 ADSL MODEM 后进行数字信息传输的一种技术。其理论速率可达到 8 Mbit/s的下行和 1 Mbit/s 的上行，传输距离可达 4~5 km。ADSL2+速率可达 24 Mbit/s 的下行和 1 Mbit/s 的上行。另外，最新的 VDSL2 技术可以达到上、下行各 100 Mbit/s 的速率，其特点是速率稳定、带宽独享、语音数据不干扰等；适用于家庭，个人等用户的大多数网络应用需求，满足一些宽带业务包括 IPTV、视频点播、远程教学、可视电话、多媒体检索、LAN 互联和 Internet 接入等。

2. HFC 接入

光纤和同轴电缆混合网（Hybrid Fiber Coaxial，HFC）是一种基于有线电视网络铜线资源的接入方式。其具有专线上网的连接特点，允许用户通过有线电视网来实现高速接入 Internet；适用于拥有有线电视网的家庭、个人或中小团体。它的特点是速率较高，接入方式方便（通过有线电缆传输数据，不需要布线），可实现各类视频服务、高速下载等；缺点在于基于有线电视网络的架构是属于网络资源分享型的，当用户数量激增时，速率就会下降且不稳定，扩展性不够。

3. 光纤宽带接入

光纤接入技术是通过光纤接入小区节点或楼道，再由网线连接到各个共享点上（一般不超过 100 m），提供一定区域的高速互联接入。其特点是速率高，抗干扰能力强，适用于家庭、个人或各类企事业团体，可以实现各类高速率的 Internet 应用，如视频服务、高速数据传输、远程交互等，缺点是一次性布线成本较高。

4. 无源光网络

无源光网络（Passive Optical Network，PON）是一种点对多点的光纤传输和接入技术，局端到用户端最大距离为 20 km。PON 一般由光线路终端（Optical Line Terminal，OLT）、集光纤配线单元（Oracle Database Unloader，ODU）、光网络单元（Optical Network Unit，ONU）3 个部分构成。目前，在 Internet 中广泛应用的 PON 技术包括 EPON 和 GPON 2 种主流技术，EPON 上、下行带宽均为 1. 25 Gbit/s，GPON 下行带宽为 2. 5 Gbit/s，上行带宽为 1. 25 Gbit/s。PON 特点是接入速率高，可以实现各类高速率的 Internet 应用，如视频服务、高速数据传输、远程交互等，缺点是一次性投入较大。

5. 无线网络

无线接入技术是一种有线接入的延伸技术，是通过无线介质将用户与网络节点连接起来的，能够吸纳用户与网络间的信息传递。无线接入可以减少使用电线连接，无线网络系统既可达到建设计算机网络系统的目的，又可让设备自由安排和搬动。在公共开放的场所或者企业内部，无线网络一般会作为已存在有线网络的一个补充方式，装有无线网卡的计算机通过无线手段方便接入 Internet。

6. 电力网接入

电力线通信（Power Line Communication，PLC）技术，是指利用电力线传输数据和媒体信号的一种通信方式，也称电力线载波。把载有信息的高频加载于电流，然后用电线传输到接受信息的适配器，再把高频从电流中分离出来并传送到计算机或电话。PLC 属于电力通信网。电力通信网的内部应用包括电网监控与调度、远程抄表等。面向家庭上网的 PLC，也称为电力宽带，属于低压配电网通信。

7. 2. 5 Internet 应用

1. 电子邮件

这是最早也是最广泛的网络应用。由于其低廉的费用和快捷方便的特点，加快了人与人之间的信息交流。不论是身在异国他乡与朋友进行信息交流，还是联络工作都如同面对面交流一样容易。E-mail 地址由用户名和邮件服务器域名组成，其格式为“用户名@邮件服务器域名”。

2. 浏览 Web

这是网络提供的最基本的服务项目。随着网络的发展以及接入终端技术的进步，用户可以随时随地地访问 Internet 中的任何网站，根据自己的兴趣在网上畅游，能够足不出户而尽知天下事。

3. 信息查询

利用网络这个全世界最大的资料库，利用 Google、百度等搜索引擎从浩如烟海的信息库中根据关键字，找到需要的信息。随着我国“政务上网”工程的发展，人们日常的许多事务都可以在网络上完成。

4. 即时通信

随着计算机与智能手机的普及，在国内的 QQ、微信、钉钉等网络聊天工具几乎已经成为每个设备必备的软件。每个人都可以通过上网结交世界各地的朋友，相互交流思想。

5. 电子商务

随着 Internet 在全球的普及及其在各个领域的广泛应用，人们面对的是一个经济全球化时代。目前最为突出的是网络环境下的经济模式——电子商务。电子商务的模式有多种，包括 B2C，B2B，C2C 等。网上购物的人群越来越广泛，数量越来越多。国内涌现出一批大型的网上购物平台，如淘宝网、京东网、当当网等。

6. 家庭办公

网络的广泛应用为我们提供了一种数字化的生活与工作方式。家庭将不再仅仅是人类社会生活的一个孤立单位，而是信息社会中充满活力的细胞。

7. 娱乐

在 Internet 中，娱乐活动主要包括消遣娱乐型和发展型活动。消遣娱乐型活动如欣赏音乐、看电影、看电视、跳舞、参加体育活动；发展型活动包括学习文化知识、参加社会活动、从事艺术创造和科学发明活动等。

8. 其他应用

现实世界中人类活动的网络比比皆是，数不胜数，如网上点播、网上炒股、网上求职、艺术展览等。

7.3 下一代 Internet 技术

IP 是 TCP/IP 族中最为核心的协议，所有的 TCP、UDP 和 ICMP 数据都是以 IP 数据报进行传输的。IP 属于 TCP/IP 体系结构的网络层，通过该协议使 Internet 内的任意两台计算机无论相距多远都可以进行相互的通信。

7.3.1 IPv4 发展现状

IPv4 协议是 1981 年 IETF 的 RFC791 标准发布实施的，并且广泛地融入互联网的各项应用中。事实证明，IPv4 具有相当强盛的生命力，易于实现且互操作性良好，经受住了从早期小规模 Internet 发展到如今全球范围 Internet 应用的考验。但是，由于其设计的先天不足，随着 Internet 的迅猛发展和各种应用的深入，IPv4 地址空间变得越来越匮乏，安全性的问题也越来越突出，已经使 Internet 不堪重负。

1. 地址匮乏

理论上 IPv4 可提供 2 的 32 次方（约 43 亿）个 IP 地址。但在实际的使用中，广播地址、划分子网的开销、路由器地址和保留地址等已消耗大量 IP 地址，又由于缺乏长远规划，

IP 地址分配不均匀，且使用效率也不高，造成最后有效的地址数目比总数要少很多。随着 Internet 上主机数目的迅速增加，地址空间将难以满足未来移动设备和消费类电子设备对 IP 地址的巨大需求。

2. 路由效率低下

由于历史的原因，IPv4 地址的层次分配缺乏统一的分配和管理，它主要采用与网络拓扑结构无关的形式来分配地址，这样就导致了骨干路由器中存在大量的路由表项。骨干路由器中庞大的路由表增加了路由查找和存储的开销，降低了 Internet 服务的稳定性，成为目前影响提高 Internet 效率的一个瓶颈。

3. 安全性差

早期的 Internet 主要用于科学研究，安全问题不突出。随着 Internet 的商用化，现有 IPv4 网络暴露出越来越多的安全缺陷，各种网络安全事件层出不穷。

4. 缺乏服务保证

IPv4 对 Internet 上涌现的新的业务类型缺乏有效的支持，如实时和多媒体应用，这些应用要求能提供一定的服务质量保证，如带宽、延迟和抖动。

5. 移动性支持不够

IPv4 诞生时，Internet 的结构还是以固定和有线为主，所以 IPv4 没有考虑移动性。但到了 20 世纪 90 年代中期，各种无线、移动业务的发展要求 Internet 能够提供对移动性的支持。因此，研究人员提出移动 IPv4 来解决这些问题。但由于 IPv4 本身的缺陷，造成移动 IPv4 存在着诸多弊端，如三角路由问题、安全问题、源路由过滤问题、转交地址分配问题等。事实上，移动 IPv4 没有得到大规模应用也是由这些问题造成的。

7.3.2 CIDR 与 NAT 带来的问题

早期分类的 IP 地址由于设计不够合理，存在 IP 地址空间的利用率有时很低，地址不够灵活等缺点。为了解决上述问题，采用了划分子网的方式来解决，即在 IP 地址中又增加了一个“子网号字段”，使两级 IP 地址变成为三级 IP 地址。

划分子网虽然增加了灵活性，但却减少了能够连接在网络上的主机总数。使用变长子网掩码（Variable Length Subnet Mask，VLSM）可进一步提高 IP 地址资源的利用率。在 VLSM 的基础上又进一步研究出无类别域间路由（Classless Inter-Domain Routing，CIDR）方法。CIDR 消除了传统的 A 类、B 类和 C 类地址以及划分子网的概念，因而能更加有效地分配 IPv4 的地址空间。CIDR 把 32 位的 IP 地址划分为前后两个部分。前面部分是“网络前缀”（network-prefix）（或简称为“前缀”），用来指明网络，后面部分则用来指明主机。因此，CIDR 使 IP 地址从三级编址（使用子网掩码）又回到了两级编址，但这已是无分类的两级编址。

IP 地址的耗尽促成了 CIDR 的开发，CIDR 开发的主要目的是有效地使用现有的 Internet 地址，但它并不能创造新的 IP 地址，IP 地址的耗尽危机并不能因此得到解决。而同时根据

RFC1631 开发的网络地址转换（Network Address Translation，NAT）却可以在多重的 Internet 子网中使用相同的 IP，用来减少注册 IP 地址的使用。NAT 的实现方式有 3 种，即静态转换、动态转换和端口多路复用。

1. 静态转换

静态转换是指在将内部网络的私有 IP 地址转换为公有 IP 地址，IP 地址对是一对一的，是一成不变的，某个私有 IP 地址只转换为某个公有 IP 地址。借助静态转换，可以实现外部网络对内部网络中某些特定设备（如服务器）的访问。

2. 动态转换

动态转换是指在将内部网络的私有 IP 地址转换为公用 IP 地址时，IP 地址是不确定的、随机的，所有被授权访问 Internet 的私有 IP 地址可随机转换为任何指定的合法 IP 地址。也就是说，只要指定哪些内部地址可以进行转换，以及用哪些合法地址作为外部地址时，就可以进行动态转换。动态转换可以使用多个合法外部地址集。当 ISP 提供的合法 IP 地址略少于网络内部的计算机数量时，就可以采用动态转换的方式。

3. 端口多路复用

端口多路复用是指改变外出数据包的源端口并进行端口转换，即端口地址转换采用端口多路复用方式。内部网络的所有主机均可共享一个合法外部 IP 地址实现对 Internet 的访问，从而可以最大限度地节约 IP 地址资源。同时，又可隐藏网络内部的所有主机，有效避免来自 Internet 的攻击。因此，目前网络中应用最多的就是端口多路复用方式。

NAT 技术的优点是节省了合法的公有 IP 地址；在地址重叠时提供了解决办法；在网络发生变化时避免了重新编址；提高连接到 Internet 的灵活性。但是其也存在一些缺点，例如，地址转换将增加交换延迟，导致无法进行端到端 IP 跟踪，导致有些应用程序无法正常运行等。

7.3.3 IPv6 技术简介

CIDR 和 NAT 技术都是为了解决 IPv4 地址不足的问题的，即使是 CIDR 和 NAT 广泛使用，IPv4 还是在不可避免地耗尽。正式的 IPv6 规范是由 S. Deering 和 R. Hinden 于 1995 年 12 月在 RFC1883 中公布的建议标准（Proposal Standard），1996 年 7 月和 1997 年 11 月先后公布了版本 2 和版本 2.1 的草案标准（Draft Standard），1998 年 12 月发布了 IPv6 标准 RFC2460（Internet Protocol version 6（IPv6）Specification），即下一代 Internet 协议 IPv6。它主要有以下特点。

①采用 128 位地址空间，在层次结构上更为科学合理。

②地址自动分配，提供了无状态地址自动配置和有状态地址自动配置两种地址配置方案。

③简化了协议报头，使用了全新的、更加灵活的扩展报头的数据结构。

④支持源路由的选径，IPv6 采用了多层次地址结构，提供了更多的路由信息，绝大多

数路由算法都做了修改，以扩展其路由选径的能力。

⑤集成了认证和加密的安全机制，两种机制可以自由地组合使用，以适应不同的安全需要。

7.3.4 IPv4 向 IPv6 过渡机制

由于 IPv6 与 IPv4 相比具有诸多的优越性，因而 IPv6 替代 IPv4 已经成为网络发展的必然趋势。然而，由于 IPv4 协议已有广泛的网络建设及应用基础，全球 IPv4 的用户不计其数，要完成从 IPv4 到 IPv6 的过渡将是一个渐进的长期的过程。针对这种情况，国际互联网工程任务组（The Internet Engineering Task Force，IETF）很早就开始着手研究 IPv4 到 IPv6 的过渡技术，并提出了许多过渡机制。主要有双栈技术、隧道技术和转换机制这 3 种过渡技术。

1. 双栈技术

双栈技术是指在一个系统中同时使用 IPv4/IPv6 两个可以并行工作的协议栈。IPv6 和 IPv4 都属于 TCP/IP 体系结构中的网络层协议，两者都基于相同的物理平台。尽管其实现的细节有很多的不同，但它们的原理是相似的，而且在其上的 TCP 和 UDP 没有任何区别，主要的区别是针对不同的数据包所采用的协议栈各不相同。

拥有双栈技术的主机在工作时，首先将在物理层截获下来的信息提交给数据链路层，在 MAC 层对收到的帧进行分析，此时便可以根据帧中的相应字段区分是 IPv4 数据包还是 IPv6 数据包，处理结束后继续向上层递交，在网络层（IPv4/IPv6 共存），根据从底层收上来的包是 IPv4 还是 IPv6 包来做相应的处理，处理结束后继续向上递交给传输层并进行相应的处理，直至上层用户的应用。与单协议栈相比，双栈主机的层与层之间都是利用套接字来建立连接的，如图 7-20 所示。

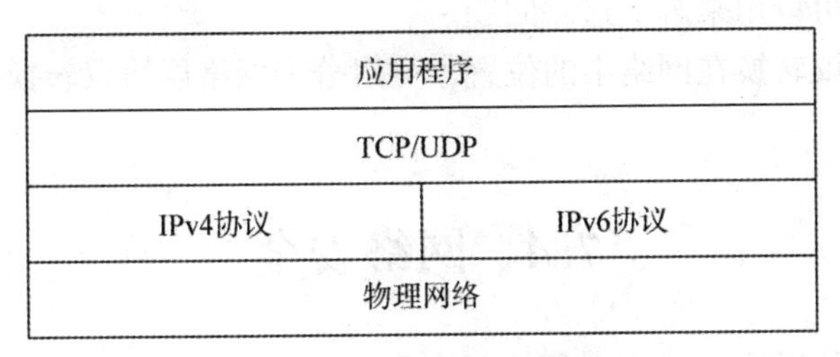

图 7-20 双栈技术示例

双栈技术的优点是互通性好、易于理解；缺点是需要给每个运行 IPv6 协议的网络设备和终端分配 IPv4 地址，不能解决 IPv4 地址匮乏的问题。在 IPv6 网络建设初期，由于 IPv4 地址相对充足，这种方案是可行的；当 IPv6 网络发展到一定阶段，为每个节点分配两个全局地址 IPv4 时将很难实现。

2. 隧道技术

隧道技术是指一个节点或网络通过报文封装的形式，连接被其他类型的网络分隔但属于同一类型的节点或网络的技术。隧道的入口和出口是隧道的两个端点，它们可以是路由器，也可以是主机，但必须都是双协议栈的节点。

由于目前的Internet主要是以IPv4网络为主，在IPv4向IPv6过渡的初期或一个时期，隧道技术是连接IPv6单独网络的主要手段。IPv6经过IPv4隧道传输如图7-21所示。其隧道技术的工作原理是：隧道入口节点把IPv6数据包封装在IPv4数据包中，IPv4数据包的源地址和目的地址分别为两端节点的IPv4地址，封装后的数据包经IPv4网络传输到达隧道出口节点后解封还原为IPv6包，并送往目的地。这里的隧道是指隧道入口和隧道出口之间的逻辑关系。

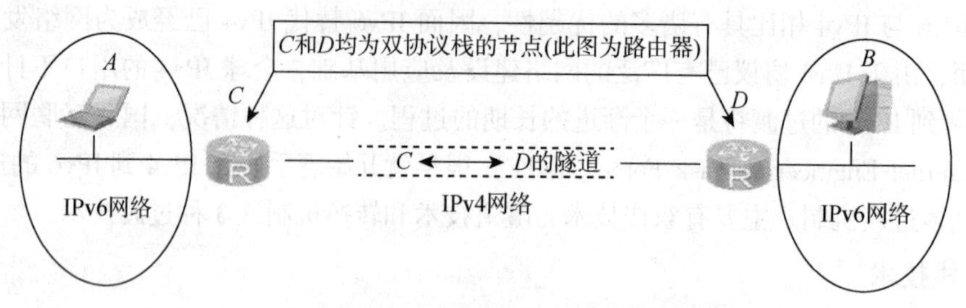

图7-21　IPv6经过IPv4隧道传输

隧道技术是目前和将来一段时间IPv4向IPv6过渡最常用的技术手段。根据其使用的技术不同，隧道技术目前有配置隧道、自动隧道和基于多协议标签交换（Multi-Protocol Label Switching，MPLS）的隧道3种类型。

3. 转换机制

隧道技术解决了在IPv4中IPv6和IPv6之间进行通信的问题。但是，由于IPv6过渡初期是一个非常长的时期，IPv4和IPv6共存的情况将持续一段很长的时期，因此在网络中会同时存在纯IPv6节点和纯IPv4节点，如何解决纯IPv6和纯IPv4节点进行通信的问题？这将涉及纯IPv6节点如何访问IPv4节点以及纯IPv4节点如何访问纯IPv6节点的问题。针对这种现状，转换机制可以用来解决这一问题。

转换机制根据协议转换在网络中的位置，可以分为网络层协议转换、传输层协议转换和应用层协议转换3类。

7.4　网络安全

网络是一个开放的系统，能实现网上设备间的通信及资源共享，必然伴随带来安全隐患。随着计算机网络覆盖面的不断延伸、网上业务的不断增加，人们对计算机网络的依赖程度日渐加深，计算机网络安全问题也日益突出。

计算机网络的开放性、国际化的特点在增加应用自由度的同时，也为网络上的攻击、破坏、信息窃取等行为提供了方便。面对计算机网络上的新的挑战，以及保护单位或个人的机密信息不被透露，抵御网络攻击，使网络不受干扰，维护网络的安全，已经成为信息化系统建设中的重要方面。

7.4.1　网络安全概述

计算机网络安全是指利用网络管理控制和技术措施，保证在一个网络环境里，数据的保密性、完整性及可使用性能受到保护，系统能连续可靠的运行，网络服务不被中断。计算机网络安全包括两个方面，即物理安全和逻辑安全。物理安全指系统设备及相关设施受到物理保护，免于破坏、丢失等。逻辑安全主要包括信息的完整性、保密性和可用性。

网络安全所面临的威胁可以来自很多方面，并且随着时间的变化而变化。有的来自网络外部，有的来自网络内部；有的是人为的，有的是自然造成的；有的是恶意的，有的是无意的。其中来自外部和内部人员的恶意攻击和入侵是网络面临的最大威胁。下面主要从网络安全威胁类型、安全措施目标等方面进行介绍。

1. 网络安全威胁类型

网络安全威胁是对网络安全缺陷的潜在利用。这些缺陷可能导致非授权访问、信息泄露、资源耗尽、资源被盗或者破坏等。常见的网络安全威胁类型有如下6种。

（1）窃听

在广播式网络系统中，每个节点都可以读取网上传输的数据，如搭线窃听、安装通信监视器和读取网上的信息等。网络体系结构允许监视器接收网上传输的所有数据帧而不考虑帧的传输目标地址，这种特性使偷听网上的数据或非授权访问很容易而且不易被发现。

（2）假冒

当一个实体假扮成另一个实体进行网络活动时就发生了假冒。

（3）重放

重放指重复一份报文或报文的一部分，以便产生一个被授权效果。

（4）流量分析

流量分析指通过对网上信息流的观察和分析推断出网上传输的有用信息，如有无传输，传输的数量、方向和频率等。由于报头信息不能加密，所以即使对数据进行了加密处理，也可以进行流量分析。

（5）数据完整性破坏

数据完整性破坏指有意或无意地修改或破坏信息系统，或者在非授权和不能监测的方式下对数据进行修改。

（6）拒绝服务攻击

拒绝服务攻击即是攻击者想办法让目标机器停止提供服务，是黑客常用的攻击手段之一。拒绝服务攻击问题也一直得不到合理的解决，究其原因是网络协议本身的安全缺陷，从而拒绝服务攻击也成为攻击者的终极手法。攻击者进行拒绝服务攻击，实际上让服务器实现两种效果：一是迫使服务器的缓冲区满，不接收新的请求；二是使用IP欺骗，迫使服务器把非法用户的连接复位，影响合法用户的连接。

2. 安全措施目标

安全措施的目标如下。

（1）访问控制

访问控制指确保会话对方（人或计算机）有权做它所声称的事情。

（2）认证

认证指确保会话对方的资源（人或计算机）与它声称的相一致。

（3）完整性

完整性指确保接收到的信息与发送的一致。

(4) 审计

审计指确保任何发生的交易在事后可以被证实，发信者和收信者都认为交换发生过，即所谓的不可抵赖性。

(5) 保密

保密指确保敏感信息不被窃听。

7.4.2 网络攻击与防护

攻击是指任何的非授权行为。攻击的范围从简单的使服务器无法提供正常的服务到完全破坏、控制服务器。在网络上成功实施的攻击级别依赖于用户采取的安全措施。

1. 常见的攻击方法

(1) 端口扫描

端口扫描是使用一些扫描工具，对大范围内的主机的TCP/UDP端口进行扫描，从而检测出目标主机的扫描端口是否处于激活状态、主机提供了哪些服务、提供的服务是否含有漏洞。通过端口扫描，入侵者可以发现目标主机的弱点和漏洞，进而确定详细的攻击步骤。比较常用的端口扫描工具有Nmap、网络安全扫描（Cerberus Internet Scanner，CIS）以及SATAN等。

(2) 网络监听

网络监听也称为网络侦听，当信息在网络上传播时，可以利用工具将网卡设置为监听模式来捕获网络中正在传播的信息。通过网络监听可了解到网络中的通信情况，截获传输的信息、提取与口令相关的数据等。常用的网络监听工具有NetXRay for Windows、Tcpdump、Snoop等。

(3) 特洛伊木马

特洛伊木马是一个包含在合法程序中的非法程序，该非法程序一般在用户不知情的情况下执行，其名称来源于一个古希腊的特洛伊木马故事。木马程序分为服务器和客户端两部分，服务器端安装在受害者的计算机上，客户端则安装在入侵者的计算机上，一旦用户触发了木马程序，那么依附在木马内的指令代码将被激活，以完成入侵者指定的任务，如窃取口令、修改删除文件、修改注册表等。几种常见的木马程序有冰河、BO2000、Netspy等。

(4) 计算机病毒

计算机病毒是利用计算机软、硬件的漏洞，编制的能够自我复制和传播的一组计算机指令和程序代码。计算机病毒具有很强的传染性、隐蔽性和破坏性的特点。

2. 网络安全性措施

网络安全是一个涉及多方面的问题，是一个极其复杂的系统工程，实施一个完整的网络安全系统，至少包括以下3类措施。

(1) 安全立法

法律是规范人们社会行为的准则，对网络安全进行立法，可以有效地对不正当的信息活动进行惩处，以警戒和规范其他非法行为的再次发生。

(2) 安全技术

安全技术措施是计算机网络安全的重要保证，也是整个系统安全的物质技术基础。常用的网络安全技术有修补漏洞、病毒检查、加密、执行身份鉴别、防火墙、捕捉闯入者、口令守则等。

网络安全中的防火墙是指在两个网络之间加强访问控制的一整套装置，实质上就是一个软件或者软件和硬件设备的组合。防火墙也可以说是用来在一个内部网和外部网之间起保护作用的一整套装置，在内部网和外部网之间构造了一个保护层，如图 7-22 所示。

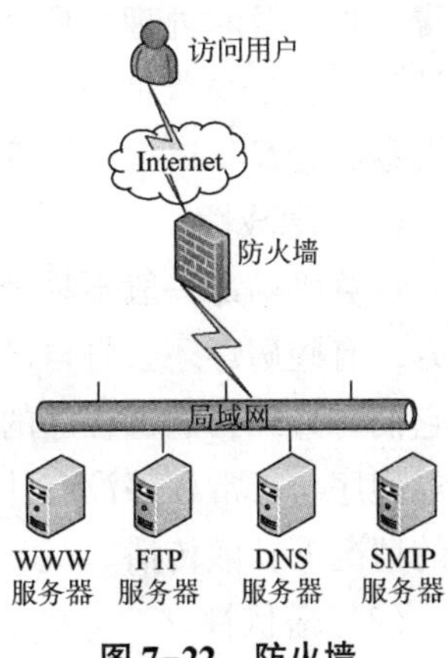

图 7-22 防火墙

它强制所有连接和访问都必须经过这一个保护层进行检查和连接，只有被允许的通信才能通过这个保护层，从而保护内部网络的资源免遭非法入侵的危害，还可以用于监控进出内部网络或计算机的信息，保护内部网络或计算机的信息不被非授权访问、非法窃取或破坏，并记录内部网络或计算机与外部网络进行通信的安全日志。同时可以限制内部网络用户访问某些特殊站点，防止内部网络的重要数据发生外泄等，从而提高网络和计算机系统的安全性和可靠性。

(3) 安全管理

安全管理是基于网络维护、运行和管理，集高度自动化的信息收集、传输、处理和存储于一体，包括性能管理、故障管理、配置管理等。

7.4.3 计算机病毒

随着网络和 Internet 的迅速发展，计算机病毒已经对计算机信息安全构成了严峻的挑战。在全世界平均不到 20 min 就会产生一个新的病毒，泛滥的计算机病毒使许多计算机因遭受病毒的侵害而带来巨大的经济损失。

“计算机病毒”一词最早是由美国计算机病毒研究专家 Fred. Cohen 博士在其论文《电脑病毒实验》中提出的。“计算机病毒”不是计算机自己产生的，而是计算机用户利用计算机软、硬件的漏洞而编制的特殊程序。它由生物学上的病毒概念引申而来，因为它们都具有传染和破坏的特性。1994 年 2 月 18 日，我国正式颁布实施了《中华人民共和国计算机信息系统安全保护条例》，在第二十八条中明确指出：“计算机病毒，是指编制或者在计算机程序中插入的破坏计算机功能或者毁坏数据，影响计算机使用，并能自我复制的一组计算机指令或者程序代码。”这是计算机病毒最具权威性和法律性的定义。司法部门可依此法规逮捕和惩罚病毒制作和散播者。例如，2007 年 9 月 24 日，“熊猫烧香”病毒的作者李俊就因制造计算机病毒犯有破坏计算机信息系统罪（《刑法》第 286 条）被判处有期徒刑 4 年。

1. 计算机病毒的特点

计算机病毒是一种计算机程序，但与一般程序相比，具有以下 4 个主要的特点。

（1）传染性

传染性是指计算机病毒具有自我复制的能力。传染性是计算机病毒最基本的属性，是判断其是不是计算机病毒的最重要的依据。病毒通过某种渠道从一个文件或一台计算机传染到另外没有被感染病毒的文件或计算机，以实现自我繁殖。只要一个文件或一台计算机传染上病毒，如不及时处理，那么病毒就会迅速感染至大量的文件或计算机。每一台被感染了病毒的计算机，本身既是一个受害者，又是计算机病毒的传播者。计算机病毒可通过各种渠道，如硬盘、光盘、U 盘、计算机网络去感染其他的计算机。

（2）隐蔽性

计算机病毒一般不易被人察觉，它们将自身附加在正常程序中或隐藏在磁盘中较隐蔽的地方。有些病毒还会将自己改名为系统文件名，若不通过专门的杀毒软件，用户一般很难发现它们。另外，病毒程序的执行是在用户不知的情况下进行的，若不经过专门的代码分析，病毒程序与正常程序没有什么区别。正是由于这种隐蔽性，计算机病毒才得以在用户没有觉察的情况下扩散传播。

（3）潜伏性

大部分计算机病毒在感染计算机后，一般不会马上发作，而是可以长期隐藏在系统中，埋伏期可以是几周或者几个月，甚至是几年，只有在满足其特定条件后，才启动其破坏模块，对系统进行破坏。如病毒“PETER-2”在每年 2 月 27 日会提 3 个问题，答错后会对硬盘加密，而著名的“黑色星期五”在每月逢 13 号的星期五发作。这些病毒在平时会隐藏得很深，只有在满足一定条件的时候才会发作。

（4）破坏性

计算机病毒一旦侵入系统，都会对系统及应用程序造成不同程度的影响。轻者会占用系统资源，降低计算机的性能，重者会被盗取机密信息、破坏数据、删除文件、格式化磁盘，从而导致系统崩溃，甚至使整个计算机网络瘫痪。

2. 计算机病毒的分类

计算机病毒的分类方法有很多，按病毒的传染方式可分为引导型病毒、文件型病毒和混合型病毒。

（1）引导型病毒

引导型病毒利用磁盘的启动原理工作，主要感染磁盘的引导扇区。在计算机系统被带有病毒的磁盘启动时，首先获得系统控制权使病毒常驻内存后再引导并对系统进行控制。病毒的全部或者一部分取代磁盘引导扇区中正常的引导记录，而将正常的引导记录隐藏在磁盘的其他扇区中。待病毒程序被执行之后，将系统的控制权交给正常的引导区记录，使该带毒系统表面上像是在正常运作一样，实际上病毒已隐藏在系统中监视系统的活动，伺机传染其他硬盘。

（2）文件型病毒

文件型病毒就是通过操作系统的文件系统实施感染的病毒，这类病毒可以感染 com 文件、exe 文件；也可以感染 obj、doc、dot 等文件。当用户调用感染了病毒的可执行文件（exe 和 com）时，病毒首先被运行，然后驻留内存，直接或伺机传染其他文件。其特点是依附于正常的程序文件，成为该正常程序的一个外壳或部件。

（3）混合型病毒

混合型病毒既具有引导型病毒的特点，又具有文件型病毒的特点，即它是同时能够感染文件和磁盘引导扇区的“双料”复合型病毒。混合型病毒通常都具有复杂的算法，使用非常规的方法攻击计算机系统。

按计算机病毒的链接方式分类，可分为源码型病毒、外壳型病毒、嵌入型病毒和操作系统型病毒。

3. 计算机病毒的防范

当计算机系统和文件感染上计算机病毒时，需要检测和消除。计算机病毒的防范是指通过建立合理的计算机病毒防范体系和制度，及时发现计算机病毒的侵入，并采取有效手段阻止计算机病毒的传播和破坏，恢复受影响的计算机系统和数据。

预防计算机病毒就是要监视跟踪系统内存类似的操作，提供对系统的保护，最大限度地避免各种计算机病毒的传染破坏。对于计算机用户来说，防止病毒的侵入比感染了病毒后的检测和消除更为重要。计算机病毒的预防、检测和清除是计算机反病毒技术的三大内容。也就是说，计算机病毒的防治要从防毒、查毒和解毒 3 个方面来进行；系统对于计算机病毒的实际防治能力和效果也要从防毒能力、查毒能力和解毒能力 3 个方面来评判。

防毒是指根据系统特性，采取相应的系统安全措施预防病毒侵入计算机。

查毒是指对于确定的环境，能够准确地报出病毒名称，该环境包括内存、文件、引导区(含主导区)、网络等。

解毒是指根据不同类型病毒对感染对象的修改，并按照病毒的感染特性所进行的恢复。该恢复过程不能破坏未被病毒修改的内容。感染对象包括内存、引导区、可执行文件、文档文件、网络等。

防毒能力是指预防病毒侵入计算机系统的能力。通过采取防毒措施，应该可以准确地、实时地监测经由光盘、硬盘的不同目录之间以及局域网、Internet 或其他形式的文件下载等多种方式进行的传输；能够在病毒侵入系统时发出警报，记录携带病毒的文件，及时清除其中的病毒；对网络而言，能够向网络管理员发送关于病毒入侵的信息，记录病毒入侵的终端，必要时还要能够隔离病毒源。查毒能力是指发现和追踪病毒来源的能力。通过查毒应该能准确地发现计算机系统是否感染病毒，找出病毒的来源，并给出统计报告；查解病毒的能力应由查毒率和误报率来评判。解毒能力是指从感染对象中清除病毒，恢复被病毒感染前的原始信息的能力。解毒能力应用解毒率来评判。

计算机职业道德和法律规范

小　结

本章简要介绍了计算机网络方面的相关知识，主要涉及计算机网络基础、Internet 基础和下一代 Internet 技术、网络安全 4 个方面的内容。

计算机网络基础重点介绍了计算机网络的定义、计算机网络的产生与发展、计算机网络的功能、计算机网络的组成与分类，此外还阐述了计算机网络体系结构与协议。

Internet 基础对 Internet 进行了简要介绍，包括和 Internet 相关的机构、IP 地址、域名、如何接入 Internet 等内容。

下一代 Internet 技术介绍了为了解决 IPv4 地址不足问题引入的 CIDR 与 NAT 技术、IPv6 技术、IPv4 向 IPv6 的过渡机制。

在网络安全方面，主要介绍了网络安全威胁类型，网络攻击方式、基本的安全措施，计算机病毒的定义及分类、防范、计算机职业道德和法律规范等内容。

习　题

一、选择题

1. 计算机网络最突出的特点是（　　）。
A. 资源共享　　B. 运算精度高　　C. 运算速度快　　D. 内存容量大

2. 区分局域网（LAN）和广域网（WAN）的依据是（　　）。
A. 网络用户　　B. 传输协议　　C. 联网设备　　D. 联网范围

3. Internet 是由（　　）发展而来的。
A. 局域网　　B. ARPANET　　C. 标准网　　D. WAN

4. Internet 起源于（　　）。
A. 美国　　B. 英国　　C. 德国　　D. 澳大利亚

5. OSI 模型和 TCP/IP 协议体系分别分成（　　）层。
A. 7 和 7　　B. 4 和 7　　C. 7 和 4　　D. 4 和 4

6. 国际标准化组织的英文缩写是（　　）。
A. OSI　　B. ISO　　C. SOS　　D. ANSI

7. 当你在网上下载软件时，你享受的网络服务类型是（　　）。
A. 文件传输　　B. 远程登录　　C. 信息浏览　　D. 即时短信

8. 目前使用的 IPv4 地址由（　　）字节组成。
A. 2　　B. 4　　C. 8　　D. 16

9. 下列地址中与“域名”有一一对应关系的是（　　）。
A. E-mail 地址　　B. 网页地址　　C. IP 地址　　D. 物理地址

10. DNS 的主要功能是（　　）。
A. 将 IP 地址解析为物理地址　　B. 将物理地址解析为 IP 地址
C. 将域名解析为 IP 地址　　D. 将 IP 地址解析为主机域名

11. 地址栏中输入的 http://zjhk. school. com 中，zjhk. school. com 是一个（　　）。
A. 域名　　B. 文件　　C. 邮箱　　D. 国家

12. http 是一种（　　）。
A. 域名　　B. 高级语言　　C. 服务器名称　　D. 超文本传输协议

13. 网卡属于计算机的（　　）。

A. 显示设备　　B. 存储设备　　C. 打印设备　　D. 网络设备

14. 在如下网络拓扑结构中，具有一定集中控制功能的网络是（　　）。

A. 总线型网络　　B. 星形网络　　C. 环形网络　　D. 网状网络

15. 在一级域名中，表示教育机构的是（　　）。

A. com　　B. org　　C. mil　　D. edu

16. 现行 IP 地址采用的标记法是（　　）。

A. 十六进制　　B. 十进制　　C. 八进制　　D. 自然数

17. 在短时间内向网络中的某台服务器发送大量无效连接请求，导致合法用户暂时无法访问服务器的攻击行为是破坏了（　　）。

A. 机密性　　B. 完整性　　C. 可用性　　D. 可控性

18. 以下单词代表远程登录的是（　　）。

A. WWW　　B. FTP　　C. Gopher　　D. Telnet

19. IPv6 地址的长度为（　　）。

A. 32 bit/s　　B. 48 bit/s　　C. 64 bit/s　　D. 128 bit/s

20. 以下关于防火墙的说法，正确的是（　　）。

A. 防火墙只能检查外部网络访问内网的合法性

B. 只要安装了防火墙，则系统就不会受到黑客的攻击

C. 防火墙的主要功能是查杀病毒

D. 防火墙虽然能够提高网络的安全性，但不能保证网络绝对安全

二、判断题

1. 国际标准化组织制定的开放系统互联基本参考模型（OSI/RM）共有 7 层。（　　）
2. 计算机网络协议是网民们签订的合同。（　　）
3. 将计算机网络分为星形、总线型、环形、树形和网状是按照网络拓扑分类。（　　）
4. 一座大楼内的一个计算机网络系统属于 WAN。（　　）
5. 能唯一标识 Internet 中每一台主机的是 IPv4 地址，由 32 位二进制数组成。（　　）
6. OSI 参考模型从低到高第 1 层是网络层。（　　）
7. 世界上最早的计算机网络是美国的 ARPANET。（　　）
8. 用户要想在网上查询 WWW 信息，需要安装并运行一个被称为浏览器的软件。（　　）
9. 计算机网络最突出的优点是资源共享。（　　）
10. 防火墙不可能防住所有的网络攻击。（　　）
11. 每一个 IP 地址由网络地址和主机地址两部分组成。（　　）
12. 191. 169. 1. 10 是一个 C 类 IP 地址。（　　）
13. UTP 为屏蔽双绞线。（　　）
14. 可以通过路由器实现不同协议、不同体系结构网络的互联能力。（　　）
15. 将一所学校内的所有计算机联网，可以实现信息资源的共享。（　　）

三、填空题

1. 计算机网络按地理范围可分为__________、__________和__________。

2. OSI 共分为 7 层，从下往上依次为__________、数据链路层、__________、传输层、会话层、表示层和__________。

3. 网络传输介质是信息在网络中传输的媒体，常用的传输介质分为有线传输介质和__________两大类。

4. 网络协议包括 3 个要素，即__________、语义和__________。

5. 在 TCP/IP 网络中，TCP 工作在__________，FTP 工作在__________。

6. IPv4 到 IPv6 的过渡技术主要有双栈技术、__________和转换机制等过渡技术。

7. 计算机病毒具有__________、__________、__________、__________的特点。

8. 星形、总线型、环形和网状是按照__________分类的。

9. 按 IP 地址分类，地址 160.201.68.108 属于__________类地址。

四、写出下面英文专业术语的中文解释

1. TCP/IP__________　　2. OSI__________
3. DNS__________　　4. HTTP__________
5. FTP__________　　6. DHCP__________
7. ISO__________　　8. NIC__________
9. UDP__________　　10. ISP__________

五、简答题

1. 什么是计算机网络？按网络的作用范围，计算机网络可分为哪几类？

2. 请简述计算机网络的主要功能。

3. 请简述计算机网络 5 种拓扑结构的各自特点。

4. 什么是网络通信协议？OSI 模型将网络协议分为哪几层？

5. 什么是 Internet 的 IP 地址和域名，指出你所上网的计算机的 IP 地址及域名。

6. 比较 TCP/IP 与 OSI 模型的分层协议，简要说明 TCP/IP 协议各层的主要功能。

7. 网络攻击方式有哪些？如何防范？

第 8 章

新一代信息技术

学习目标

➢ 了解计算机应用技术组成及发展。
➢ 理解新一代信息技术相互关系及基本原理。
➢ 掌握云计算、大数据、物联网、人工智能等的关键技术。
➢ 掌握新一代信息技术应用及发展前景。

信息革命的浪潮推动着信息技术创新日益加快，信息化、网络化、智能化是新一轮科技革命的突出特征，也是新一代信息技术的聚焦点。云计算、大数据、物联网、人工智能等新一代信息技术将迅猛发展，加速渗透到经济和社会生活各个领域。随着新一轮产业革命的到来，国家大力发展云计算、大数据、人工智能等新一代信息技术，并被确定为 7 个战略性新兴产业之一。因此，新一代信息技术的作用愈发重要，正逐步成为各行业深化信息技术应用的方向。

8.1 计算机应用技术概述

8.1.1 基本概念

计算机应用指计算机应用在各个学科、领域的理论、方法、技术与系统，同时也指以该应用为核心研究的学科。简而言之，计算机应用就是将计算机学科与其他学科、领域进行融合的方式、过程与结果。

计算机应用技术就是在计算机具体应用过程中采用的方法和手段。随着计算机技术的快速发展，计算机应用技术也在更多领域取得了突破，如农业、工业、文化教育、服务行业、家庭生活、娱乐等。随着我国 Internet 的普及，计算机应用已经与人们的生活密不可分，是信息化背景下的重要学科。

8.1.2 关键技术应用

随着计算机技术的迅猛发展，计算机的应用已渗透到社会的各个领域，正在改变着人们的工作、学习和生活的方式，推动着社会的发展。归纳起来，计算机的应用技术可分为以下7个方面。

1. 科学计算（数值计算）

科学计算又称为数值计算，它是计算机最早的应用领域。科学计算是指计算机用于完成科学研究和工程技术中所提出的数学问题的计算。这类计算往往公式复杂，难度很大，用一般计算机或人力难以完成。例如，气象预报需要求解描述大气运动规律的微分方程，发射导弹需要求解导弹弹道曲线方程，这些都要通过计算机的高速而精确的计算才能完成。

2. 数据处理（信息处理）

在人们的日常生活和工作中，会得到大量的原始数据，包括大量图片、文字、声音等。信息处理就是对数据进行收集、分类、排序、存储、计算、传输、制表等操作。目前，计算机的信息处理应用已非常普遍，如人事管理、库存管理、财务管理、图书资料管理、商业数据管理等。

在大数据时代，信息处理已成为当代计算机的主要任务。据统计，全世界计算机用于数据处理的工作量占全部计算机应用的80%以上，大大提高了工作效率和管理水平。

3. 自动控制

自动控制是指通过计算机对某一过程进行自动操作，它不需要人工干预，能按照人设定的目标和状态进行过程控制。过程控制是指对操作数据进行实时采集、检测、处理和判断，按最佳值进行调节的过程。

目前，自动控制被广泛用于操作复杂的钢铁、石油化工、医药等行业的生产中。使用计算机进行自动控制可大大提高控制的实时性和准确性，提高生产效率和产品质量，降低成本，缩短生产周期。计算机自动控制还在国防和航空航天领域中起决定性作用。例如，无人驾驶飞机、导弹、人造卫星和宇宙飞船等飞行器的控制，都是依靠计算机实现的。可以说，计算机是现代国防和航空航天领域的神经中枢。

4. 计算机辅助设计和辅助教学

计算机辅助设计（Computer Aided Design，CAD）是指借助计算机的帮助，人们可以自动或半自动地完成各类工程设计工作。目前，CAD技术已应用于飞机设计、船舶设计、建筑设计、机械设计、大规模集成电路设计等。

在京九铁路的勘测设计中，使用计算机辅助设计系统绘制一张图纸仅需几个小时，而过去人工完成同样工作则要一周甚至更长时间。由此可见，采用计算机辅助设计可缩短设计时间，提高工作效率，节省人力、物力和财力，更重要的是提高了设计质量。

CAD已得到各国工程技术人员的高度重视。有些国家已把CAD和计算机辅助制造（Computer Aided Manufacturing，CAM）、计算机辅助测试（Computer Aided Test，CAT）及计算机辅助工程（Computer Aided Engineering，CAE）组成一个集成系统，使设计、制造、测试和管理有机地组成为一体，形成高度自动化的系统，因此产生了自动化生产线和“无人工厂”。

计算机辅助教学（Computer Aided Instruction，CAI）是指用计算机来辅助完成教学计划或模拟某个实验过程。计算机可按不同要求，分别提供所需教材内容，还可以个别教学，及时指出该学生在学习中出现的错误，根据计算机对该学生的测试成绩决定该学生的学习从一个阶段进入另一个阶段。CAI 不仅能减轻教师的负担，还能激发学生的学习兴趣，提高教学质量，为培养现代化高质量人才提供了有效方法。

5. 人工智能方面的研究和应用

人工智能（Artificial Intelligence，AI）是指计算机模拟人类某些智力行为的理论、技术和应用。人工智能是计算机应用的一个新的领域，这方面的研究和应用正处于发展阶段，在医疗诊断、定理证明、语言翻译、机器人等方面，已有了显著成效。例如，用计算机模拟人脑的部分功能进行思维学习、推理、联想和决策，使计算机具有一定“思维能力”。我国已成功开发了一些中医专家诊断系统，模拟名医给患者诊病开方。

机器人是计算机人工智能的典型例子。机器人的核心是计算机。第一代机器人是机械手；第二代机器人对外界信息能够反馈，有一定的触觉、视觉、听觉；第三代机器人是智能机器人，具有感知和理解周围环境，使用语言、推理、规划和操纵工具的技能，能模仿人完成某些动作。机器人不怕疲劳、精确度高、适应力强，现已开始用于搬运、喷漆、焊接、装配等工作中。机器人还能代替人在危险工作中进行繁重的劳动，如在有放射线、有毒污染、高温、低温、高压、水下等环境中工作。

6. 多媒体技术应用

随着电子技术特别是通信和计算机技术的发展，人们已经有能力把文本、音频、视频、动画、图形和图像等各种信息形式综合起来，构成一种全新的信息形式——“多媒体”。在医疗、教育、商业、银行、保险、行政管理、军事、工业、广播和出版等领域中，多媒体的应用发展很快。

7. 计算机网络技术

计算机网络技术是现代计算机技术与通信技术高度发展和密切结合的产物，它利用通信设备和线路将地理位置不同、功能独立的多个计算机系统连接起来，用功能完善的网络软件实现网络中资源的共享和信息的传递。例如，全世界最大的计算机网络 Internet 把整个地球变成了一个小小的村落，人们通过计算机网络实现数据与信息的查询、高速通信服务（电子邮件、文档传输、即时通信等）、电子教育、电子娱乐、电子商务、远程医疗和会诊、交通信息管理等。物联网是“万物相连的互 Internet”，是 Internet 的延伸和扩展，将各种信息传感设备与 Internet 结合起来，实现在任何时间、任何地点，人、机、物的互联互通。物联网技术有改变世界的潜能，就像 Internet 一样，甚至更深远。

8.1.3 计算机应用技术的发展

近几年媒体上频繁出现“新一代信息技术”这一概念，计算机应用技术也开始被新一代信息技术所涵盖。新一代信息技术，不只是指信息领域的一些分支技术如集成电路、计算机、无线通信等的纵向升级，更主要的是指信息技术的整体平台和产业的更迭。

20 世纪 80 年代以前普遍采用的大型主机和简易的终端，被认为是第一代信息技术平台。从 20 世纪 80 年代中期到 21 世纪初，广泛流行的是个人计算机和通过 Internet 连接的分散的服务器，其被认为是第二代信息技术平台。近 10 年来，以社交网络、云计算、大数据为特征的第三代信息技术架构蓬勃发展。新一代信息技术发展的热点不是信息领域各个分支技术的纵向升级，而是信息技术横向渗透融合到制造、金融等行业，信息技术研究的主要方向将从产品技术转向服务技术。以信息化和工业化深度融合为主要目标的“互联网+”是新一代信息技术的集中体现。

1. 网络互联的移动化和泛在化

近几年 Internet 的一个重要变化是手机上网用户超过桌面计算机用户，以微信为代表的社交网络服务已成为我国 Internet 的第一大应用。移动 Internet 的普及得益于无线通信技术的飞速发展，5G 无线通信不只是追求提高通信带宽，而是要构建计算机与通信技术融合的超宽带、低延时、高密度、高可靠、高可信的移动计算与通信的基础设施。当前，基于 IPv4 协议的 Internet 在可扩展性、服务质量和安全性等方面已遇到难以突破的瓶颈，各大企业和研究者们正在积极发展软件定义的 Internet 和以内容为中心的 Internet，这可能是未来 Internet 发展的重要方向。过去几十年，信息网络发展实现了计算机与计算机、人与人、人与计算机的交互联系，未来信息网络发展的一个趋势是实现物与物、物与人、物与计算机的交互联系，将 Internet 拓展到物端，通过物联网形成人、机、物三元融合的世界，从而进入万物互联时代。

2. 信息处理的集中化和大数据化

20 世纪末流行个人计算机，由分散的功能单一的服务器提供各种服务，但这种分散的服务器效率不高，难以应付动态变化的信息服务需求。近几年兴起的云计算将服务器集中在云计算中心，统一调配计算和存储资源，通过虚拟化技术将一台服务器变成多台服务器，能高效率地满足众多用户个性化的并发请求。过去长期以来计算机企业追求的主要目标是“算得快”，每隔 11 年左右超级计算机的计算速度就提高 1 000 倍。但为了满足日益增长的云计算和网络服务的需求，未来计算机研制的主要目标是“算得多”，即在用户可容忍的时间内尽量满足更多的用户请求。这与传统的计算机在体系结构、编程模式等方面有很大区别，需要突破计算机系统输入/输出和存储能力不足的瓶颈，未来 10 年内具有变革性的新型存储芯片和光通信将成为主流技术。同时，社交网络的普及使广大消费者也成为数据的生产者，传感器和存储技术的发展大大降低了数据采集和存储的成本，使可供分析的数据爆发式增长，数据已成为像土地和矿产一样重要的战略资源。人们把传统的软件和数据库技术难以处理的海量、多模态、快速变化的数据集称为大数据，如何有效挖掘大数据的价值已成为新一代信息技术发展的重要方向。

3. 信息服务的智能化和个性化

过去几十年信息化的主要成就是数字化和网络化，今后信息化的主要努力方向是智能化。“智能”是一个动态发展的概念，它始终处于不断向前发展的计算机技术的前沿。所谓智能化其本质上是计算机化，即不是固定僵硬的系统，而是能自动执行程序、可编程可演化的系统，更高的要求是具有自学习和自适应功能。无人驾驶汽车是智能化的标志性产品，它融合集成了实时感知、导航、驾驶、联网通信等技术，比有人驾驶更安全、更节能。德国提出的工业 4.0，其特征也是智能化，设备和被加工的零件都有感知功能，能实时监测，实时对工艺、设备和产品进行调整，保证加工质量。建设智慧城市实际上是城市的计算机化，将为发展新一代信息技术提供巨大的市场。

8.2 云计算

8.2.1 基本概念

云是 Internet 的一种比喻说法。过去在图像中往往用云来表示电信网，后来也用来表示 Internet 和底层基础设施的抽象。云计算是以虚拟化技术为核心，以低成本为目标的，基于 Internet 服务的动态可扩展的网络应用基础设备，用户按照使用需求进行付费购买相关服务的一种新型模式。

云计算模式非常像国家的电厂集中供电模式（电厂提供电，用户付费购买）。在云计算模式下，云计算提供了用户看不到、摸不到的硬件设施（服务器、内存、硬盘）和各种应用软件等资源。用户只需要接入 Internet，付费购买自己所需要的资源，然后通过浏览器给“云”发送指令和接收数据外，基本上什么都不用做，便可以使用云服务提供商的计算资源、存储空间、各种应用软件等资源，来完成满足自己的需求。

云计算的最终目标是将计算、服务和应用作为一种公共设施提供给人们，使人们能够像使用水、电、煤气和电话那样使用计算机资源。用户不需要拥有看得见、摸得到的硬件设施，也不需要为机房支付设备供电、空调制冷、专人维护等费用，更不需要等待漫长的供货周期、项目实施等冗长的时间，只需要把钱汇给云计算服务提供商，就会马上得到需要的服务。在云计算环境下，用户的使用观念也从“购买产品”转变成了“购买服务”，这样也促进了云服务的商业模式发展。

云计算将计算任务分布在大量的分布式计算机上，而非本地计算机或远程服务器中，这使得企业数据中心的运行与 Internet 更相似。企业能够将资源切换到需要的应用上，根据需求访问计算机和存储系统。好比是从古老的单台发电机模式转向了电厂集中供电的模式。它意味着计算能力也可以作为一种商品进行流通，就像煤气、水电一样，取用方便，价格低廉。最大的不同在于，它是通过 Internet 进行传输的。被普遍接受的云计算特点如下。

①超大规模。“云”具有相当的规模，谷歌云计算已经拥有 100 多万台服务器，亚马逊、IBM、微软、雅虎等的“云”均拥有几十万台服务器。企业私有云一般拥有数百上千台服务器。“云”能赋予用户前所未有的计算能力。

②虚拟化。云计算支持用户在任意位置、使用各种终端获取应用服务。所请求的资源来自“云”，而不是固定的有形的实体。应用在“云”中的某处运行，但实际上用户无须了解、也不用担心应用运行的具体位置。只需要一台笔记本或者一个手机，就可以通过网络服务来实现我们需要的一切，甚至包括超级计算这样的任务。

③高可靠性。“云”使用了数据多副本容错、计算节点同构可互换等措施来保障服务的高可靠性，使用云计算比使用本地计算机更可靠。

④通用性。云计算不针对特定的应用，在“云”的支撑下可以构造出千变万化的应用，同一个“云”可以同时支撑不同的应用运行。

⑤高可扩展性。“云”的规模可以动态伸缩，满足应用和用户规模增长的需要。

⑥按需服务。“云”是一个庞大的资源池，可以按需购买；云可以像自来水、电、煤气那样计费。

⑦极其廉价。由于“云”的特殊容错措施可以采用极其廉价的节点来构成云，“云”的自动化、集中式管理使大量企业无须负担日益高昂的数据中心管理成本，“云”的通用性使资源的利用率较之传统系统大幅提升，因此用户可以充分享受“云”的低成本优势，用户经常只要花费几百美元、几天时间就能完成以前需要数万美元、数月时间才能完成的任务。

⑧潜在的危险性。云计算服务除了提供计算服务外，还必然提供存储服务，并且云计算服务当前垄断在私人机构（企业）手中，他们仅能提供商业信用。对于政府、银行这样持有敏感数据的机构，如果使用云服务，必然存在潜在的危险。

8.2.2 云计算的关键技术

云计算在技术上是通过虚拟化技术架构起来的数据服务中心，实现对存储、计算、内存、网络等资源化，按照用户需求进行动态分配。用户不再是在传统的物理硬件资源上享受服务，而是改变为在虚拟资源层上构建自己的应用。云计算的关键技术主要体现在体系结构（Architecture）、数据存储（Data Storage）、计算模型（Computation Model）、资源调度（Resource Scheduling）和虚拟化（Virtualization）等方面。

1. 体系结构

云计算的体系结构通常分为3层，即核心服务层、服务管理层和用户访问接口层，如图8-1所示。

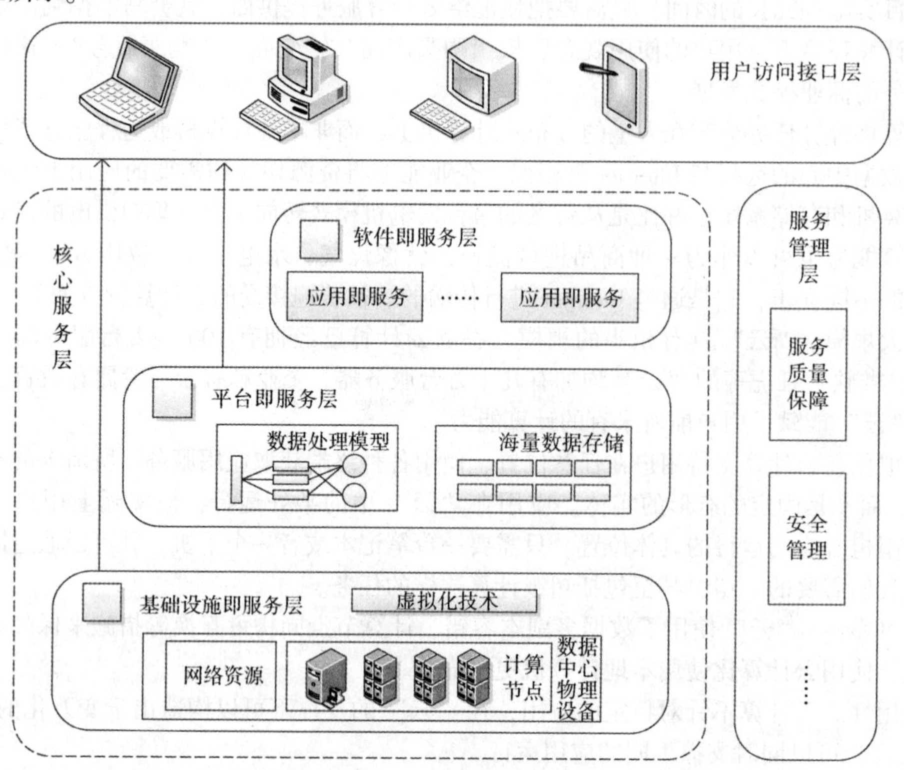

图8-1 云计算的体系结构

（1）核心服务层

核心服务层将硬件基础设施、软件运行环境、应用程序抽象成服务，这些服务具有可靠性强、可用性高、规模可伸缩等特点，满足多样化的应用需求。基础设施一般就是底层的基础设施，包括硬件设施，对硬件设施的抽象和管理。从图 8-1 中可以看出核心服务层又分成了 3 个子层，即基础设施即服务层（InfrastructureasaService，IaaS）、平台即服务层（PlatformasaService，PaaS）和软件即服务层（SoftwareasaService，SaaS）。

IaaS 提供硬件基础设施部署服务，为用户按需提供实体或虚拟的计算、存储和网络等资源。PaaS 是云计算应用程序的运行环境，提供应用程序部署与管理服务。PaaS 提供软件工具和编程语言，提供运行环境，可以将其理解为平台级的服务层。SaaS 是基于云计算基础平台所开发的应用程序，是软件级的服务层。

（2）服务管理层

服务管理层为核心服务提供支持，进一步确保核心服务的可靠性、可用性与安全性。

（3）用户访问接口层

用户访问接口层提供了客户端访问云服务的接口，使用户不需要关心底层实现，只需要通过接口调用服务即可。该层屏蔽了底层的复杂性，方便了用户使用。

2. 数据存储

云环境下的数据存储不同于传统的数据存储，传统的数据存储可能都只是涉及一台服务器。云计算推动数据存储向虚拟化和云架构的转型，不断提高 Internet 基础架构的灵活性，以降低能源和空间成本，从而让客户能够快速地提高业务敏捷性。

云计算数据中心是一整套复杂的设施，包括刀片服务器、宽带网络链接、环境控制设备、监控设备以及各种安全装置等。数据中心是云计算的重要载体，为云计算提供计算、存储、带宽等各种硬件资源，为各种平台和应用提供运行支撑环境。数据中心通过上层的分布式文件系统（Distributed File System，DFS）整合为可靠的、可扩展的整体。DFS 是云存储的核心，一般作为云计算的数据存储系统。例如，谷歌的分布式文件系统（Google File System，GFS）。

谷歌、微软、IBM、惠普、戴尔等国际信息产业巨头，纷纷投入巨资在全球范围内大量修建数据中心，旨在掌握云计算发展主导权。我国政府和企业也在加大力度建设云计算数据中心。目前，中国移动、联通、电信三大运营商都将南方数据中心建在贵州。阿里巴巴集团公司则在甘肃玉门建设了数据中心，它是我国第一个绿色环保的数据中心。

3. 计算模型

云计算的计算模型是指可编程的并行计算框架，需要高扩展性和容错性的支持。在多核的今天，并行是提高计算性能的必由之路。典型的案例有 MapReduce 和 Dryad。

MapReduce 是谷歌的并行计算编程框架，运行在 GFS 上，设计思想是将问题分而治之，主要的功能由 Map 函数和 Reduce 函数来实现。Dryad 是基于有向无环图的并行计算模型，图中的每个节点处理各自的任务，Git 的版本管理也是基于有向无环图来实现的。

4. 资源调度

云计算平台的资源调度包括异构资源管理、资源合理调度与分配。在普通的系统中，资源合理的调度和分配是很常见的，由于云平台是基于分布式系统的，因此不同的系统之间可能就会出现结构不同的问题，云平台的资源调度就必须具备异构资源管理的功能。

5. 虚拟化

通过虚拟化技术可以将物理上的单台服务器虚拟成逻辑上的多台服务器。每台服务器可以被单独地作为一个服务器来使用，如 Colab 提供的服务。通过这种分割，将闲置的处于底层的服务器紧凑地使用起来，数据中心为云计算提供了大规模资源，通过虚拟化技术实现这些基础设施服务的按需分配。虚拟化技术分为虚拟机快速部署和在线迁移两类技术。

虚拟化技术是 IaaS 的重要组成部分。虚拟化技术主要有以下特点。

①资源共享。物理机从逻辑上被虚拟为很多台小型机器，这些虚拟机之间可以很方便地共享该物理机上的资源。

②资源定制。用户利用虚拟化技术，配置私有的服务器，指定所需的 CPU 数目、内存容量、磁盘空间，从而实现资源的按需分配。

③细粒度资源管理。通过虚拟化技术可以将物理机从逻辑上拆分成很多台更小的机器，通过对这些小型机器进行准确的管理，来实现细粒度的管理。

8.2.3 云计算技术发展及应用

云计算技术应用近些年得到了迅速发展，作为战略性新兴产业，形成了成熟的产业链结构，如图 8-2 所示。云计算产业涵盖硬件与设备制造、基础设施运营、软件与解决方案供应、基础设施即服务（IaaS）、平台即服务（PaaS）、软件即服务（SaaS）、终端设备、云安全、云计算交付/咨询/认证等环节。

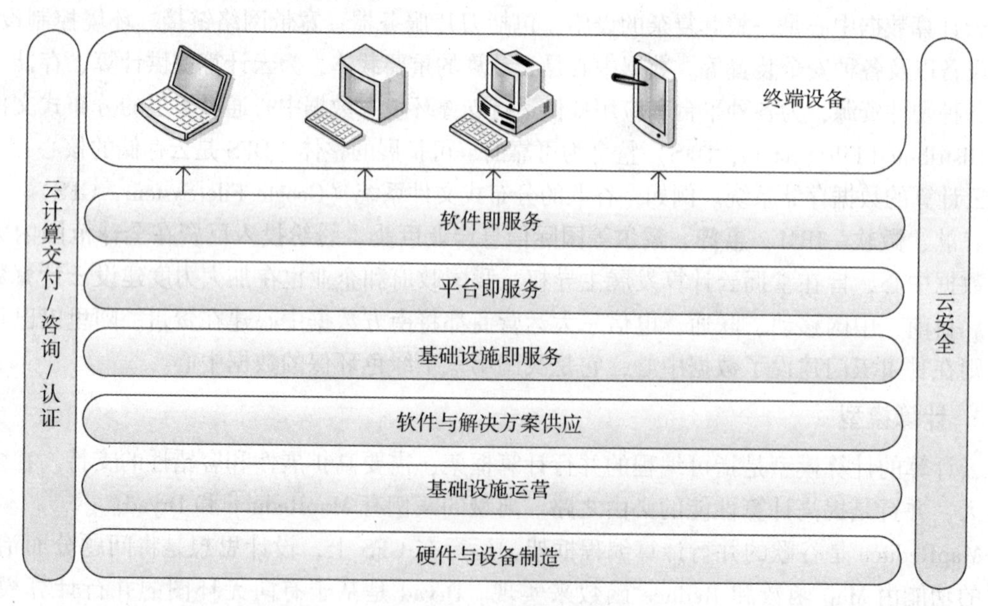

图 8-2　云计算产业链

硬件与设备制造环节包括了绝大部分传统硬件制造商，这些厂商都已经在某种形式上支持虚拟化和云计算，包括 Intel、AMD、Cisco、SUN 等。基础设施运营环节包括数据中心运营商、网络运营商、移动通信运营商等。软件解决方案供应商主要以虚拟化管理软件为主，主要包括 IBM、微软、思杰、SUN、Redhat 等。

IaaS 将基础设施（计算和存储等资源）作为服务出租，向客户出售服务器、存储和网络设备、带宽等基础设施资源，厂商主要包括亚马逊、Rackspace、Gogrid、Gridplayer 等。PaaS 把平台（包括应用设计、应用开发、应用测试、应用托管等）作为服务出租，厂商主要包括谷歌、微软、新浪、阿里巴巴等。SaaS 把软件作为服务出租对象，向用户提供各种应用，厂商主要包括 Salesforce、谷歌等。

云安全旨在为各类云用户提供高可信的安全保障，厂商主要包括 IBM、OpenStack 等。云计算交付/咨询/认证环节包括了三大交付以及咨询认证服务商，这些服务商已经支持绝大多数形式的云计算咨询及认证服务，主要包括 IBM、微软、Oracle 和思杰等。

随着云计算技术产品、解决方案的不断成熟，云计算机服务的应用正在逐步从 Internet 行业向政府、金融行业等传统行业快速延伸，同时在医药领域、制造领域、能源领域、教育科研、电信领域等也在快速发展。另外，在政府主导的公共安全领域已利用云计算开展业务。从政府应用到民生应用，从金融、交通、医疗、教育领域到创新制造等全行业延伸扩展。

例如，政务云上可以部署公共安全管理、容灾备份、城市管理、应急管理、智能交通、社会保障等应用，通过集约化建设、管理和运行，可以实现信息资源整合和政务资源共享，推动政务管理创新，加快向服务型政府转型。教育云可以有效整合幼儿教育、中小学教育、高等教育以及继续教育等优质教育资源，逐步实现教育信息共享、教育资源共享及教育资源深度挖掘等目标。中小企业云能够让企业以低廉的成本建立财务、供应链、客户关系等管理应用系统，大大降低企业信息化门槛，迅速提升企业信息化水平，增强企业市场竞争力。医疗云可以推动医院与医院、医院与社区、医院与急救中心、医院与家庭之间的服务共享，并形成一套全新的医疗健康服务系统，从而有效提高医疗保健的质量

8.3 大数据

8.3.1 基本概念

数据是指存储在某种介质上能够识别的物理符号（数、字符或者其他）。这个定义暗含着数据获取、存储和使用的一般路径。

①数据获取意味着必须将物理信号转换成计算机可以存储的数据，这涉及传感、采样、模数（Analog to Digital，A/D）转换以及在 bit 基础上的字节化和数据化。

②数据存储意味着将数据存储在什么介质上以及如何组织和管理这些数据。任何一个数据被记录、存储一定有其最原始的价值期望。而一旦原始价值被实现，数据事实就是以一种成本存在。

③数据使用意味着需要针对某个具体的应用目标，使用计算机相关技术完成问题建模和求解。

围绕数据获取、存储及使用的相关技术所涉及的基础学科的发展使数据在规模量级、数

据精度（类型）、获得速度上都得到迅猛的发展。计算机技术的发展尚不能完全匹配基础学科迅猛发展以及人类需求不断膨胀而引发的在数据层、计算层、应用层的难题和挑战，在这个情境下，大数据作为一个“难题”被提到人们的面前。

大数据就是大到无法通过现有手段在合理时间内达到截取、管理、处理并整理成为人类所能解读的信息。4V（volume、variety、velocity、value，分别指的是规模大量性、类型多样性、来源高速性、数据价值性）是大数据的基本特征，而不同的利益角色又会根据不同视角给予更多的补充。事实上，所有这些 V 特征都是尝试从数据层、计算层和应用层进行的大数据的特征描述。总体而言，大数据暗含以下 3 个方面的属性。

①规模属性：大数据在数据量级上很大，数据层的大规模性以及数据本身所具备的多模式性、多模态性和异构性给存取、算法、计算和应用带来了极大的挑战。

②技术属性：大数据价值实现依赖一系列技术合集，涉及数据层、算法层、计算层、应用开发层等多个方面。

③价值属性：各个角色对大数据价值都有共识和期望，不同利益角色的个体（组织）对大数据价值的理解和关注点不同。

事实上，当人们谈到大数据时，并非仅仅指数据本身，而是数据和大数据技术这两者的综合。所谓大数据技术，是指伴随着大数据的采集、存储、分析和应用的相关技术，是一系列使用非传统工具来对大量的结构化、半结构化和非结构化数据进行处理，从而获得分析和预测结果的一系列数据处理和分析技术。同时需要指出的是，从广义的层面来说，大数据技术既包括近些年发展起来的分布式存储和计算技术（如 Hadoop、Spark 等），也包括在大数据时代到来之前已经具有较长发展历史的其他技术，如数据采集和数据清洗、数据可视化、数据隐私和安全等。

从上述角度理解，所谓大数据，既应包括数据本身，也包含为了促进数据价值实现而涉及的工具、平台和系统的合集。

8.3.2 大数据的关键技术

讨论大数据技术时，首先需要了解大数据基本处理流程，主要包括数据采集、存储、分析和结果呈现等环节。数据无处不在，每时每刻都在不断产生数据。这些分散在各处的数据，需要采用相应的设备或软件进行采集。对于来源众多、类型多样的数据而言，数据缺失和语义模糊等问题是不可避免的，因此采集到的数据通常无法直接用于后续的数据分析，这就需要一个被称为“数据预处理”的过程，把数据变成一个可用的状态。数据经过预处理以后，会被存放到文件系统或数据库系统中进行存储与管理，然后采用数据挖掘工具对数据进行处理分析，最后采用可视化工具为用户呈现结果。在整个数据处理过程中，还必须注意隐私保护和数据安全问题。

从数据分析全流程的角度来看，大数据技术主要包括数据采集与预处理、数据存储和管理、数据处理与分析、数据可视化、数据安全和隐私保护等几个层面的内容，具体如表 8-1 所示。其中，关键技术主要包括数据采集和汇聚技术、数据存储与管理技术、数据处理与分析技术和与计算环境相关技术等。

表 8-1 大数据关键技术的不同层面及其功能

技术层面	功 能
数据采集与预处理	将分布的、异构数据源中的数据抽取到临时中间层后，进行清洗、转换、集成，最后加载到数据仓库或数据集市中，成为联机分析处理、数据挖掘的基础；利用日志采集工具把实时采集到的数据作为流计算系统的输入，进行实时处理分析；利用网页爬虫程序在 Internet 中爬取数据
数据存储与管理	利用分布式文件系统、数据仓库、关系数据库、非关系数据库、云数据库等，实现对结构化、半结构化和非结构化海量数据的存储和管理
数据处理与分析	利用分布式并行编程模型和计算框架，结合机器学习和数据挖掘算法，实现对海量数据的处理和分析
数据可视化	对分析结果进行可视化呈现，帮助人们更好地理解数据、分析数据
数据安全与隐私保护	构建隐私数据保护体系和数据安全体系，有效保护个人隐私和数据安全

1. 数据采集和汇聚技术

功能上，通过不同的数据获取协议从不同的数据源中获得数据并将这些数据以某一种形式进行集成和连接，难点有以下 3 个方面。

①大数据源自数据层的普适“多源、异构、跨时空”的典型特征使在数据采集技术层次上必须基于不同的数据协议进行数据的提取和交换。但是在实际情况下，一方面，原始系统开发团队缺位导致的文档缺失、数据库封闭使数据交换协议缺失。另一方面，由于不同的数据往往存放在不同利益主体的服务器上，如果没有持续的、匹配的商务合作支撑数据获取几乎不可实现。

②任何一个数据源数据的存在都是有其最原始的价值期望的，每一个数据源表示的物理对象并不一致，加之每个数据源的数据建设依托于不同的信息技术实施思路和建设水平，这都给有效的数据集成带来了障碍。

③如何对这些多源、异构、跨时空数据进行有效特征提取、近义现解和融介是重中之重，但也是难题。

数据的来源可划分为内部数据和 Internet 数据，内部数据散布于各个利益主体，包括政府各级部门及企事业单位的服务器中，数据的富集与整合是在数据库层面或者软件系统层面进行数据导入导出；Internet 数据散布于 Internet 中，也称为网络大数据，数据的富集与整合是通过网络爬虫自动从统一资源定位系统（Uniform Resource Locator，URL）中获得数据。

由于不同用户和企业内部不同部门提供的内部数据可能来自不同的途径，其数据内容、数据格式和数据质量千差万别，数据的异构性使其很难直接利用数据展开分析，因此能否对数据进行有效的整合将成为是否能够对内部数据进行有效利用的关键，抽取/转换/装载（Extraction Transformation Loading，ETL）是其中一个重要的技术手段。ETL 是将各种形式、来源的数据经过抽取、清洗、转换之后进行格式化的过程，是进行异构大数据整合的必备过程。许多公司进行了 ETL 工具的开发，目前市面上的 ETL 工具众多，如 Informatica PowerCenter（Informatica 公司开发）、DataStage（Ascential 公司开发，2005 年被 IBM 收购）、Kettle（业界最有名的开源 ETL 工具）、ETL Automation（NCR Teradata 公司开发）、OWB

(Oracle Warehouse Builder)、ODI (Oracle Data Integrator)、Data Integrator (Business Objects 公司开发)、DecisionStream (Cognos 公司开发) 等。

网络大数据 (Network Big Data) 则通常指"人、机、物"三元世界在网络空间中彼此之间相互交互与融合所产生并在 Internet 上获得的大数据。网络大数据不仅数据量级大，而且具有一些其他数据源所不具备的特性，主要有以下 6 个方面。

①多源异构性。网络大数据通常由不同的用户、不同的网站产生，数据形式也呈现出不同的形式，如语音、视频、图片、文本等。

②交互性。不同于测量和传感器获取的大规模科学数据 (如气象数据、卫星遥感数据)，微博、微信、Facebook、Twitter 等社交网络的兴起导致大量网络数据具有很强的交互性。

③时效性。在 Internet 平台上，每时每刻都有大量的新数据发布，网络大数据内容不断变化，使信息传播具有时序相关性。

④社会性。网络上用户不仅可以根据需要发布信息，也可以根据自己的喜好回复或转发信息，网络大数据直接反映了社会状态。

⑤突发性。有些信息在传播过程中会在短时间内引起大量新的网络数据的产生，并使相关的网络用户形成网络群体，体现出网络大数据以及网络群体的突发特性。

⑥高噪声。网络大数据来自众多不同的网络用户，具有很高的噪声和不确定性。

对 Internet 数据的搜集，通常通过网络爬虫进行。网络爬虫是一种自动化浏览网络的程序，或者说是一种网络机器人，通俗来说，网络爬虫从指定的链接入口，按照某种策略，从 Internet 中自动获取有用信息。网络爬虫广泛应用于 Internet 搜索引擎或其他类似网站中，以获取或更新这些网站的网页内容和检索方式。它们可以自动采集所有其能够访问到的页面内容，以供搜索引擎做进一步处理 (分拣、整理、索引下载的页面)，使用户能更快地检索到它们需要的信息。目前有非常多的开源网络爬虫可供开发人员使用，如 Nutch、Scrapy、Larbin、Heritrix、JSpider、Crawler4j、WebSPHINX、Mercator、PolyBot 等。

2. 数据存储与管理技术

从不同数据源采集来的数据以及进行各种预处理后的数据以何种方式高效存取也是一个需要考虑的问题。传统的关系型数据库追求数据的一致性和系统的高性能，没有预先定义的模式使数据一致性难以得到支持，系统高性能也难以实现。此外，大数据的分析对象是海量的多源多模态数据，需要更加准确的高精度分析，还要有复杂关联的深层特征和大规模的复杂关联。在大数据的应用环境下，传统的以通用性为主的数据管理和分析技术难以应对这些挑战，通常需要依靠分布式文件系统、NewSQL 数据库、NoSQL 数据库、云数据库等技术来实现。

分布式文件系统 (Distributed File System，DFS) 是指文件系统管理的物理存储资源不仅存储在本地节点上，还可以通过网络连接存储在非本地节点上。分布式文件系统通过统一名字空间、锁管理、副本管理、数据存取方式、安全机制、可扩展性等方面的关键性技术，将固定于某个节点的文件系统，扩展到多个节点，有效解决备份、安全、可扩展等数据存储和管理的难题。分布式文件系统改变了数据的存储和管理方式，具有比本地文件系统更优异的数据备份、数据安全、规模可扩展等优点。常见的分布式文件系统有 GFS、HDFS、Lustre、Ceph、mogileFS、FastDFS、TFS、GridFS 等。它们都不是系统级的分布式文件系统，而是应用级的分布式文件存储服务，分别适用于不同的领域。

传统关系数据库可以较好地支持结构化数据存储和管理，它以完善的关系代数理论作为基础，具有严格的标准，支持事务原子性（Atomicity）、一致性（Consistency）、隔离性（Isolation）、持久性（Durability），即 ACID 四性，借助索引机制可以实现高效的查询，因此，它自从 20 世纪 70 年代诞生以来就一直是数据库领域的主流产品类型。在大数据时代，传统关系数据库由于数据模型不灵活、水平扩展能力较差，无法满足大规模存储要求。NewSQL 是对各种新的可扩展、高性能数据库的简称，这类数据库不仅具有对海量数据的存储管理能力，还保持了传统数据库支持 ACID 和 SQL 等特性，在处理能力和架构模式方面具有明显的性能优势。NoSQL 数据库是一种不同于关系数据库的数据库管理系统设计方式，是对非关系型数据库的统称，它采用类似键/值、列族、文档等非关系模型。NoSQL 数据库没有固定的表结构，通常也不存在连接操作，同时也不严格遵守 ACID 约束，具有灵活的水平可扩展性、灵活的数据模型，并与云计算紧密融合，可以支持海量数据存储。

大数据时代的数据库架构，是传统关系数据库（OldSQL）、NoSQL 数据库和 NewSQL 数据库相互融合的多元化架构模式，如图 8-3 所示。

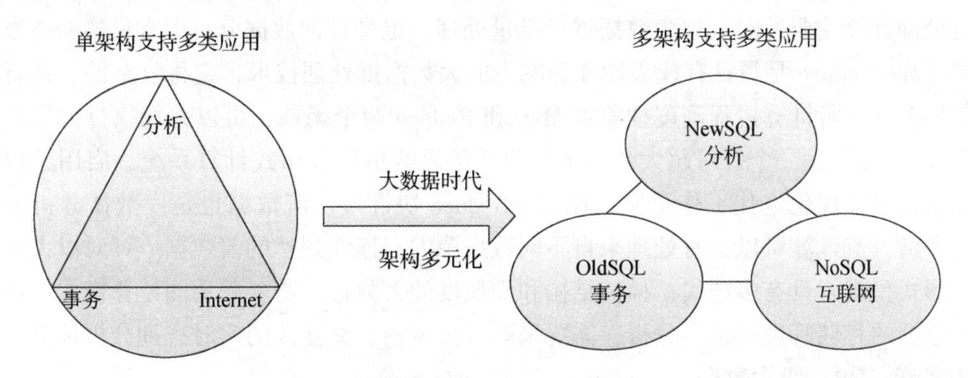

图 8-3　大数据引发的数据库架构模式变革

3. 数据处理与分析技术

数据智能处理与分析是大数据整个处理过程的重要组成部分，是大数据价值体现的核心环节。在大数据智能分析过程中，数据的理解和特征提取是首要任务，要想实现这个任务，就需要按照特定的格式去描述数据，按照特定的方法去度量数据。在数据智能处理与分析阶段，经典的数据挖掘和机器学习方法是最常见的数据智能分析方法，除此之外，近年发展迅猛的深度学习算法在某些领域取得了惊人的效果。两者结合大数据处理技术（MapReduce 和 Spark 等），对海量数据进行计算，得到有价值结果。另外，数据的可视化分析是数据智能分析的重要补充，通过可视化，可以更加形象直观地将数据智能分析的结果体现出来。

数据挖掘和机器学习是计算机学科的分支之一。机器学习是一门涉及多门学科，专门研究计算机怎样模拟或实现人类的学习行为，以获取新的知识或技能，重新组织已有的知识结构以便使之不断改善自身的性能。它是人工智能的核心，其应用遍及人工智能的各个领域。数据挖掘是指从大量的数据中通过算法搜索隐藏于数据中的信息的过程。数据挖掘可以视为机器学习与数据库的交叉，它主要利用机器学习领域提供的算法来分析海量数据，利用数据库界提供的存储技术来管理海量数据。典型的机器学习和数据挖掘算法包括分类、聚类、回归分析和关联规则等。

MapReduce 是大家熟悉的大数据处理技术，代表了针对大规模数据的批量处理技术。实际上，由于企业内部存在多种不同的应用场景，大数据处理的问题复杂多样。除了 MapReduce 以外，还有查询分析计算、图计算、流计算等多种大数据处理分析技术，如表 8-2所示。

表 8-2　大数据处理分析技术类型及其代表产品

大数据计算模式	解决问题	代表产品
批处理计算	针对大规模数据批量处理	MapReduce、Spark 等
流计算	针对流数据实时计算	Storm、Flume、Streams、Puma、DStream、银河流数据处理平台等
图计算	针对大规模图结构数据处理	Pregel、GraphX、PowerGraph、Hama 等
查询分析计算	大规模数据存储管理和查询分析	Dremel、Hive、Cassandra、Impala 等

批处理计算主要针对大规模数据进行批量处理，也是日常数据分析中常见的一类数据处理需求。MapReduce 是最具有代表性和影响力的大数据批处理技术，它将复杂的、运行于大规模集群上的并行计算过程高度抽象到 Map 和 Reduce 两个函数，可以并行执行大规模数据处理任务。Spark 是一个针对超大数据集合的低延迟的集群分布式计算系统，启用了内存分布数据集，可以优化迭代工作负载，比 MapReduce 快许多。流数据也是大数据分析中的重要数据类型，流计算可以实时处理来自不同数据源的、连续到达的流数据。针对以大规模图或网络形式呈现，具有多迭代、稀疏结构和细粒度的大数据，需要采用图计算模式。针对超大规模数据的存储管理和查询分析，需要采取可扩展的、交互式的实时查询分析计算，快速查询拍字节（PB）级大数据。

数据的分析过程往往离不开机器和人的相互协作与优势互补，虽然可视化在数据分析中是最具有技术挑战性的部分，但它是整个数据分析流程中最重要的一个环节。大数据可视分析是指在大数据自动分析挖掘方法的同时，利用支持信息可视化的用户界面以及支持分析过程的人机交互方式与技术，有效融合计算机的计算能力和人的认知能力，以获得对于大规模复杂数据集的洞察力。大数据可视化方法与技术针对不同数据类型，可分为文本数据可视化、网络（图）数据可视化、时空数据可视化、多维数据可视化等。常见的工具主要分为 3 类：底层程序框架如 OpenGL、Java2D 等；第三方库如 D3、Vega 等；软件工具如 Tableau、Gephi 等。

4. 计算环境

大数据的复杂性及规模性需要解决对海量数据的快速响应问题，而为此产生的算法、技术改进方法则必须依赖合适的高性能计算架构，主要策略有 3 类。

①充分提升和挖掘单个计算节点的计算性能，如通过对计算主机进行 CPU、内存、硬盘等的扩容尝试来提升单个计算节点的计算性能。显然，这已不是纯粹的技术层次的问题。

②通过图形处理器（Graphics Processing Unit，GPU）技术的引入达到大幅提升单台计算设备的计算性能。相对而言，CPU 的灵活性最大，可以高效运行各种计算任务，但其局

限是一次只能处理相对很少量的任务；GPU 不像 CPU 那样灵活，所处理的任务范围要小，但其强大之处在于能够同时执行许多任务。

③将复杂的任务“分而治之”，引入分布式计算架构以提升计算性能。分布式计算的基本出发点在于通过更多的计算能力不是那么强的计算节点，采用某种合适的策略达到整体计算性能极大提升，利用不同的分布式策略和目标，达到高性能计算的目的。目前主流的分布式计算架构有 Hadoop、Spark、Storm 等。

总体而言，大数据应用需求驱动计算技术体系重构、重塑计算环境，主要体现在以下 7 个方面。

①单机体系结构：新型存储介质及新型运算器件的涌现导致计算机体系结构的变革。

②云计算模式：云模式成为大数据处理的新趋势，云计算呈现应用领域化、资源泛在化、系统平台化的发展态势，其服务质量提升、新型硬件管理、极致效能的追求受到高度关注。

③云端融合：计算能力从云向边扩散，计算向数据靠近，形成云端融合的计算新模式。

④软件定义：数据及应用需求的多样性，使计算平台的软件定义成为主流。

⑤数据管理：多源异构数据的一体化访问、面向分析的软硬件协同等需求急需新一代数据管理技术与系统。

⑥软件开发运行：软件工程大数据孕育数据驱动的新型软件开发和运行支撑技术。

⑦数据分析：高维、流式、语义化的大数据分析需要新型的方法和工具。

8.3.3 大数据技术应用及发展

大数据时代的到来，简单地说是海量数据同完美计算能力结合的结果。确切地说是移动 Internet、物联网产生了海量的数据，大数据计算技术完美地解决了海量数据的收集、存储、计算、分析的问题。大数据时代开启了人类社会利用数据价值的另一个时代。

大数据技术的运用主要集中在大数据产出的行业和领域，具体体现在以下 6 个方面。

①一些数据的记录是以模拟形式存在，或者以数据形式存在，但是存储在本地，不是公开的数据资源，没有开放给 Internet 用户，如音乐、照片、视频、监控录像等影音资料。现在这些数据不但数据量巨大，还共享到 Internet 上，面对所有 Internet 用户，其数量之大是前所未有的。

②移动 Internet 出现后，移动设备的很多传感器收集了大量的用户点击行为数据，它们每天产生了大量的点击数据，这些数据被某些公司所拥有，形成了用户的大量行为数据。

③电子地图如高德、百度、谷歌地图出现后，产生了大量的数据流数据。这些数据不同于传统数据，传统数据代表一个属性或一个度量值，但是这些地图产生的流数据代表着一种行为、一种习惯，这些流数据经频率分析后会产生巨大的商业价值。

④进入社交网络时代后，Internet 行为主要由用户参与创造，大量的 Internet 用户创造出海量的社交行为数据，这些数据揭示了人们行为特点和生活习惯，是过去未曾出现过的。

⑤电商用户崛起带来了大量网上交易数据，包含支付数据、查询行为、物流运输、购买喜好、点击顺序、评价行为等，它们都是信息流和资金流数据。

⑥传统的 Internet 入口转向搜索引擎之后，用户的搜索行为和提问行为聚集了海量数据。

存储硬件价格的下降也为存储这些数据提供了经济上的可能。

由此看出，大数据不同于过去传统的数据，其产生方式、存储载体、访问方式、表现形式、来源特点等都与之不同。大数据更接近于某个群体行为数据，它是全面的数据、准确的数据、有价值的数据，这将会给人类社会带来巨大变化。它是一个好的工具，包括金融、汽车、餐饮、电信、能源、体能和娱乐等在内的社会各个行业都已经产生了大数据的印记，大数据在各行业的应用情况如表 8-3 所示。

表 8-3　大数据在各行业的应用情况

行业	大数据应用
制造业	利用工业大数据提升制造业水平，包括产品故障诊断与预测、分析工艺流程、改进生产工艺，优化生产过程能耗、工业供应链分析与优化、生产计划
金融行业	大数据在高频交易、社交情绪分析和信贷风险分析三大金融创新领域发挥重大作用
汽车行业	利用大数据和物联网技术的无人驾驶汽车，在不远的未来将走入我们的日常生活
互联网行业	借助大数据技术，可以分析客户行为，进行商品推荐和针对性广告投放
餐饮行业	利用大数据实现餐饮 O2O 模式，彻底改变传统餐饮经营方式
电信行业	利用大数据技术实现客户离网分析，及时掌握客户离网倾向，出台客户挽留措施
能源行业	随着智能电网的发展，电力公司可以掌握海量的用户用电信息，利用大数据技术分析用户用电模式，可以改进电网运行，合理设计电力需求响应系统，确保电网运行安全
物流行业	利用大数据优化物流网络，提高物流效率，降低物流成本
城市管理	可以利用大数据实现智能交通、环保监测、城市规划和智能安防
生物医学	大数据可以帮助我们实现流行病预测、智慧医疗、健康管理，同时还可以帮助我们解读 DNA，了解更多的生命奥秘
体育娱乐	大数据可以帮助我们训练球队，决定投拍哪种题材的影视作品，以及预测比赛结果
安全领域	政府可以利用大数据技术构建起强大的国家安全保障体系，企业可以利用大数据抵御网络攻击，警察可以借助大数据来预防犯罪
个人生活	大数据还可以应用于个人生活，利用与每个人相关联的“个人大数据”，分析个人生活行为习惯，为其提供更加周到的个性化服务

大数据的价值，远远不止于此，大数据对各行各业的渗透，大大推动了社会生产和生活，未来必将产生重大而深远的影响。

从大数据产业角度看，大数据产业链包括 IT 基础设施层、数据源层、数据管理层、数据分析层、数据平台层和数据应用层，具体如表 8-4 所示。

表 8-4　大数据产业链

产业链环节	包含内容
IT 基础设施层	包括提供硬件、软件、网络等基础设施以及提供咨询、规划和系统集成服务的企业，例如，提供数据中心解决方案的 IBM、惠普和戴尔等，提供存储解决方案的 EMC，提供虚拟化管理软件的微软、思杰、SUN、Redhat 等

续表

产业链环节	包含内容
数据源层	大数据生态圈里的数据提供者，是生物大数据（生物信息学领域的各类研究机构）、交通大数据（交通主管部门）、医疗大数据（各大医院、体检机构）、政务大数据（政府部门）、电商大数据（淘宝、天猫、苏宁云商、京东等电商）、社交网络大数据（微博、微信、人人网等）、搜索引擎大数据（百度、谷歌等）等各种数据的来源
数据管理层	包括数据抽取、转换、存储和管理等服务的各类企业或产品，如分布式文件系统（如Hadoop的HDFS和谷歌的GFS）、ETL工具（Infomatica、Datastage、Kettle等）、数据库和数据仓库（Oracle、MySQL、SQL Server、HBase、GreenPlum等）
数据分析层	包括提供分布式计算、数据挖掘、统计分析等服务的各类企业或产品，如分布式计算框架MapReduce、统计分析软件SPSS和SAS、数据挖掘工具Weka、数据可视化工具Tableau、BI工具（MicroStrategy、Cognos、BO）等
数据平台层	包括提供数据分享平台、数据分析平台、数据租售平台等服务的企业或产品，如阿里巴巴、谷歌、中国电信、百度等
数据应用层	提供智能交通、智慧医疗、智能物流、智能电网等行业应用的企业、机构或政府部门，如交通主管部门、各大医疗机构、菜鸟网络、国家电网等

随着大数据技术的提升以及向行业深层次的拓展，大数据将进一步推进信息技术发展的变革，并深刻影响社会生产和人们的生活。大数据技术的发展主要体现在以下5个方面。

①应用层级爆发出强大的增长力。大数据并不在“大”，而在于“用”。对于很多行业而言，如何有效应用这些大规模数据、挖掘出更大的价值是成为赢得竞争的关键。因此，大数据的应用成为未来十年产业发展的核心趋势，大数据产业链条的应用层级也成为发展机会最大的投资领域。

②大数据分析领域快速发展。数据蕴藏价值，但是数据的价值需要用IT技术去发现、去探索。随着产业应用层级的快速发展，如何发现数据中的价值已经成为市场及企业用户密切关注的方向，大数据分析领域也将获得快速的发展。

③大数据与云计算的关系愈加密切。大数据的4V特点对存储、传输和处理都提出了巨大的挑战，这个问题就需要新的技术来解决，云计算是大数据处理的最佳平台。未来，这种趋势的发展将让两者的关系越来越紧密。

④安全和隐私问题越来越受到重视。数据价值对于企业来说是非常重要的，但是同样也有阻碍着大数据发展的一些因素。在这些因素中，隐私问题无疑是困扰大数据发展的一个非常重要的要素。

⑤大数据分享变得尤为重要。对于大数据来说，未来可能将不同的行业更加细分。针对不同的行业有着不同的分析技术。但是同样对于大数据来说，数据的多少虽然不意味着价值高低，但是更多的数据无疑更有助于一个行业的分析价值的发现。所以，为了数据可能会呈现一种共享的趋势，数据联盟可能出现。

各行业应该在大数据市场抓住机会，借助自己的优势创造更多的价值，在未来激烈的市场竞争中借助大数据走得更远。

8.4 物联网

8.4.1 基本概念

1991 年在权威杂志《美国科学》发表文章预测：计算机将最终“消失”，演变为在我们没有意识到其存在时，就已融入人们的生活中的境地。近年来，随着 Internet 产业发展日趋成熟，其产业链及基础生态环境相当完善，这种预测逐渐成为现实，物联网（The Internet of Things，IoT）成为众多设备制造商、网络供应商、系统集成商看好的网络发展方向之一。

物联网的定义是通过射频识别（Radio Frequency Identification，RFID）、红外感应器、全球定位系统、激光扫描器等信息传感设备，把任何物品与 Internet 相连接。

物联网是通过各种传感技术（RFID、传感器、GPS、摄像机、激光扫描器等）、各种通信手段（有线、无线、长距、短距等），按约定的协议，将任何物体与 Internet 相连接，采集其声、光、热、电、力学、化学、生物、位置等各种需要的信息，与 Internet 结合形成的进行信息交换和通信，以实现对物品的智能化识别、定位、跟踪、监控和管理的一种智能网络系统管理平台。其目的是实现物与物、物与人，所有的物品与网络的连接，进而实现“管理、控制、营运”的一体化。

这里的“物”要满足以下条件才能够被纳入“物联网”的范围。

①要有数据传输通路。

②要有一定的存储功能。

③要有 CPU。

④要有操作系统。

⑤要有专门的应用程序。

⑥遵循物联网的通信协议。

⑦在世界网络中有可被识别的唯一编号。

因此，物联网的基础是成熟的 Internet 体系，核心是信息传递与交互控制，在 Internet 的基础上延伸并扩展到人与物、物与物之间，进行载体间信息的智能化处理和通信控制。

物联网作为一个系统网络平台，与其他网络一样，也有其内部特有的架构。物联网系统有 4 个层次，如图 8-4 所示。一是感知层，即利用 RFID、传感器、二维码等，随时随地获取物体的信息。二是网络层，通过各种电信网络与 Internet 的融合，将物体的信息实时准确地传递出去；三是处理层，通过数据存储、管理和分析平台，对信息进行存储和处理；四是应用层，直接面向客服，实现智能化识别、定位、跟踪、监控和管理等实际应用。

物联网有三方面的特征，主要体现在以下 3 个方面。

①全面感知，利用 RFID、传感器、二维码等，随时随地获取物体的信息。例如，装载在高层建筑、桥梁上的监测设备；人体携带的监测心跳、血压、脉搏的医疗设备；商场货架上的电子标签等。

②可靠传递，通过各种电信网络与互联网的融合，将物体的信息实时准确地传递出去。

③智能处理，利用云计算、模糊识别等各种智能计算技术，对海量的数据和信息进行分

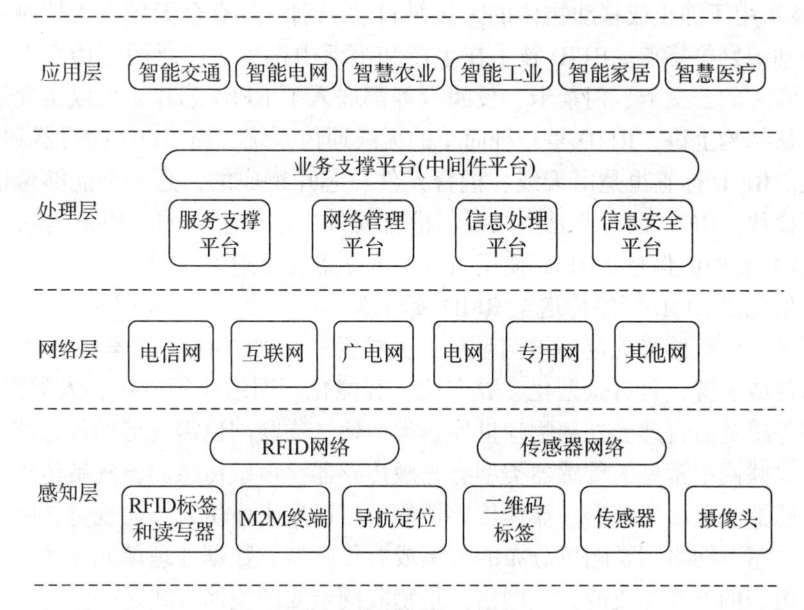

图 8-4 物联网体系结构

析和处理，对物体实施智能化的控制。

8.4.2 物联网的关键技术

物联网是物与物相连的网络，通过为物体加装二维码、RFID 标签、传感器等，可实现物体身份唯一标识和各种信息的采集，再结合各种类型网络连接，就可以实现人和物、物和物之间的信息交换。因此，物联网中的关键技术包括识别和感知技术（二维码、RFID、传感器等）、网络与通信技术、数据挖掘与融合技术等。

1. 识别和感知技术

二维码是物联网中一种很重要的自动识别技术，是在一维条码基础上扩展出来的条码技术。二维码包括堆叠式/行排式和矩阵式二维码，后者较为常见。如图 8-5 所示，矩阵式二维码在一个矩形空间中通过黑、白像素的不同分布进行编码。在矩阵相应元素位置上，用点(方点、图点或其他形状）的出现表示二进制的“1”，点的不出现表示二进制的“0”，点的排列组合确定了矩阵式二维条码所代表的意义。二维码具有信息容量大、编码范围广、容错能力强、译码可靠性高、成本低、易制作等良好特性，已经得到了广泛的应用。

图 8-5 矩阵式二维码

RFID 技术用于静止或移动物体的无接触自动识别，具有全天候、无接触、可同时实现多个物体自动识别等特点。RFID 技术在生产和生活中得到了广泛的应用，大大推动了物联网的发展，常见的公交卡、门禁卡、校园卡等都嵌入了 RFID 芯片，可以实现迅速、便捷的数据交换。从结构上讲，RFID 是一种简单的无线通信系统，由 RFID 读写器和 RFID 标签两个部分组成。RFID 标签也是由天线、耦合元件、芯片组成的，是一个能够传输信息、回复信息的电子模块。RFID 读写器是由天线、耦合元件、芯片组成的，用来读取（有时也可以写入）RFID 标签中的信息。RFID 使用 RFID 读写器及可附着于目标物的 RFID 标签，利用频率信号将信息由 RFID 标签传送至 RFID 读写器。

传感器是一种能感受规定的被测量件，并按照一定的规律（数学函数法则）转换成可用信号的器件或装置，具有微型化、数字化、智能化、网络化等特点，人类需要借助耳朵、鼻子、眼睛等感觉器官感受外部物理世界。类似地，物联网也需要借助传感器实现对物理世界的感知。物联网中常见的传感器类型有光敏传感器、声敏传感器，气敏传感器、化学传感器、压敏传感器、温敏传感器、流体传感器等，可以用来模仿人类的视觉、听觉、嗅觉、味觉和触觉。传感器网络则是随机分布的，集成有传感器、数据处理单元和通信单元的微小节点，通过自组织的方式构成的无线网络，是物联网重要的组网方式之一。

2. 网络与通信技术

物联网中的网络与通信技术包括短距离无线通信技术和远距离通信技术。短距离无线通信技术包括 ZigBee、近场通信（Near Field Communication，NFC）、蓝牙、Wi-Fi、RFID 等。远距离通信技术包括 Internet、2G/3G/4G 移动通信网络、卫星通信网络等。

3. 数据挖掘与融合技术

物联网中存在大量数据来源、各种异构网络和不同类型的系统，大量不同类型的数据，如何实现有效整合、处理和挖掘，是物联网处理层需要解决的关键技术问题。云计算和大数据技术的出现，为物联网存储、处理和分析数据提供了强大的技术支撑，海量物联网数据可以借助庞大的云计算基础设施实现廉价存储，利用大数据技术实现快速处理和分析，满足各种实际应用需求。

8.4.3 物联网技术应用及发展

物联网应用在于能够赋能千行百业，具备与大量应用行业融合的潜力，可划分为消费驱动应用、政策驱动应用、产业驱动应用。消费驱动应用包括智慧出行、智能穿戴、医疗健康、智慧家庭等，主要与个人消费者的衣食住行相关。政策驱动应用主要指以政策为导向，形成相关行业物联网应用的刚性应用，包括智慧城市、公共事业、智慧安防、智慧能源、智慧消费、智慧交通等。产业驱动应用主要指以企业级需求为主要市场驱动力的物联网应用市场，主要包括智能工业、智慧物流、智慧零售、智慧农业、车联网和智慧地产等。

在消费驱动应用中，如智能医疗健康，医生利用平板电脑、智能手机等手持设备，通过无线网络，可以随时连接访问各种诊疗仪器，实时掌握每个病人的各项生理指标数据，科学、合理地制定诊疗方案。在政策驱动应用中，如智慧交通，可利用 RFID、摄像头、线圈、导航设备等物联网技术构建的智能交通系统，让人们随时随地通过智能手机、大屏幕、电子站牌等方式，了解城市各条道路的交通状况、所有停车场的车位情况、每辆公交车的当前位置等信息，合理安排行程，提高出行效率。在产业驱动应用中，如智慧农业，利用温度传感器、湿度传感器和光线传感器，实时获得种植大棚内的农作物生长环境信息，远程控制大棚遮光板、通风口、喷水口的开启和关闭，让农作物始终处于最优生长环境，提高农作物产量和品质。

物联网实现了“端、边、管、云、用”的一体化，其完整的产业链，其主要包括完整的物联网产业链，其主要包括核心感应器件提供商、感知层末端设备提供商、网络提供商、软件与行业解决方案提供商、系统集成商、运营及服务提供商六大环节，如图 8-6 所示。

①核心感应器件提供商：提供二维码、RFID 及读写机具、传感器、智能仪器仪表等物联网核心感应器件。

②感知层末端设备提供商：提供射频识别设备、传感系统及设备、智能控制系统及设备、GPS 设备、末端网络产品等。

③网络提供商：包括电信网络运营商、广电网络运营商、Internet 运营商、卫星网络运营商和其他网络运营商等。

④软件与行业解决方案提供商：提供微操作系统、中间件、解决方案等。

⑤系统集成商：提供行业应用集成服务。

⑥运营及服务提供商：开展行业物联网运营及服务。

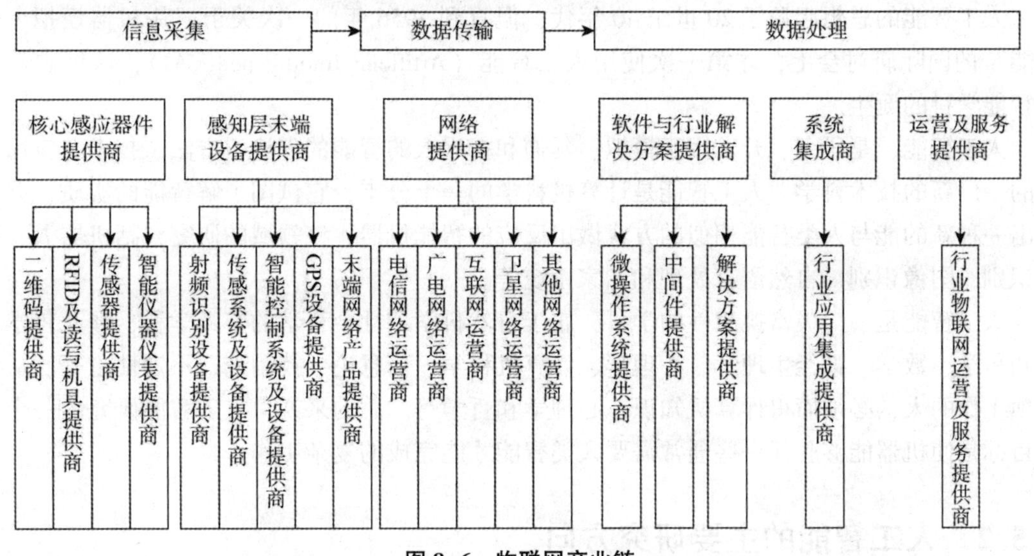

图 8-6 物联网产业链

物联网市场潜力巨大，物联网产业在自身发展的同时，还将带动微电子技术、传感元件、自动控制、机器智能等一系列相关产业的持续发展，带来庞大的产业集群效应。

第一，物联网即将创造的商业模式将会满足电子商务市场、垂直市场、横向市场以及消费市场所有的形式，以消费者设备共享使用为代表的新商业模式将会大大降低设备拥有者的成本。第二，全球物联网平台缺少统一的语言，这很容易造成多个物联网设备彼此之间通信受到阻碍，并产生多个竞争性的标准和平台。第三，物联网领域最主要的挑战仍然是 Internet 安全，引发安全问题的部分原因主要来自用户轻视安全管理使用规定，同时，大部分初创企业以及设备制造商也不断添加可疑的功能，这些行为将在无形中增加物联网安全风险。第四，由消费设备构成的物联网和工业物联网存在着巨大的差异，工业产品将逐渐补充新技术，可能将会研发出首批智能产品的软件或电脑用以简单操控这些物体。第五，初创公司将会比大公司更加快速地了解普通人的需求点，大公司从研发、IT 解决方案到消费者应用方案会比小公司需要更多的时间。因此，初创公司在创造物联网消费设备和提供服务方面往往更容易获得成功。第六，基于服务组件的物联网产品将会更受关注，物联网的服务模式在消费领域和工业领域都在日益普及。这种模式将一改传统形式上"销售继而遗忘"的思维模式，将产品与服务持久地结合在一起。

8.5 人工智能

这些年来，我们的科技发展非常迅速，从原来的信息时代迅速进入了智能时代，人工智能技术成为未来时代的主题。今天，人工智能技术已经进入我们的生活当中，我们的一切都融入了人工智能，我们与人工智能已经无法分离了。

8.5.1 人工智能概述

人工智能的思想起源于 20 世纪 40 年代，但直到 1956 年的一次关于"用机器模拟人类智能"的国际研讨会上，才第一次使用人工智能（Artificial Intelligence，AI），这标志着人工智能学科的诞生。

人工智能，是研究、开发用于模拟、延伸和扩展人的智能的理论、方法、技术及应用系统的一门新的技术科学。人工智能是计算机科学的一个分支，它试图了解智能的实质，并生产出一种新的能与人类智能相似的方式做出反应的智能机器，该领域的研究包括机器人、语言识别、图像识别、自然语言处理和专家系统等。

人工智能是一门极富挑战性的学科，属于自然科学和社会科学的交叉学科，涉及哲学和认知科学、数学、神经生理学、心理学、计算机科学、信息论、控制论、不定性论等。从事这项工作的人，必须懂得计算机知识、心理学和哲学等。总的来说，人工智能研究的一个主要目标是使机器能够胜任一些通常需要人类智能才能完成的复杂工作。

8.5.2 人工智能的主要研究方向

人工智能从研究到走向应用，其间发展了许多新的理论。人工智能会不断发展，直至成为我们人类世界的不可缺分的一部分。下面简要介绍人工智能的主要研究方向。

1. 自然语言处理

自然语言处理（Natural Language Processing，NLP）是计算机科学领域与人工智能领域中的一个重要方向，它研究能实现人与计算机之间用自然语言进行有效通信的各种理论和方法，自然语言处理是一门集语言学、计算机科学、数学于一体的学科。因此，这一领域的研究会涉及自然语言，即人们日常使用的语言，所以它与语言学的研究有着密切的联系，但又有重要的区别。自然语言处理并不是一般地研究自然语言，而在于研制能有效地实现自然语言通信的计算机系统，特别是其中的软件系统。

自然语言处理的应用包罗万象，如机器翻译、手写体和印刷体字符识别、语音识别、信息检索、信息抽取与过滤、文本分类与聚类、舆情分析和观点挖掘等，它涉及与语言处理相关的数据挖掘、机器学习、知识获取、知识工程、人工智能研究和与语言计算相关的语言学研究等。

2. 机器学习/大数据分析

机器学习（Machine Learning）是一门涉及统计学、系统辨识、逼近理论、神经网络、优化理论、计算机科学、脑科学等语言的诸多领域的交叉学科，研究计算机怎样模拟或实现人类的学习行为，以获取新的知识或技能。重新组织已有的知识结构使之不断改善自身的性能，是人工智能技术的核心。基于数据的机器学习是现代智能技术中的重要方法之一，研究从观测数据（样本）出发寻找规律，利用这些规律来对未来数据或无法观测的数据进行预测。

机器学习强调 3 个关键词，即算法、经验、性能。在数据的基础上，通过算法构建出模型并对模型进行评估。评估的性能如果达到要求，就用该模型来测试其他的数据；如果达不到要求，就要调整算法来重新建立模型，再次进行评估，如此循环往复，最终获得满意的模型来处理其他数据。机器学习技术和方法已经被成功应用到多个领域，如个性推荐系统、金融反欺诈、语音识别、自然语言处理和机器翻译、模式识别、智能控制等。

3. 知识图谱

知识图谱（Knowledge Graph）又称为科学知识图谱，在图书情报界称为知识域可视化或知识领域映射地图，是显示知识发展进程与结构关系的一系列不同的图形，用可视化技术描述知识资源及其载体，挖掘、分析、构建、绘制和显示知识及它们之间的相互联系。

知识图谱可用于反欺诈、不一致性验证、组团欺诈等公共安全保障领域，需要用到异常分析、静态分析、动态分析等数据挖掘方法。特别地，知识图谱在搜索引擎、可视化展示和精准营销方面有很大的优势，已成为业界的热门工具。但是，知识图谱的发展还有很大的挑战，如数据的噪声问题，即数据本身有错误或者数据存在冗余，随着知识图谱应用的不断深入，还有一系列关键技术需要突破。

4. 人机交互

人机交互是一门研究系统与用户之间的交互关系的学科。系统可以是各种各样的机器，也可以是计算机化的系统和软件。人机交互界面通常是指用户可见的部分。用户通过人机交互界面与系统交流并进行操作，人机交互是与认知心理学、人机工程学、多媒体技术、虚拟现实技术等密切相关的综合学科。传统的人与计算机之间的信息交换主要依靠交互设备进行，主要包括键盘、鼠标、操纵杆、数据服装、眼动跟踪器、位置跟踪器、数据手套、压力笔等输入设备，以及打印机、绘图仪、显示器、头盔式显示器、音箱等输出设备。人机交互技术除了传统的基本交互和图形交互外，还包括语音交互、情感交互、体感交互及脑机交互等技术。

5. 计算机视觉

计算机视觉是使用计算机模仿人类视觉系统的科学，让计算机拥有类似人类提取、处理、理解和分析图像以及图像序列的能力。自动驾驶、机器人、智能医疗等领域均需要通过计算机视觉技术从视觉信号中提取并处理信息。近来随着深度学习的发展，预处理、特征提取与算法处理渐渐融合，形成端到端的人工智能算法技术。根据解决的问题，计算机视觉可分为计算成像学、图像理解、三维视觉、动态视觉和视频编解码五大类。

目前，计算机视觉技术发展迅速，已具备初步的产业规模。未来计算机视觉技术的发展主要面临以下挑战。

①如何在不同的应用领域和其他技术更好的结合。计算机视觉在解决某些问题时可以广泛利用大数据，已经逐渐成熟并且可以超过人类，而在某些问题上却无法达到很高的精度。

②如何降低计算机视觉算法的开发时间和人力成本。目前，计算机视觉算法需要大量的数据与人工标注，需要较长的研发周期以达到应用领域所要求的精度与耗时。

③如何加快新型算法的设计开发。随着新的成像硬件与人工智能芯片的出现，针对不同芯片与数据采集设备的计算机视觉算法的设计与开发也是挑战之一。

6. 生物特征识别

生物特征识别技术是指通过个体生理特征或行为特征对个体身份进行识别认证的技术。从应用流程看，生物特征识别通常分为注册和识别两个阶段。注册阶段通过传感器对人体的生物表征信息进行采集。例如，利用图像传感器对指纹和人脸等光学信息、麦克风对说话声等声学信息进行采集，利用数据预处理以及特征提取技术对采集的数据进行处理，得到相应的特征从而进行存储。

识别过程采用与注册过程一致的信息采集方式来对待识别人进行信息采集、数据预处理和特征提取，然后将提取的特征与存储的特征进行比对分析，从而完成识别。从应用任务看，生物特征识别一般分为辨认与确认两种任务，辨认是指从存储库中确定待识别人身份的过程，是一对多的问题；确认是指将待识别人信息与存储库中特定单人信息进行比对，确定身份的过程，是一对一的问题。

生物特征识别技术涉及的内容十分广泛，包括指纹、掌纹、人脸、虹膜、指静脉、声纹、步态等多种生物特征，其识别过程涉及图像处理、计算机视觉、语音识别、机器学习等多项技术。目前，生物特征识别作为重要的智能化身份认证技术，在金融、公共安全、教育、交通等领域得到广泛的应用。

7. VR/AR

虚拟现实（VR）/增强现实（AR）是以计算机为核心的新型视听技术。结合相关科学技术，在一定范围内生成与真实环境在视觉、听觉、触感等方面高度近似的数字化环境。用户借助必要的装备与数字化环境中的对象进行交互，相互影响，获得近似真实环境的感受和体验，并通过显示设备、跟踪定位设备、触力觉交互设备、数据获取设备、专用芯片等实现。

虚拟现实/增强现实从技术特征角度，按照不同处理阶段，可以分为获取与建模技术、分析与利用技术、交换与分发技术、展示与交互技术以及技术标准与评价体系五个方面。获取与建模技术研究如何把物理世界或者人类的创意进行数字化和模型化，难点是三维物理世界的数字化和模型化技术；分析与利用技术重点研究对数字内容进行分析、理解、搜索和知识化方法，其难点在于内容的语义表示和分析；交换与分发技术主要强调各种网络环境下大规模的数字化内容流通、转换、集成和面向不同终端用户的个性化服务等，其核心是开放的内容交换和版权管理技术；展示与交互技术重点研究符合人类习惯数字内容的各种显示技术及交互方法，以期提高人对复杂信息的认知能力，其难点在于建立自然和谐的人机交互环境；技术标准与评价体系重点研究虚拟现实/增强现实基础资源、内容编目、信源编码等的规范标准以及相应的评估技术。

目前，虚拟现实/增强现实面临的挑战主要体现在智能获取、普适设备、自由交互和感知融合四个方面。在硬件平台与装置、核心芯片与器件、软件平台与工具、相关标准与规范等方面存在一系列科学技术问题。总体来说，虚拟现实/增强现实呈现虚拟现实系统智能化、虚实环境对象无缝融合、自然交互全方位与舒适化的发展趋势。

8.5.3 人工智能与大数据、物联网、云计算之间的关系

人工智能与大数据、物联网、云计算代表了人类信息技术的最新发展趋势，深刻变革着人们的生产和生活。4 种技术中，人工智能具有较长的发展历史，在 20 世纪 50 年代就已经被提出，并在 2016 年迎来了又一次发展高潮。云计算、物联网和大数据在 2010 年迎来一次大发展，目前正在各大领域不断深化应用。

四者之间通过物联网产生、收集海量的数据存储于云平台，再通过大数据分析，甚至更高形式的人工智能提取云计算平台存储的数据来为人类的生产活动、生活所需提供更好的服务，如图 8-7 所示。最终人工智能会辅助物联网更加发达，形成一个循环。从一个广义的人类智慧拟化的实体的视角看，它们是一个整体，物联网是这个实体的眼睛、耳朵、鼻子和触觉；而大数据是这些触觉到的信息的汇集与存储；人工智能未来将是掌控这个实体的大脑；云计算可以看作是大脑指挥下的对于大数据的处理及进行应用。

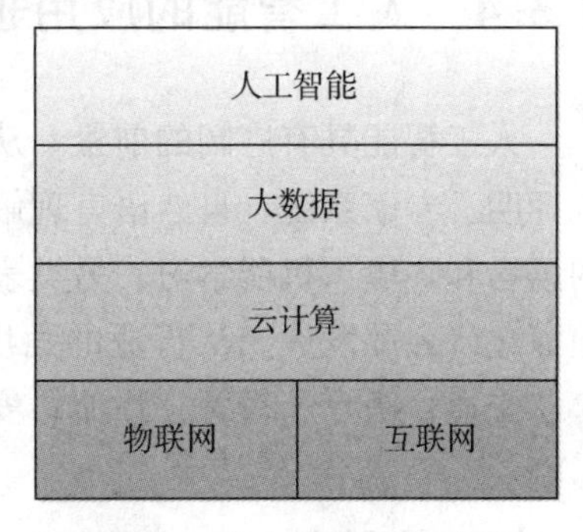

图 8-7 人工智能与物联网、大数据、云计算之间的关系

1. 物联网——基础中的基础

物联网来源于 Internet，是万物互联的结果，是人和物、物和物之间产生通信和交互，相当于一个物品也有了一部手机（芯片），可以给出频率、方位、轨迹、习惯。这些通信和交互，跟人类一样，最终都以数据的形式呈现。而数据就可以被存储、建模、分析。人的数据被采集，物的数据被采集，人与人、人与物、物与物各自的数据和相互之间的数据，随时间的推移，都被记录采集了下来。这些海量数据，需要交给大数据分析和计算。所以说，物联网是大数据的基础。

2. 大数据——基于物联网的应用，人工智能的基础

大数据的数据从何而来，就是物联网提供的。以前是人人互联、人机互联，现在是万物互联，其数据更加庞大，因此而带来的大数据结果，将更加丰富和精确。这里也能看出，大数据就是物联网的最佳应用，也因大数据、物联网的价值被更大的发挥。大数据是为人工智能准备的。起初，大数据为人类决策提供支持，最终大数据将支撑机器人的大脑。

3. 人工智能——大数据的最理想应用，反哺物联网

人工智能的智力从大数据而来。小数据可被人类大脑计算使用，但是，当海量、超海量数据被分析挖掘应用于人工智能的时候，其将呈现出几何式增长的速度和精准，且几乎无失误。一个语音机器人，可以在使用过程中被收集的数据调教得越来越聪明、越来幽默，其无外乎是数据的量级增长的效能。超量数据，让机器人能获知包含甚至超出人类范畴的行为习惯、运行规律，甚至能分析出人类及万物的下一步进化和发展方向。大量的数据，能让机器人的判断能力更加精准，失误几乎消失，阿尔法狗就是“大量数据+计算分析”的最佳例证。

4. 云计算——一切的依托

云计算是基于Internet的相关服务的增加、使用和交付模式，通常涉及通过Internet来提供动态易扩展且经常是虚拟化的资源，是一个计算、存储、通信工具，相当于人的大脑，是物联网的神经中枢。物联网、大数据和人工智能必须依托云计算的分布式处理、分布式数据库和云存储、虚拟化技术才能形成行业级应用。目前，物联网的服务器部署在云端，通过云计算提供应用层的各项服务。

8.5.4 人工智能的应用领域及发展

人工智能具有广阔的前景。从技术应用的角度看，人工智能将围绕博弈、自动推理和定理证明、专家系统、自然语言理解和语义建模、对人类表现建模、规划和机器人、人工智能的语言和环境、机器学习、另类表示；神经网络和遗传算法、人工智能和哲学等方面进一步地深化研究和发展。从行业的角度看，人工智能已经被广泛应用于制造、家居、金融、零售、交通、医疗、教育、物流、安防等各个领域，对人类社会的生产和生活产生了深远的影响。

1. 智能制造

智能制造（Intelligent manufacturing，IM）是一种由智能机器和人类专家共同组成的人机二体化智能系统，它在制造过程中能进行智能活动，诸如分析、按理、判断、构思和决策等。通过人与智能机器的合作共事，去扩大、延伸和部分取代人类专家在制造过程中的脑力劳动。它把制造自动化的概念更新扩展到柔性化、智能化和高度集成化。

智能制造对人工智能的需求主要表现在以下3个方面：一是智能装备，包括自动识别设备、人机交互系统、工业机器人以及数控机床等具体设备，涉及跨媒体分析推理、自然语言处理，虚拟现实智能建模及自主无人系统等关键技术；二是智能工厂，包括智能设计、智能生产、智能管理以及集成优化等具体内容，涉及跨媒体分析推理、大数据智能、机器学习等关键技术；三是智能服务，包括大规模个性化定制，远程运维以及预测性维护等具体服务模式，涉及跨媒体分析推理、自然语言处理、大数据智能、高级机器学习等关键技术。

2. 智能家居

智能家居通过物联网技术将家中的各种设备（如音视频设备、照明系统、窗帘控制、空调控制、安防系统、数字影院系统、影音服务器、影柜系统、网络家电等）连接到一起，提供家电控制、照明控制、电话远程控制、室内外遥控、防盗报警、环境监测、暖通控制、红外转发以及可编程定时控制等多种功能和手段。与普通家居相比，智能家居不仅具有传统的居住功能，兼备建筑、网络通信、信息家电、设备自动化，提供全方位的信息交互功能，甚至为各种能源费用节约资金。例如，借助智能语音技术，用户应用自然语言实现对家居系统各设备的操控，如开关窗帘或窗户、操控家用电器和照明系统、打扫卫生等操作。借助机器学习技术，智能电视可以从用户看电视的历史数据中分析其兴趣和爱好，并将相关的节目推荐给用户。通过应用声纹识别、脸部识别、指纹识别等技术进行开门等。通过大数据技术可以使智能家电实现对自身状态及环境的自我感知，具有故障诊断能力。通过收集产品运行数据，发现产品异常，主动提供服务，降低故障率。此外，它还可以通过大数据分析、远程监控和诊断，快速发现问题、解决问题，从而提高效率。

3. 智能金融

智能金融即人工智能与金融的全面融合，以人工智能、大数据、云计算、区块链等高新科技为核心要素，全面赋能金融机构，实现金融服务的智能化、个性化、定制化，提升金融机构的服务效率。人工智能技术在金融业中可用于服务客户，支持授信、各类金融交易和金融分析中的决策，并用于风险防控和监督。智能金融对于金融机构的业务部门来说，可以帮助其获客，从而精准服务客户，提高效率；对于金融机构的风控部门来说，可以提高风险控制，增加安全性；对于用户来说，可以实现资产优化配置，体验到金融机构更加完美的服务。人工智能在金融领域的应用主要体现在智能获客、身份识别、大数据风控、智能投资顾问、智能客服、金融云等方面。

4. 智能交通

智能交通系统（Intelligent Transportation System，ITS）是未来交通系统的发展方向，它是将先进的信息技术、数据通信传输技术、电子传感技术、控制技术及计算机技术等有效地集成运用于整个地面交通管理系统而建立的一种大范围，全方位发挥作用的，实时、准确、高效的综合交通运输管理系统。

例如，通过交通信息采集系统采集道路中的车辆数量、行车速度等信息，信息分析处理系统处理后形成实时路况，决策系统据此调整道路红绿灯时长，调整可受车道或潮汐车道的通行方向等，通过信息发布系统将路况送到导航软件和广播中，让人们合理规划行驶路线。通过不停车收费系统，实现对入口处车辆的身份及信息自动采集、处理、收费和放行，有效提高通行能力，简化收费管理，降低环境污染。

5. 智能安防

城市的安防项目涵盖众多的领域，有街道社区、楼宇建筑、银行部局、道路监控、机动车辆、警务人员、移动物体、船只等。特别是针对重要场所，如机场、码头、水电气厂、桥梁大坝、河道、地铁等场所，引入物联网技术后，可以通过无线移动、跟踪定位等手段建立全方位的立体防护。智能安防是兼顾了整体城市管理系统、环保监测系统、交通管理系统、应急指挥系统等应用的综合体系。特别是车联网的兴起，在公共交通管理、车辆事故处理、车辆偷盗防范方面可以更加快捷、准确地跟踪定位处理。还可以随时随地通过车辆获取更加精准的灾难事故、道路流量、车辆位置、公共设施安全、气象等信息。

6. 智能医疗

智能医疗是通过打造健康档案区域医疗信息平台，利用物联网技术，实现患者与医务人员、医疗机构、医疗设备之间的互动，逐步达到信息化。近几年，智能医疗在辅助诊疗、疾病预测、医疗影像辅助诊断、药物开发等方面发挥重要作用。

例如，远程医疗和电子医疗，借助物联网、云计算技术、人工智能的专家系统、嵌入式系统的智能化设备，可以构建起完善的物联网医疗体系，使全民平等地享受顶级的医疗服务，同时减少了由于医疗资源缺乏，导致看病难、医患关系紧张、事故频发等现象。

7. 智能物流

传统物流企业在利用条形码、射频技术、传感器、全球定位系统等方面来优化改善运输、仓储、配送装卸等物流业基本活动，同时也在尝试使用智能搜索、推理规划、计算机视觉以及智能机器人等技术，实现货物运输过程的自动化运作和高效率优化管理，提高物流效率。

例如，在仓储环节，通过利用大数据分析大量历史库存数据，建立相关预测模型，实现物流库存商品的动态调配。京东自主研发的无人仓，就是采用大量智能物流机器人进行协同与配合，并通过人工智能、深度学习、图像智能识别、大数据应用等技术，让工业机器人可以进行自主判断和操作，完成各种复杂的任务，并在商品分拣、运输、出库等环节实现自动化。

8. 智能零售

人工智能在零售领域的应用已经十分广泛，无人超市、智慧供应链、客流统计等都是热门方向。例如，将人工智能技术应用于客流统计，通过人脸识别客流统计动能，门店可以从性别、年龄、表情、新老顾客、滞留时长等维度，建立到店客流用户画像，为调整运营策略提供数据基础，帮助门店运营从匹配真实店客流的角度来提升转换率。

未来，人工智能将在智能基础设施建设、智能信息及数据、技术服务以及智能产品方面不断寻求突破，进一步在制造、家居、金融、教育、交通、安防、医疗、物流等领域释放需求，推动相关智能产品的种类和形态越来越丰富。

多媒体技术

小　结

本章主要针对云计算、大数据、物联网和人工智能等新一代信息技术以及多媒体技术进行了介绍。新一代信息技术之间是息息相关的，这是本章需要重点把握的内容，同时需要了解各技术的基本概念，理解各技术的关键技术，把握各技术的具体应用和发展趋势。多媒体技术是一种如何让人更好地利用新一代信息技术的技术，它和新一代信息技术既有关联，亦有所区分，针对其中的技术运用及其影响需要很好地理解和把握。

习　题

一、选择题

1. 能直接作用于人们的感觉器官，能使人们产生直接感觉的媒体称为（　　）。

A. 表示媒体　　B. 感觉媒体　　C. 传输媒体　　D. 显示媒体

2. 下面属于虚拟现实系统工作环境中特有的交互设备是（　　）。

A. 键盘　　B. 平板显示器　　C. 话筒　　D. 数据手套

3. 多媒体技术的主要特性有（　　）。

（1）多样性；（2）集成性；（3）交互性；（4）实时性。

A. 仅（1）　　B. （1）（2）　　C. （1）（2）（3）　　D. （2）（3）（4）

4. 请根据多媒体的特性判断以下哪个属于多媒体的范畴（　　）。

A. 交互式视频游戏　　B. 漫画

C. 彩色画报　　D. 彩色电视

5. 多媒体技术未来发展的方向是（　　）。

（1）高分辨率，提高显示质量；　　（2）高速度化，缩短处理时间；

（3）简单化，便于操作；　　（4）智能化，提高信息识别能力。

A. （1）（2）（3）　　B. （1）（2）（4）　　C. （1）（3）（4）　　D. 全部

6. 在多媒体计算机中常用的图像输入设备是（　　）。

（1）数码照相机；　　（2）彩色扫描仪；

（3）视频信号数字化仪；　　（4）彩色摄像机。

A. 仅（1）　　B. （1）（2）　　C. （1）（2）（3）　　D. 全部

7. 超文本是一个（　　）结构。

A. 顺序的树形　　B. 非线性的网状

C. 线性的层次　　D. 随机的链式

8. （　　）是指用户接触信息的感觉形式，如视觉、听觉、触觉、嗅觉和味觉等。

A. 感觉媒体　　B. 表示媒体　　C. 显示媒体　　D. 传输媒体

9. 多媒体计算机系统的两大组成部分是（　　）。

A. CD-ROM 驱动器和声卡

B. 多媒体器件和多媒体主机

C. 多媒体输入设备和多媒体输出设备

D. 多媒体计算机硬件系统和多媒体计算机软件系统

10. 虚拟现实是一项与多媒体密切相关的边缘技术，它结合了（　　）等多种技术。

① 人工智能；②流媒体技术；③计算机图形技术；④传感技术；

⑤人机接口技术；⑥计算机动画。

A. ①②③④⑤⑥　　B. ①②③④⑤　　C. ①③④⑤⑥　　D. ①③④⑤

11. 下列不属于多媒体开发的基本软件的是（　　）。

A. 画图和绘图软件　　B. 音频编辑软件

C. 图像编辑软件　　D. 项目管理软件

12. 下面关于多媒体技术的描述中，正确的是（　　）。

A. 多媒体技术只能处理声音和文字

B. 多媒体技术不能处理动画

C. 多媒体技术就是计算机综合处理声音、文本、图像等信息的技术

D. 多媒体技术就是制作视频

13. 下列各组应用不属于多媒体技术应用的是（　　）。

A. 计算机辅助教学　B. 电子邮件　C. 远程医疗　D. 视频会议

14. 下列不属于文本编辑软件的是（　　）。

A. Word 2019　B. WPS 2019　C. 写字板　D. Flash

15. 下列哪个文件格式既可以存储静态图像，又可以存储动画（　　）。

A. bmp　B. jpg　C. tif　D. gif

16. 构成 RGB 颜色模型的 3 种基本色是（　　）。

A. 红、绿、黑　B. 青、黄、黑

C. 红、绿、蓝　D. 洋红、青、黄

17. 在物联网的关键技术中，射频识别是一种（　　）

A. 信息采集技术　B. 无线传输技术　C. 自组织组网技术　D. 中间件技术

18. AI 的英文全称是（　　）。

A. Automatic Intelligence　B. Artifical Intelligence

C. Automatice Information　D. Artifical Information

19. 人工智能是一门（　　）。

A. 数学和生理学　B. 心理学和生理学

C. 语言学　D. 综合性的交叉学科和边缘学科

20. 不属于大数据 4V 特性的是（　　）。

A. Volume　B. Variety　C. Vanity　D. Value

二、判断题

1. 云计算在技术上是通过虚拟化技术架构起来的数据服务中心，实现对存储、计算、内存、网络等资源化，按照用户需求进行动态分配。（　　）

2. 二维码包括堆叠式/行排式和矩阵式二维码，后者较为常见。（　　）

3. 从数据分析全流程的角度看，大数据技术主要包括数据采集与预处理、数据存储和管理、数据处理与分析、数据可视化、数据安全和隐私保护等几个层面的内容。（　　）

4. 物联网、大数据和人工智能必须依托云计算的分布式处理、分布式数据库和云存储、虚拟化技术才能形成行业级应用。（　　）

5. HTML5 技术使 Web 应用不仅丰富，而且能够实现高度的互动，极大地改善了移动互联网用户的体验。（　　）

6. 自然语言处理并不是计算机科学领域与人工智能领域中的一个重要方向。（　　）

7. RFID 由 RFID 读写器和 RFID 标签两个部分组成。（　　）

8. 物联网的目的是实现物与物、物与人，所有的物品与网络的连接，方便识别、管理和控制。（　　）

9. VR 综合利用了计算机图形学、仿真技术、多媒体技术、人工智能技术、计算机网络

技术、并行处理技术和多传感器技术。 ( )

三、填空题

1. 云计算的体系结构通常分为3层，即__________、__________和用户访问接口层。

2. 云计算的关键技术主要体现在体系结构、__________、__________、__________和虚拟化等方面。

3. 虚拟现实系统的实质性特性是__________、__________和想象性。

4. 物联网中的关键技术包括__________、__________、数据挖掘与融合技术。

5. 大数据4V的基本特征分别指的是________、________、________、________。

6. 智能制造对人工智能的需求主要表现在智能装备、__________、__________3个方面。

7. 物联网产业在自身发展的同时，还将带动__________、传感元件、__________、机器智能等一系列相关产业的持续发展，带来庞大的产业集群效应。

8. __________和__________的出现，为物联网存储、处理和分析数据提供了强大的技术支撑。

9. 机器学习强调3个关键词即__________、经验、__________。

10. __________是一门研究系统与用户之间的交互关系的学科。系统可以是各种各样的机器，也可以是计算机化的系统和软件。

四、写出下面英文专业术语的中文解释

1. CAD____________________　　2. CAI____________________

3. AI____________________　　4. DFS____________________

5. URL____________________　　6. IoT____________________

7. RFID____________________　　8. VR____________________

9. AR____________________　　10. ITS____________________

五、简答题

1. 请简述云计算的特点。

2. 请简述云计算的关键技术。

3. 请简述多媒体计算机的关键技术及其主要应用领域。

4. 请简述物联网关键技术。

5. 请简述人工智能的主要研究方向与应用领域。

6. 请简述人工智能与大数据、物联网、云计算之间的关系。

7. 请简述多媒体关键技术。

8. 请简述新一代信息技术之间的关系。

9. 请简述大数据的关键技术及应用前景。

10. 请简述多媒体计算机系统的层次结构。

实验篇

实验一　Word 文档的基本操作

一、实验目的

1. 掌握 Word 2016 文档的创建、打开、保存。

2. 熟练掌握 Word 2016 文档的基本编辑：文本输入、插入、选定、修改、删除、查找与替换、剪切、复制与粘贴、撤销、恢复与重复。

3. 熟练掌握文档的格式设置、字符格式设置、段落格式设置、页面格式设置、特殊板式设置和项目符号设置等格式设置。

4. 掌握 Word 2016 中表格操作：创建、编辑表格，文本与表格的互相转换。

5. 掌握插入图片、制作艺术字、文本框、页眉和页脚、公式编辑器等操作。

二、实验环境

Windows 7 系统、Office 2016。

三、实验内容、步骤及要求

1. 制作放假通知书，效果如图 1 所示，完成后文档取名为“实验 1-1. docx”，存入“学号后两位+姓名”的文件夹中。

放　假　通　知

国庆节即将来临，根据《全国年节及纪念日放假办法》规定，结合我公司具体情况，今年“十一”、“中秋”放假安排如下。

放假时间：10 月 1 日（星期四）至 8 日（星期四）放假调休，共 8 天。

9 月 27 日（星期日）、10 月 10 日（星期六）上班。

节假日期间，各部门要妥善安排好值班和安全、保卫等工作。

请全体职工做好个人有效防护，科学佩戴口罩，保持社交距离，减少聚集，注意安全，并杜绝餐饮浪费行为，度过一个欢乐、祥和、健康的节日假期。

特此通知！

×××公司
行政事业部
2020 年 9 月 20 日

图 1　放假通知

（1）按样例输入文字，设置标题居中、华文中宋、加粗、小初字号，字符间距加宽为10 磅。

（2）将正文设置华文中宋、1.5 倍行距，首行缩进 2 字符。

（3）选中正文到“特此通知”，字体为华文中宋、小二号，首行缩进 2 字符，行间距为最小值 15 磅。

（4）落款设置为宋体、小二号、右对齐。

（5）页面设置为上下页边距为 2.5 厘米，左右边距为 3 厘米，纵向。

2. 利用提供的素材文件，参照图 2 样例完成以下操作，完成后文档命名为“实验 1-2. docx”，存入“学号后两位+姓名”的文件夹中。

神圣之地—拉萨

西藏自治区首府拉萨是一座具有 1300 年历史的古城，位于雅鲁藏布江支流拉萨河北岸，海拔 3 650 多米。拉萨市辖七县一区。全市总面积近 3 万平方公里，市区面积 523 平方公里。全市总人口近 37．3 万，其中市区人口近 13 万，有藏、汉、回等 31 个民族，藏族人口占 87%。

“拉萨”在藏文中为“圣地”或“佛地”之意。早在公元七世纪，松赞干布兼并邻近部落后，就从雅隆迁都逻娑（即今拉萨），建立吐蕃王朝。1951 年 5 月 23 日，西藏和平解放，拉萨城进入了新的时代。1960 年，国务院正式批准拉萨为地级市。1982 年又将其定为国家首批公布的 24 座历史文化名城之一。

拉萨古称“惹萨”，藏语“山羊”称“惹”，“土”称“萨”，相传公元七世纪唐朝文成公主嫁到吐蕃时，这里还是一片荒草沙滩，后为建造大昭寺和小昭寺用山羊背土填卧塘，寺庙建好后，传教僧人和前来朝佛的人增多，围绕大昭寺周围便先后建起了不少旅店和居民房屋，形成了以大昭寺为中心的旧城区雏形。同时松赞干布又在红山扩建宫室（即今布达拉宫），于是，拉萨河谷平原上宫殿陆续兴建，显赫中外的高原名城从此形成。“惹萨”也逐渐变成了人们心中的“圣地”。

在一般人的印象中，拉萨是由布达拉宫、八角街、大昭寺、色拉寺、哲蚌寺以及拉萨河构成的，但西藏人认为，严格意义上的“拉萨”应是指大昭寺和围绕大昭寺而建立起来的八角街，只有到了大昭寺和八角街，才算到了真正的拉萨。如今拉萨城东一带尚保持着古城拉萨的精髓。

摄影：XXX

图 2 样例

（1）按样例插入居中的艺术字标题“神圣之地——拉萨”，样式是转换—停止，字体为楷体、粗体、28 磅。

（2）正文字体为幼圆、五号；全文设置为 1.3 倍行间距；首行缩进 2 字符，两端对齐。

将正文中第一自然段首字下沉3行，并加25%的颜色底纹。

（3）按样例对第二、三、四自然段文字加0.5磅的细边框，并将它们等分为三栏、加分割线、间距为3字符。

（4）页面设置为上、下页边距为2.5厘米，左、右边距为3厘米，纵向。

（5）按样例插入文本框，设置高度为3.5厘米、宽度为0.95厘米。框线为0.5磅的细线，框内添加“摄影：×××”，文字格式为楷体、五号；按样例在文本框内插入图片，图片任意自选。

四、实验心得与体会

1. 实验后有何体会和收获？
2. 如何设置奇偶页不同的页眉？

实验二　Word 文档的高级应用

一、实验目的

1. 掌握 Word 2016 的基本操作。
2. 熟练掌握样式的创建和使用。
3. 掌握目录的引用。
4. 掌握页眉和页脚的应用。

二、实验环境

Windows 7 系统、Office 2016。

三、实验内容、步骤及要求

毕业论文的排版，要求如下。

根据本学校论文格式的要求，对本实验提供的素材进行编辑排版，完成后保存为“实验 2-1. docx”，具体要求如下。

1. 摘要字体为宋体、小四号，行间距为固定值 23 磅；一级大纲为黑体小二号，段前、段后各 0.5 行；二级大纲为黑体、四号，段前 0.5 行；三级大纲为黑体小四号，段前 0 行。

2. 论文正文文字为宋体、小四号，行距为固定值 23 磅，首行缩进 2 字符。

3. 奇数页页眉为论文标题，居中；偶数页页眉为章节名；页脚居中为页码，均为小五号宋体。

4. 论文中出现的图表、表格的编号依次为图 1　×××图名、表 1　×××表名。

5. 要求摘要占一页，一级标题另起一页。

6. 最后自动生成目录。

四、实验心得与体会

1. 实验后有何体会和收获？
2. 分节后，如何实现不同类型页码的设置？

实验三　Excel 工作表的基本操作

一、实验目的

1. 掌握 Excel 2016 的启动和退出，以及工作簿文件的管理操作。
2. 熟练掌握 Excel 2016 工作表的编辑。
3. 掌握 Excel 2016 工作表的格式化操作。
4. 掌握 Excel 2016 中图表的创建与图表对象的编辑。

二、实验环境

Windows 7 系统、Office 2016。

三、实验内容、步骤及要求

1. 创建一新工作簿，以“学号后两位+姓名”命名，将“Sheet1”重命名为“洗衣机销售统计表”，将图 3 所示的内容按照图示格式编制至“洗衣机销售统计表”。

	A	B	C	D	E	F	G	H
1	“邻里”超市第3季度洗衣机销售统计表							
2								2021/2/18
3	品牌	单价	七月	八月	九月	销售小计	评价销量	销售额
4	小天鹅	1500	58	86	63			
5	海尔	1400	64	45	47			
6	西门子	1450	97	70	46			
7	美的	1350	76	43	73			

图 3　洗衣机销售统计表

2. 在该工作簿“洗衣机销售统计表”后插入一新工作表，取名为“销售统计表”，将“洗衣机销售统计表”中的内容复制到“Sheet2”中。

3. 在“洗衣机销售统计表”中，运用输入公式方法，求出各种品牌洗衣机的销售量小计、月平均销售量和销售额。

4. 在“Sheet2”中，运用输入函数的方法，求出各种品牌洗衣机的销售量小计、月平均销售量，利用公式计算销售额。

5. 下列操作均在“洗衣机销售统计表”中进行。

（1）在“洗衣机销售统计表”中的“乐声”行上面插入一空行，在该空行的品牌、单价、七月、八月、九月的各栏中分别填入：水仙、1375、56、78、34；利用公式计算出该品牌的销售量小计、月平均销售量和销售额。

（2）在“洗衣机销售统计表”中的“销售额”前插入一空列，并在该列的品牌行填入“平均销售额”；最后利用公式求出各品牌的月平均销售额。

（3）在“洗衣机销售统计表”中的下一空行最左边的单元格内填入“合计”，算出各种品牌洗衣机的七、八、九月销售量合计。

6. 将完成的“洗衣机销售统计表”中的内容复制到“销售统计表”“Sheet3”中，完成下列操作。

（1）在“销售统计表”中以单价为主要关键字，进行降序排列。

（2）在“销售统计表”中利用“高级筛选”筛选出平均销量大于等于55并且平均销售额大于100 000的洗衣机品牌信息，并将信息复制到12行及以下位置。

（3）在“Sheet3”中以各品牌七、八、九月的销量生成“柱状图表”加以对比。设定图表标题为“第三季度销售图表”，x轴为“品牌”，y轴设定为“销量”

7.（1）将表“Sheet1”设置为水平置中，上、下页边距为2.5厘米，左、右边距为2.0厘米，取消网格线。

（2）将表“Sheet2”设置为横向打印，缩放比例90%，设置居左，页眉为“××学院”。

四、实验心得与体会

1. 实验后有何体会和收获？
2. 如何实现名次？

实验四　Excel 工作表的高级应用

一、实验目的

1. 掌握 Excel 2016 的数据管理（记录单的排序、筛选、分类汇总、数据透析表）。
2. 了解 Excel 2016 中的其他数据分析的方法。
3. 掌握 Excel 2016 的高级应用（数据的导入导出，函数的使用等）。

二、实验环境

Windows 7 系统、Office 2016。

三、实验内容、步骤及要求

请把所给的“student. xlsx”文件命名为“学号+姓名”，完成下列要求。

1. 插入 4 张工作表分别命名为“排序”“筛选”“高级筛选”“分类汇总”，如图 4 所示。

总分表 / 排序 / 筛选 / 高级筛选 / 分类汇总

图 4　工作表命名要求

2. 计算“总分表”中每个学生的总分并添加学号。完成效果如图 5 所示。

	A	B	C	D	E	F	G	H
1	学生成绩统计表							
2	学号	姓名	性别	数学	物理	外语	计算机	总分
3	1263040101001	李亚洲	男	78	81	74	84	317
4	1263040101002	张　红	女	89	91	93	96	369
5	1263040101003	周天文	男	95	89	90	88	362
6	1263040101004	王　凡	男	72	75	80	77	304
7	1263040101005	赵　亮	男	86	85	88	81	340
8	1263040101006	张明珠	女	95	93	94	90	372
9	1263040101007	高晓华	女	88	85	90	86	349
10	1263040101008	赵小磊	男	86	90	85	90	351
11	1263040101009	孙爱敏	女	85	86	93	87	351
12	1263040101010	周志杰	男	91	92	95	88	366
13								

总分表 / 排序 / 筛选 / 高级筛选 / 分类汇总

图 5　学生成绩统计表数据

3. 将总分表中的数据分别填充到“排序”“筛选”“高级筛选”“分类汇总”中。

4. 排序：按“总分”从高到低进行排序，第二关键字按“数学”分从高到低排序，第三关键字按“物理”分从高到低排序。完成后结果如图 6 所示。

学生成绩统计表

学号	姓名	性别	数学	物理	外语	计算机	总分
1263040101006	张明珠	女	95	93	94	90	372
1263040101002	张　红	女	89	91	93	96	369
1263040101010	周志杰	男	91	92	95	88	366
1263040101003	周天文	男	95	89	90	88	362
1263040101008	赵小磊	男	86	90	85	90	351
1263040101009	孙爱敏	女	85	86	93	87	351
1263040101007	高晓华	女	88	85	90	86	349
1263040101005	赵　亮	男	86	85	88	81	340
1263040101001	李亚洲	男	78	81	74	84	317
1263040101004	王　凡	男	72	75	80	77	304

总分表　排序　筛选　高级筛选　分类汇总

图 6　排序后的学生成绩统计表

5. 自动筛选：将“女”学生的数据隐藏，只显示“男”学生的数据，并将筛选出的数据，复制到工作表的其他区域；在工作表中显示“总分”在 350 分以上（包括 350 分）的学生数据，其他学生的数据隐藏。完成后结果如图 7 所示。

学生成绩统计表

学号	姓名	性别	数学	物理	外语	计算机	总分
630401010	张　红	女	89	91	93	96	369
630401010	周天文	男	95	89	90	88	362
630401010	张明珠	女	95	93	94	90	372
630401010	赵小磊	男	86	90	85	90	351
630401010	孙爱敏	女	85	86	93	87	351
630401010	周志杰	男	91	92	95	88	366

总分在350分以上（包括350分）的学生数据

学生成绩统计表

学号	姓名	性别	数学	物理	外语	计算机	总分
630401010	李亚洲	男	78	81	74	84	317
630401010	周天文	男	95	89	90	88	362
630401010	王　凡	男	72	75	80	77	304
630401010	赵　亮	男	86	85	88	81	340
630401010	赵小磊	男	86	90	85	90	351
630401010	周志杰	男	91	92	95	88	366

性别为“男”的学生数据

总分表　排序　筛选　高级筛选　分类汇总

图 7　自动筛选后的学生成绩统计表

6. 高级筛选：将“男”学生中“总分”在 360 分以上（包括 360 分）且“数学”在 90 分以上（包括 90 分）的数据，以及“女”学生中“总分”在 360 分以上（包括 360 分）且“数学”在 85 分以上（包括 85 分）的数据，复制到工作表的另一区域中。完成后结果如图 8 所示。

学生成绩统计表

学号	姓名	性别	数学	物理	外语	计算机	总分
1263040101001	李亚洲	男	78	81	74	84	317
1263040101002	张　红	女	89	91	93	96	369
1263040101003	周天文	男	95	89	90	88	362
1263040101004	王　凡	男	72	75	80	77	304
1263040101005	赵　亮	男	86	85	88	81	340
1263040101006	张明珠	女	95	93	94	90	372
1263040101007	高晓华	女	88	85	90	86	349
1263040101008	赵小磊	男	86	90	85	90	351
1263040101009	孙爱敏	女	85	86	93	87	351
1263040101010	周志杰	男	91	92	95	88	366

性别	总分	数学
男	>=360	>=90
女	>=360	>=85

学号	姓名	性别	数学	物理	外语	计算机	总分
1263040101002	张　红	女	89	91	93	96	369
1263040101003	周天文	男	95	89	90	88	362
1263040101006	张明珠	女	95	93	94	90	372
1263040101010	周志杰	男	91	92	95	88	366

总分表　排序　筛选　高级筛选　分类汇总

图 8　高级筛选后的学生成绩统计表

7. 分类汇总：将工作表中的数据，按“性别”对“总分”进行“平均值”汇总，分类后的结果如图 9 所示。

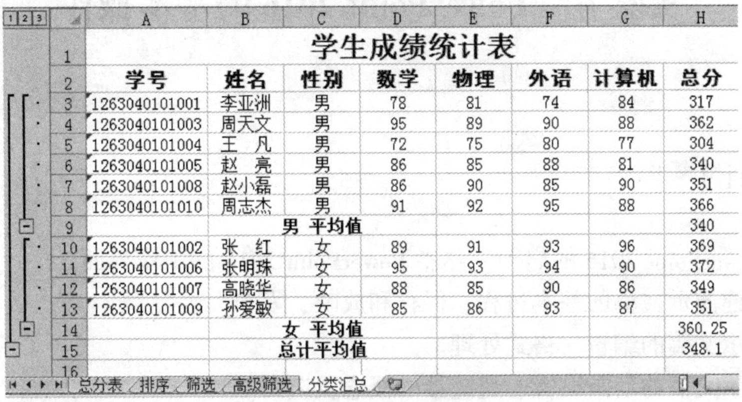

学生成绩统计表

学号	姓名	性别	数学	物理	外语	计算机	总分
1263040101001	李亚洲	男	78	81	74	84	317
1263040101003	周天文	男	95	89	90	88	362
1263040101004	王　凡	男	72	75	80	77	304
1263040101005	赵　亮	男	86	85	88	81	340
1263040101008	赵小磊	男	86	90	85	90	351
1263040101010	周志杰	男	91	92	95	88	366
		男 平均值					340
1263040101002	张　红	女	89	91	93	96	369
1263040101006	张明珠	女	95	93	94	90	372
1263040101007	高晓华	女	88	85	90	86	349
1263040101009	孙爱敏	女	85	86	93	87	351
		女 平均值					360.25
		总计平均值					348.1

总分表 排序 筛选 高级筛选 分类汇总

图 9　分类汇总后的学生成绩统计表

8. 插入饼图：根据张明珠的每科课的成绩插入一张饼图，结果如图 10 所示。

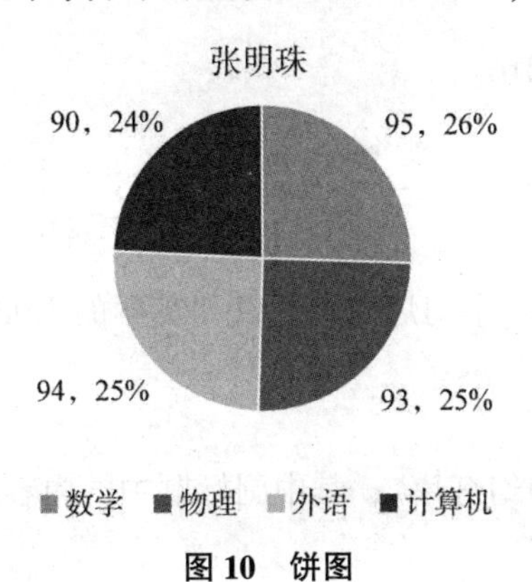

图 10　饼图

四、实验心得与体会

1. 实验后有何体会和收获？

2. 在“分类汇总”对话框中有复选框“替换当前分类汇总”，有什么意义？该如何使用？

3. 如何制作数据透视表和透视图？

实验五　PowerPoint 2016 的基本操作

一、实验目的

1. 掌握 PowerPoint 2016 的启动，熟悉 PowerPoint 2016 的工作界面。
2. 掌握创建演示文稿的基本过程、保存和放映、发布。
3. 掌握演示文稿的编辑、格式处理。
4. 掌握演示文稿的动画设置、超链接的概念及应用。

二、实验环境

Windows 7 系统、Office 2016。

三、实验内容及要求

以美丽的水仙为主题制作一个幻灯片，并以“美丽的水仙”为题名保存。

1. 从网上下载素材。
2. 幻灯片不能少于 10 张。
3. 第一张幻灯片是“标题幻灯片”，其中副标题中的内容必须是本人的信息，包括“姓名、专业、年级、班级、学号”。
4. 设置目录页，采用超链接技术进行快速定位。
5. 设置母版，每页显示艺术字“美丽的水仙”。
6. 其他幻灯片中要包含有文字、图片或艺术字，且这些对象都要通过“自定义动画”进行设置，4 类动画效果（进入、强调、退出、动作路径）至少应用 3 种。
7. 除“标题幻灯片”之外，每张幻灯片上都要显示页眉，其中页眉为“美丽的水仙”。
8. 选择一种“主题”对文件进行设置。
9. 设置每张幻灯片的切入方法。
10. 进行排练计时。
11. 设置放映方式为“观众自行浏览（窗口）”，保存文件类型为“PowerPoint 放映，. ppsx 格式”。

四、实验心得与体会

1. 实验后有何体会和收获？
2. 如何使幻灯片中的文字闪烁不停？

参考文献

[1] 黄国兴，丁岳伟，等．计算机导论［M］. 4 版. 北京：清华大学出版社，2019.
[2] 聂军．计算机导论［M］. 广州：广东高等教育出版社，2016.
[3] 王玉龙．计算机导论［M］. 北京：电子工业出版社，2017.
[4] 吕云翔．计算机导论［M］. 北京：电子工业出版社，2021.
[5] 董卫军．计算机导论［M］. 北京：电子工业出版社，2021.
[6] 宁爱军，王淑敬．计算思维与计算机导论［M］. 北京：人民邮电出版社，2020.
[7] 刘云翔，马智娴，周兰凤，等．计算机导论［M］. 3 版. 北京：清华大学出版社，2020.
[8] 宋晓明，王爱莲．计算机组装与维护案例教程［M］. 北京：清华大学出版社，2020.
[9] 黑马程序员．计算机组装与维护［M］. 北京：人民邮电出版社，2019.
[10] 高加琼，韩文智，谢文彩．新编计算机组装与维护［M］. 北京：电子工业出版社，2020.
[11] 骆斌，葛季栋，费翔林．操作系统教程［M］. 6 版. 北京：高等教育出版社，2014.
[12] 郁红英，王磊，武磊．计算机操作系统［M］. 3 版. 北京：清华大学出版社，2018.
[13] 张成姝，姜丽，曹辉．操作系统教程［M］. 2 版. 北京：清华大学出版社，2019.
[14] 王育勤．操作系统原理与应用［M］. 2 版. 北京：清华大学出版社，2019.
[15] 严蔚敏．数据结构（C 语言版）［M］. 北京：清华大学出版社，2020.
[16] 朱战立．数据结构——使用 C 语言［M］. 6 版. 北京：电子工业出版社，2020.
[17] 传智播客．数据结构与算法（C 语言版）［M］. 北京：清华大学出版社，2016.
[18] 张海藩，牟永敏．软件工程导论［M］. 6 版. 北京：清华大学出版社，2013.
[19] 田保军，刘利民．软件工程［M］. 北京：水利水电出版社，2019.
[20] 吴迪，马宏茹，等．软件工程教程［M］. 成都：电子科技大学出版社，2019.
[21] 佟伟光．软件测试［M］. 2 版. 北京：人民邮电出版社，2015.
[22] 杨怀洲．软件测试技术［M］. 北京：清华大学出版社，2019.
[23] 刘竹林，韩莉．软件测试技术与应用［M］. 北京：北京师范大学出版社，2020.
[24] 谭浩强．C 语言程序设计［M］. 5 版. 北京：清华大学出版社，2019.
[25] 刘开南．C 语言程序设计教程［M］. 北京：北京师范大学出版社，2020.
[26] 王晓峰，李文杰．C 语言程序设计［M］. 北京：清华大学出版社，2020.
[27] 李俊山，叶霞．数据库原理及应用［M］. 4 版. 北京：清华大学出版社，2020.
[28] 陈志泊．数据库原理及应用教程［M］. 北京：人民邮电出版社，2017.
[29] 李玲玲．数据库原理及应用［M］. 北京：电子工业出版社，2020.
[30] 李志球．计算机网络基础［M］. 5 版. 北京：电子工业出版社，2020.
[31] 谢钧，谢希仁．计算机网络教程［M］. 5 版. 北京：人民邮电出版社，2018.
[32] 吴辰文，王庆荣．计算机网络基础教程［M］. 2 版. 北京：清华大学出版社，2018.
[33] 李德毅，于剑．人工智能导论［M］. 北京：中国科学技术出版社，2018.

[34] 周苏，张泳．人工智能导论［M］．北京：机械工业出版社，2018.
[35] 林子雨．大数据导论［M］．北京：高等教育出版社，2020.
[36] 胡寿松．自动控制原理［M］．6 版．北京：科学出版社，2020.
[37] 王良明．云计算通俗讲义［M］．3 版．北京：电子工业出版社，2019.
[38] 孙傲冰，姜文超，等．云计算、大数据与智能制造［M］．武汉：华中科技大学出版社，2020.
[39] 贾如春，李代席．计算机应用基础项目实用教程［M］．北京：清华大学出版社，2018.
[40] 刘艳慧．大学计算机应用基础教程［M］．北京：人民邮电出版社，2020.
[41] 傅连仲．计算机应用基础习题集［M］．北京：电子工业出版社，2020.
[42] 胡选子，汪嘉．计算机应用基础［M］．北京：清华大学出版社，2020.
[43] 李春英，汤志康．计算机应用基础与计算思维［M］．北京：清华大学出版社，2020.
[44] 梅宏．大数据导论［M］．北京：高等教育出版社，2018.
[45] 张仰森，黄改娟．人工智能教程［M］．2 版．北京：高等教育出版社，2016.
[46] 鄂大伟．多媒体技术基础与应用［M］．北京：高等教育出版社，2016.